U0155282

DIGITAL

ORDER

AND

CYBERPOWER

李农 / 著

# 数字秩序与
# 网络强国

上海社会科学院出版社
SHANGHAI ACADEMY OF SOCIAL SCIENCES PRESS

# 目　录

# 绪　言

## 一、写作背景

数字秩序是工业现代化的产物,信息技术和网络是其构建的基础,工业现代化造就的创新模式催生了网络空间向社会化各领域渗透。网络安全是数字秩序社会化的一个重要属性,不仅是网络自身发展需求的重要命题,也是最早触发社会关注的重要命题。早在 2000 年,俄罗斯联邦就通过了《国家信息安全学说》。2003 年,美国率先颁布了《网络空间国家安全战略》,同年欧盟也拟定了"网络安全计划"。2008 年,北约网络防御管理机构成立。2009 年,英国、澳大利亚发布了网络安全战略。2010 年,美国在其国家安全战略中再次强调了网络安全对国家安全至关重要的作用。2011 年,奥巴马政府颁布了《网络空间国际战略——网络化世界的繁荣、安全与开放》的全球战略,同年德国、日本也先后推出了各自的"网络安全战略"。2013 年,美国情报界在给参议院情报委员会的评估报告中将网络威胁列在了恐怖主义和大规模杀伤性武器之前。

2011 年 9 月,中国、俄罗斯、塔吉克斯坦和乌兹别克斯坦常驻联合国代表联名致函时任秘书长潘基文,请其将 4 国共同起草的《信息安全国际行为准则》作为第 66 届联大正式文件发布,并呼吁各国在联合国框架内就此展开进一步讨论,以尽早就规范各国在信息和网络空间行为的国际准则和规则达成共识。2018 年 5 月,欧盟推出的《通用数据保护法》(General Data Protection Regulation, GDPR)正式生效,法国提出了《网络空间信任和安全巴黎倡议》(*Paris Call for Trust and Security in Cyberspace*)。世界各国对网络空间秩序都在积极表达自己的主张,世界知名企业也纷纷倡议网络空间安全。德国西门子公司呼吁制定网络空间《信任宪章》(*Charter of Trust*)。美国微软号召整个科技行业联合起来,共同保护全球各地的所有客户,免受来自数字犯罪组织的大规模恶意攻击,倡议构建"网络安全技术协议"(Cybersecurity Tech Accord)在全球范围推进"数字日内瓦公约"(Digital Geneva Convention)等。

从人类工业化的进程分析,网络空间发展的初心与现状极具讽刺性。一方面,网络空间的构建可以说是人类共同完成的一项最严格、最标准的"工业品"生产和应用。另一方面,今天,人们进入新的网络空间后,似乎难以体会到规范的秩序和标准。人们几乎很难找出一种工业产品像网络这样令人纠结。这也促使人们思考网络的规范、标准与秩序的关系。

## 二、分析路径

就信息社会而言,2015 年是联合国"新千年目标"的一个节点,构建"网络空间新秩序"将有可能成为人类迈向信息社会下一个阶段性的核心任务,成为信息社会发展中一个重要的阶段性目标。本书是以"把我国从网

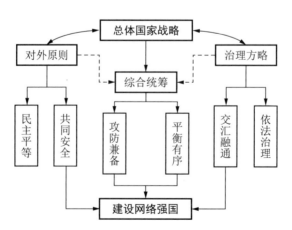

图 0-1　中国建设网络强国的战略框架

络大国建设成为网络强国"为目标,分析研究在全球推动构建网络空间新秩序的发展机遇中,如何积极调整我国的信息安全策略,使我国再一次把握信息社会的发展良机,用尽可能短的时间,将我国建设成为网络强国。

图 0-1 归纳了我国在推进网络强国发展战略中的主要策略,建设网络强国,要有自己的技术,过硬的技术;要有丰富全面的信息服务,繁荣发展的网络文化;要有良好的信息基础设施,形成实力雄厚的信息经济;要有高素质的网络安全和信息化人才队伍;要积极开展双边、多边的互联网国际交流合作[①]。

## 三、主要内容

本书基于社会发展的过程与战略变化,分析信息技术、社会应用和国家战略之间的动态关系,揭示发展应用与信息安全策略之间的关系,为我国推进建设网络强国探索有效路径。本书主要包括以下五章内容:第一章分析当今网络空间格局形成的过程和基础。第二章分析现今世界主要国家网络安全战略的转型、原因与过程。第三章再从网络空间发展自身的技术特性与社会秩序构建的内在关联,分析技术构建的秩序与社会秩序构建的差异和特点。第四章分析网络强国的属性和内在特征,总结先进国家和地区当前发展的主要特点和评价结果,并对国际主要评估体系的结果,运用典型相关分析方法挖掘发展先进性的特征和标杆,通过比较,分析网络强国的基本特征和我国存在的差距。在以上四章研究的基础上,结合社会调研分析,第五章提出构建网络空间新秩序的战略路径和发展策略,在新古典经济学的分析框架下,给出一个简化分析模型,依据我国网络空间发展的比较优势,在最优策略引导下,提出面向挑战的对策。

---

① 资料来源:http://www.xinhuanet.com/politics/2014-02/27/c_119538788.htm。

# 第一章　网络空间的构建与社会性演化

据世界互联网统计网站的统计数据[①],截至 2021 年 3 月 31 日,世界总人口约 78.76 亿,使用过互联网的网民已达到 50.98 亿,全球互联网的渗透率为 64.7%。其中,北美最高,为 89.9%;其次是欧洲,为 87.1%;再次是亚洲,为 62.6%;最低的是非洲,为 46.2%。据中国互联网络信息中心第 47 次《中国互联网络发展状况统计报告》数据显示[②],截至 2020 年 12 月,中国网民规模为 9.89 亿,互联网渗透率为 70.4%。从世界七大洲的分布情况分析,仅非洲的渗透率不到 50%,其他地区已基本普及(拉丁美洲、大洋洲和中东地区的渗透率都超过了 67%)应用。今天,以互联网为基础的网络空间是人类社会发展的新天地,在现代信息技术的推动下,这一天地已成为人类发展新的生存空间[③]。

## 第一节　信息技术发展与互联网络的形成

1984 年,科幻作家威廉·吉布森在其创作的《神经漫游者》小说中描述了一个被称为"赛伯空间"的世界。今天,科技已将这一幻想打造成现实,也就是说我们已构建了这一世界——"网络空间"。从专业定义看[④],人

① 资料来源:http://www.internetworldstats.com/stats.htm♯links。
② 资料来源:http://www.cac.gov.cn/2021-02/03/c_1613923423079314.htm。
③ 马化腾等:《数字经济》,中信出版集团 2017 年版,第 9 页。
④ 上海社会科学院信息研究所:《信息安全辞典》,上海辞书出版社 2013 年版,第 38 页。

们把"以使用电子元件和通信系统来存储、交换、修改信息为特征的领域"称为网络空间。这一空间包括四个要素：(1)具有处理数据能力的计算机；(2)通信基础设施及通信规则；(3)网络系统；(4)实现数据通信与资源共享。由此可知，网络空间的构建涉及电子、通信、计算机以及构建在这些物理设备之上的系统规则、协议或行业规范和标准。总体分析，这一构建是以现代电信、计算机和信息网络(通俗地讲就是互联网)的发展为基础的。

## 一、现代电信的发展历程[①]

从中国电信门户网站的"世界电信发展大事年表"可以了解现代电信发展的基本过程。1753年，爱丁堡的《苏格兰人》杂志发表了一封署名C.M.的人的来信，信中提出了"采用静电的电报机"的构想。这是有关"电信"最早的建议。过了40年，法国查佩兄弟俩在巴黎和里尔之间以接力方式架设了一条230千米长的托架式线路。这种被称为"遥望通信"的信息传递方式曾在欧洲盛极一时。据称查佩兄弟中的一人，就是最早使用"电报"一词的人。又过了近40年(1832年)，沙俄退伍军官许林格将6条彼此用橡胶绝缘的电报线路放在玻璃管内，埋入地下用来传送电报信号。这被认为是世界上最早的"地下电缆"。英国人高斯和韦伯制作出了世界上最早的电磁指针式电报机。1834年，美国人莫尔斯提出莫尔斯电码，到1837年，制成了第一部使用莫尔斯电码的电报机。1850年，英国人约翰和雅各布·布雷特兄弟在多佛尔海峡敷设了一条无铠装海底电报线路。这被认为是世界上第一条海底通信电缆。不过，这条电缆只工作了几个小时，便被一艘渔船的船锚钩断了。1851年11月，世界上第一条铠装海底电缆敷设成功，从而开创了国际电报通信的历史。1865年5月17日，"国际电报联盟"成立。这就是"国际电信联盟"的前身，每年的这一天也成了"世界

---

① 资料来源：http://www.chinatelecom.com.cn/expo/05/t20060313_8253.html。

电信日"。1876年,贝尔获发明电话专利,专利证号码为:No 174655。电话发明家格雷同时发明电话,但申请专利的时间比贝尔晚了几小时,因而痛失电话发明权。1883年,德国电气工程师尼普柯夫用他发明的"尼普柯夫圆盘",以机械扫描方式进行了首次图像传送。但每幅画面仅24线,图像相当模糊。1895年,意大利人马可尼发明了无线电报,当时的通信距离仅为30米;同年5月7日,俄国人波波夫在彼得堡展示了他所发明的无线电报接收机。1901年,马可尼进行首次跨越大西洋的无线电报试验获得成功。1907年,法国人爱德华·贝兰发明了相片传真。英国发明家坎贝尔·斯温顿在《自然》杂志上提出了一种电子式电视系统的构想。1931年,世界上第一条微波线路建成,美国试播电视。1932年,第三次国际无线电报会议在西班牙首都马德里召开,会议缔结了《国际电信公约》。1944年,英国人 A.C.克拉克在一篇题为《地球外的中继》的论文中,提出了利用人造地球卫星进行通信中继的设想。他还精确地预言,人类将在1969年6月前后,实现登上月球的壮举。1957年,10月4日,苏联成功地发射了世界上第一颗人造地球卫星。1958年,美国人 A.L.肖洛和 C.H.汤斯发明激光,可用作通信光源,美国人 J.S.基尔比发明集成电路,美国军方建立全球第一个数据通信系统"SAGE"。1960年8月12日,美国国防部把覆有铝膜的、直径为30米的气球卫星"回声Ⅰ号"发射到距离地面高度约1 600千米的圆形轨道上,进行通信试验。这是世界上第一颗"无源通信卫星";10月,美国发射了"信使"卫星,在这颗卫星上第一次使用放大器进行有源中继试验。1964年,IBM公司与美国航空公司共建了世界上第一个远程联机订票系统,把美国的2 000个订票终端用电话线连到了一起;8月,美国发射了"同步3号"卫星,这是世界上第一颗试验性静止卫星,成立了以美国通信卫星有限公司为首的"国际通信卫星财团",确立了卫星通信体制和标准地球站的性能标准,从此卫星通信业务正式成为一种国际间的商用业务。同年10月,美国利用"同步3号"卫星,向全世界转播了东京奥林匹克运动会的实况,轰动了世界,成为当时国家或地区步入现代化的一种标志。

从 C.M.的设想开始,电信技术在经过 200 多年的发展,基本形成了现代电信的格局。到 20 世纪 70 年代,西方发达国家的固定电话和家庭电视基本普及应用。电信产业的发展也带动社会经济结构的变化,发达国家(如美国、日本)开始关注社会发展形态的变化,相关内容后文详述。

## 二、电子计算机的研制与发展

18 世纪 20 年代,法国纺织工人鲁修使用了一套计算机器能读出的穿孔卡片。1835 年,一位名叫查尔斯·巴贝奇的英国人发明了他称为“分析机”的工具①。1880 年,美国人赫尔曼·霍尔瑞斯发明了用于人口普查的“穿孔卡片收集和整理数据系统”。1890 年,由 H.霍尔瑞斯设计的“霍尔瑞斯列表卡”②使美国人口统计周期从 10 年缩短到了 2.5 年,并节省了500 万美元的统计费用。因为在 1880 年,美国的人口普查数据汇总需要 8年时间,而霍尔瑞斯的方法成功地在 1 年时间内完成了人口普查的数据汇总工作。1900 年,G.费查成立了“国际时间记录公司”,除了为当时的几家制造企业负责销售业务外,还生产一种“卡片记录器”。1905 年,卡片记录器装备了霍尔瑞斯列表卡系统,使其每分钟可处理 150 条卡片信息。1911年,国际时间记录公司与其他两家公司合并,G.费查出任公司董事长,成立了计算—制表—记录公司,这就是 IBM 的前身。1914 年,人称“老沃森”的T.沃森加盟公司成为总经理,他除了对产品进行技术改进,将原来的“卡片记录器”发展成财务处理机器(主要包括机械化的键盘穿孔机、手工操作的复穿孔机、垂直分拣机和制表机等)外,还通过销售、服务和出租等不同方式扩张经营疆域。这一时期,C-T-R(计算—制表—记录)所依赖的核心是

---

① [美]弗兰克·萨克雷:《世界大历史》,冯志军译,新世界出版社 2014 年版,第 323 页。

② IBM 前身的核心技术是一种利用凿孔把字母信息打在卡片上的编码方式,是美国人 H.霍尔瑞斯(Herman Hollerith)发明的技术。

机械的计算技术,但老沃森还有一个重要想法,期望能生产具有"思索"功能的机器(这个想法比图灵的人工智能想法要早一点),并以此作为其产品的商标,为 C-T-R 的商用机器树立了一个远大目标。1917 年,C-T-R 公司在进入加拿大市场时启用了"国际商用机器有限公司"之名,即今天人们所熟悉的 IBM。1924 年 C-T-R 正式更名为 IBM,开始其跨国运营的发展历程。1933 年,公司在纽约州的恩迪科特建立了培训学校和实验大楼,老沃森提出的著名"五步学习法"成为培训学校的"校训"①。从今天来看,1935 年,IBM 就面向员工和客户发行了《思索》杂志,在成长为大企业的同时也为企业注入了学习的能力,这是有别于现代工业化一般企业的最大特征。

在学术界,可能是受工业化机械的影响,1936 年,英国数学家、逻辑学家艾伦·麦席森·图灵在为其论文《论数字计算在决断难题中的应用》演绎中提出了"图灵机"②的设想,这是将数学理论(如定理)的演绎机械化,也被称为"数学机械化"。我国数学家吴文俊是这一领域代表人物,他在"机器证明"领域做出过杰出贡献。但这一设想最早是图灵提出来的,所谓的"图灵机"就是一种可以辅助数学研究(自动证明)的机器。这在理念上比鲁修的打孔计算要高一个层次,这也就是人们称图灵为人工智能之父的原因之一。

或许是图灵的设想激发了人们用电子设备制造计算机的热情,显然那一时期的 IBM 还致力于机械计算机的生产中。据美国爱荷华大学物理系副教授 J.阿坦那索夫的回忆,在 1937 年的冬天,阿坦那索夫是在其夜间开车到伊利诺斯州的罗克岛的漫长路途中构思产生了有关电子计算机的几个关键原则。此后,阿坦那索夫和其研究生助手克利夫·贝瑞合作,在 1939 年 3 月,他们先向农学部门提交了一份研究申请,后又得到来自纽约的非营

---

① Five Steps to Knowledge: Read, Listen, Discuss, Observe, Think.

② Alan Mathison Turing(1936), "On computable numbers, with an application to the Entscheidungsproblem", *Proc. London Maths. Soc.*, ser.2, 42:230—265.

利研究公司 5 000 美元的资助(这笔钱相当于 2016 年的 8.6 万美元)。同年 10 月,他们制造出了样机——"ABC"①,这台机器据说被美国最高法院裁定为"世界第一台电子计算机"。"ABC"的创新包括电子计算、二进制算术、并行处理、再生电容存储器以及内存和计算功能的分离等。②

　　1940 年前后,除了美国的大学在研究制造电子计算机,英国在"二战"中也在研究电子计算机。在图灵的指导下,英国和盟友制造出一台电子计算机,绰号为"炸弹"。这台计算机可以通过多种字母组合来破译德军的恩尼格玛密码机,被放在位于牛津外的盟军集中解密营地——布莱切利园。继"炸弹"之后,1943 年,英国研制了一种可以存储资料的计算机系统,将一些从德军通信处拦截到的加密信息与存储的数据进行比对,得出战时情报。1943 年年底,英国研制出第一台电子计算机"巨人"。1944 年年初,这台用真空管建造的计算机在布莱切利园投入使用。到"二战"结束时,盟军已经有 10 台这样的计算机投入使用。但英国在战后并没有对此展开进一步研究,而是将所有相关资料列为秘密文件,将大部分机器设计方案进行销毁,据说是出于国家安全的考虑③。

　　与英国不同,美国也在研究计算机的制作。上文已提到,美国一直从事用机械装置来代替人工计算,这是 IBM 最早期的产品。所以,利用最新科学技术研制电子计算机也是美国这一领域的一个热点。1939—1944 年,IBM 与哈佛大学的霍华德·艾肯教授一起研制了世界第一个可编程的计算机 Harvard Mark I,该计算机在 1944 年被安装到哈佛大学④。根据 IBM 的记载,Harvard Mark I 是一个高 2.4 米、长约 16 米、宽为 61 厘米的

---

　　① 1973 年,根据美国最高法院的裁定,最早的电子数字计算机,应该是美国爱荷华大学的物理系副教授 J.阿坦那索夫(J. Atanasoff)和其研究生助手克利夫·贝瑞(Clifford E. Berry)于 1939 年 10 月制造的"ABC"(Atanasoff-Berry-Computer)。

　　② 资料来源:http://ethw.org/Milestones:Atanasoff-Berry_Computer_1939。

　　③ [美]弗兰克·萨克雷:《世界大历史》,冯志译,新世界出版社 2014 年版,第 330 页。

　　④ 资料来源:http://www-31.ibm.com/ibm/cn/ibm100/icons/compsci/index.shtml。

庞然大物,重达 4.5 吨,用了 765 000 个机电元件和数百英里长的电线。所以,那时将计算机称为巨人也是可以想象的。这些"巨人"除了英国人说是用来分析战时情报,但真实的效率可能只有那些研究人员自己知道。根据当时这些计算机的运算能力,现在估计,可能是效率低下、成本巨高,所以需要用国家安全的名义去销毁(保密)。

1946 年 2 月,宾夕法尼亚大学莫尔学院教师、美国宾州大学的莫契利博士和他的学生埃克特设计了号称世界上第一台以真空管取代继电器的电子计算机 ENIAC[①],目的是用来替美国军方计算炮弹弹道。该机共用了 18 800 个电子管,重 30 吨,占地 170 平方米,功率 150 千瓦,计算速度每秒 5 000 次,尽管每秒计算速度是 1934 年 IBM 推出的 601 机的 500 倍,但其商用价值显然低于 601 机(前者造价 40 万美元,耗电 150 千瓦)。

所以,当年研制的这些电子计算机,从功能看计算效率非常低,研制耗资巨大,使用成本非常昂贵。IBM 作为商用机器制造商,根本就无法采用这些成果来改进自己的产品。但从科学探索的视角,资助美国大学的科学实验也是 IBM 社会经营的一种理念,IBM 制造出的 Harvard Mark I 和 II,都留给哈佛进行科学探索。

值得注意的是莫契利和埃克特,他们在制造出电子计算机 ENIAC 后,从宾夕法尼亚大学辞职了(据说是科研考核不过关,但核心问题是有关计算机专利的权属所引发的纠纷)。显然,当时制造的样机是从科研目标出发,没有考虑社会商用的综合效率问题。下岗后的莫契利和埃克特,开始考虑如何提高电子计算机的社会效用。他们组建了自己的公司开始研发,1951 年 6 月,莫契利和埃克特联袂制造出 UNIVAC[②] 正式移交给美国人口普查局。这给 IBM 带来了极大的冲击。因为,自 19 世纪 80 年代起,美

---

① [美]弗兰克·萨克雷:《世界大历史》,冯志军译,新世界出版社 2014 年版,第 330 页。ENIAC(Electronic Numerical Integrator and Calculator)意为电子数字积分器与计算器。

② UNIVAC, UNIVersal Automatic Computer,即通用自动电子计算机。

国政府统计部门一直是 IBM 打孔机的忠实用户，而"雷明顿-兰德"公司凭借收购"埃克特-莫契利计算机"公司①，用最新的电子计算机——UNIVAC 挤占 IBM 的市场时，IBM 第一次感受到新科技产品的压力。同年，IBM 聘请 J.冯·诺依曼担任公司的科学顾问，重新开发商用电子计算。

从 1952 年 12 月 IBM 研制出第一台存储程序计算机——IBM 701，到 1981 年 IBM 推出供个人（家庭）使用的计算机，IBM 一直占据电子计算机制造行业的主导地位。但技术的扩散很快也给像 IBM 这样的大公司带来了冲击，尽管 IBM 作为传统的商用机器国际品牌，其行业地位经常受到来自新生代的挑战。例如，王安、苹果等电脑公司是早期的挑战者，而中国的"联想"是近期的竞争者②。1965 年，英特尔公司的 G.摩尔提出了被誉为个人电脑和互联网科技发展金律的"摩尔定律"③，1975 年，G.摩尔修改了其定律（将发展周期增加到 2 年），显然这意味着现代信息技术加速发展，已进入一个高速发展阶段。进入 21 世纪后，微处理制造技术已接近其物理极限 30 纳米，这反映了自 20 世纪 70 年代后期以来，微电子技术虽然保持了高速发展，但其加速度在减小，在未来的发展阶段，如果没有新技术（如光电子、生物芯片等）的替代，那么微处理制造技术的增长速度将趋于"收敛"。

图 1-1 是反映电子计算机从研发到家庭用个人电脑普及的大致历程。基本规律犹如 IT 咨询公司的"炒作曲线"④的积分，呈现出典型的 S 形增长模式。最初这种 S 形增长模式是 1838 年由比利时数学家 P.冯豪斯特在研究人口增长时给出的数学模型⑤。2001 年，Gartner 的研究员 J.芬尼为公

---

① 资料来源：https://en.wikipedia.org/wiki/Eckert-Mauchly_Computer_Corporation。
② 2004 年 12 月 8 日，联想集团用 12.5 亿美元收购 IBM 全球个人电脑业务。
③ 摩尔定律，一块集成电路板里包含的电子元件每一年（12 个月）翻一番。
④ 资料来源：http://www.gartner.com/it/products/research/methodologies/research_hype.jsp。
⑤ P.F. Verhulst(1838)，Notice sur la loi que la population suit dans son accroissement，Correspondance Mathématique et Physique Publice par A. Quetelet，Brussels 10，113—121.

司的咨询业务提出了一套理论分析的数学模型，其核心就是这一 S 形曲线（外在表现，即发展速率的积分），而本质是社会发展中相当普遍的增长速率变化线。

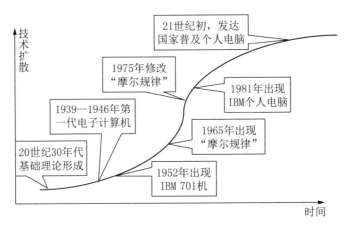

图 1-1　计算机技术的扩散

值得注意的是电子计算机发展与电信技术发展有一个明显不同的特征，即电子计算机的科学研究与其商用机的研制有一个比较明显的应用成熟度界限（或发展的阶段性），这就是 Gartner 的 Hype Cycle 所反映的问题，通俗地讲就是计算机的智能效率与资本、能耗等因素综合的社会效率问题。这个界限也充分反映了产、学、研之间融合发展的问题，这对后来的社会发展产生了较大的冲击。典型的例子，如信息技术带来的"资本深化"①和"索洛悖论"②所描述的问题等成为社会发展中的困惑。甚至到了 21 世

---

① *Digital Economy 2000*，http://esa.gov/sites/default/files/digital_0.pdf.

② 索洛悖论，又称生产率悖论。20 世纪 80 年代末，美国学者查斯曼（Strassman）调查了 292 个企业，结果发现了一个奇怪的现象，这些企业的 IT 投资和投资回报率（ROI）之间没有明显的关联。1987 年获得诺贝尔奖的经济学家罗伯特·索洛（Robert Solow）将这种现象称为"生产率悖论"（productivity paradox）："我们到处都看得见计算机，就是在生产率统计方面却看不见计算机（Computers everywhere except in the productivity statistics.）。"索洛悖论是指"IT 产业无处不在，而它对生产率的推动作用却微乎其微"。

纪,在 2001 年 10 月,麦肯锡公布《IT 与生产力》的研究报告①后,还有人对"IT 技术能提高社会生产力"的观点产生质疑。其中最有名的事件是:2003 年 5 月,《哈佛商业评论》发表了尼古拉斯·G.卡尔题为《IT 不再重要》②的长文。这篇文章当时引起广泛的争议,人们开始反思 IT 的作用。从事后来看,这些反思被互联网的发展给冲淡了。

## 三、互联网的构建与发展

1957 年 10 月,苏联用 R7 火箭在位于哈萨克斯坦共和国克则罗尔金州一片半荒漠地区的拜科努尔航天基地,发射了人类第一颗人造地球卫星 Sputnik(伴侣号),拉开了世界科技竞赛的序幕。因为苏联人赶在美国人之前发射了人造地球卫星事件极大地刺激了美国人的神经(当年主要是两国的军备竞赛)。但人造地球卫星对普通百姓影响最大的还是 1964 年 10 月 10 日,美国利用卫星向全世界转播东京奥林匹克运动会的实况。这一轰动全世界的事件反映了网络的扩张效应对电信、通信产业发展的催化作用。1965 年,美国贝尔系统在苏卡隆那开通了世界上第一部"程控空分电话交换机",简称"1 号电子空分交换机"。这在信息通信领域开启了一个程控交换的新时代。当年 4 月,国际卫星通信组织发射了一颗名为"晨鸟"的地球同步通信卫星,承担了国际通信的任务,这也标志着同步卫星通信时代的开始。同年,美国无线电公司研制出集成电路电视机,计算机科学家在《最终显示器》一文中提出虚拟现实的基本思想。这一切似乎为互联网的诞生描绘出美好的前景。

1968 年,基于兰德公司的研究成果,美国国防部高级研究计划署提出

---

① http://www.mckinsey.com/search/v2/search.asp?qu = Understanding + the + Contribution + of + Information + Tech&searchLocaction = mckinsey_com&navigationid = index_knowledge&navxmlpath = &Image1.x = 10&Image1.y = 11.

② "IT Doesn't Matter", *Harvard Business Review*, Vol.81, No.5, May 2003.

了研制 ARPA[①]网的计划,初期研究目标是支持军事研究的计算机网络,借助规划署的协调和资金筹措,研究项目得到扩展,ARPA 开始组建驱动式网络,与 BBN 公司签订协议。BBN 公司负责研究交换,网络则在网络分析公司进行设计。1969 年,来自兰德公司和美国大学等研究机构的研究者建立了 4 个站点,当时的网络传输能力只有 50 Kbps,但无论如何这是第一个简单的纯文字系统的 Internet。从 1970 年开始,加入 ARPANet 的节点数不断增加。1972 年 10 月,世界各地计算机和通信领域专家参加了在美国华盛顿召开的国际计算机通信大会,在这次会上 ARPANet 首次向公众展出。其次,在这届会议上专家们就不同计算机网络之间进行通信达成共识,并成立了 Internet 工作组。至此,联网工作组[②]成立,主要任务是建立一种能保证计算机之间进行通信的标准规范,就是现在常见的"协议"。1973 年,温斯顿·瑟夫提出了能够连接不同网络系统的网关概念,他与罗伯特·凯恩[③]在 1974 年 5 月共同发表了论文《一种分组网络相互通信的协议》,最终形成了 TCP/IP(传输控制/网际)协议。BBN 公司的 Rey Tom Linson 编写了第一个电子邮件程序,BBN 也是第一个运行公共交换网络的公司。

1983 年 1 月 1 日,所有连入 ARPANet 的主机实现了从 NCP 向 TCP/IP 协议的转换。同在一时间段,ARPANet 分成了军事专用的 MILNet 和研究用途的 ARPANet。

另外,局域网的研发也在推进之中,1975 年,美国施乐公司和斯坦福大学联合推出"以太网"。这是一种计算机局部网络。该网络成为局域网的第一个工业标准产品,被称为"典型的局域网"。1977 年,国际标准化组

---

① ARPA, Advanced Research Projects Agency, 是美国对苏联 1957 年发射的 Sputnik(第一颗人造地球卫星)的直接反应,出于国家安全的需要,美国国防部组建了这个高级研究项目局。

② INWG, International Network Working Group.

③ 资料来源:https://www.cellstream.com/wiki/Internet_1972。

织提出了"开放系统互连参考模型",目的是为异种计算机互联提供一个共同的基础和标准框架,实现相互通信。这一模型的各层协议被确定为国际标准。

1985 年,美国国家自然科学基金会在全美建造了五大超级计算中心,将 100 所大学科研单位联到网上,全国按地区划分建立了计算机广域网,构成了美国国家 NSFNet 网。1988 年,NSFNet 替代 ARPANet 成为 Internet 的主干网。1989 年,美国国家科学基金网对公众开放,从而成为日后互联网最重要的通信骨干网络。据统计,1989 年,美国的互联网上主机数已超过 10 万台,那年,ARPANet 解散。

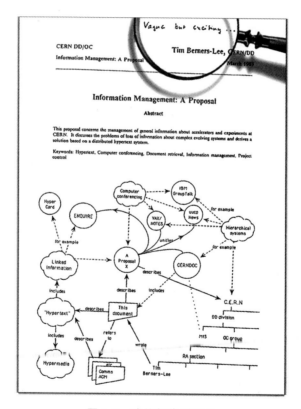

图 1-2　建议报告影印件

资料来源:http://info.cern.ch/Proposal.html。

从互联网构建技术的结构看,互联网大致可以分解成这样几个层次:最底层是物理层,也被称为物理网络,是在网络中由各种物理设备(如主机、路由器、交换机等)和介质(光缆、电缆、双绞线等)连接起来形成的网络。在这层之上是数据链路层(网络接口协议),这一层的功能是将物理网络中的各类设备形成一条可传输数据的物理线路,通过一些规程或协议来控制这些数据的传输,以保证被传输数据的正确性。实现这些规程或协议的硬件和软件加到物理线路,这样就构成了数据链路,形成了从数据发送点到数据接收点(点到点)所经过的传输途径(如 ATM[①],FDDI 等)。第三层是控制报文、IP、地址解析和逆向地址解析等协议层,也简称为网络层(如 TCP/IP 协议)。第四层是传输控制和用户数据包协议,称为传送层(如 http 协议)。所有这些层级之上的统称为应用层[②]。

1989 年 3 月,日内瓦欧洲核子研究中心(CERN[③])的研究人员蒂姆·伯纳斯·李提交了一份建议(见图 1-2),主要设想是要构建一个可便捷交流的信息系统,尽管他的建议只能用信息管理一词,但其本意就是便于人们直接从网上进行交流,这是 HTTP 形成的最初设想。这就是说在 1989 年,美国的互联网基本解决了物理网络、数据链路和控制解析协议的网络层。但在网络的实际应用中人们需要更便捷的方式传输不同类别的信息。而超文本链接协议解决了这一问题。蒂姆·伯纳斯·李与同事设计的"超文本标记语言"成为"万维网"(WWW)系统编程软件。1991 年,欧洲核子研究中心免费为用户提供了"万维网"软件。1992 年,美国 Bellcore 推出一种新型高速宽带数据业务,叫作 SMDS 业务(交换型多兆比特数据业务),

---

① ATM, asynchronous transfer mode, 意为"异步传输模式", 它的开发始于 20 世纪 70 年代后期。ATM 是一种单元交换技术,同以太网、令牌环网、FDDI 网络等使用可变长度包技术不同,ATM 使用 53 字节固定长度的单元进行交换。是一种交换技术,没有共享介质或包传递带来的延时,适合音频和视频数据的传输。

② 修文群、赵宏建:《宽带城域网建设与管理》,科学出版社龙门书局 2001 年版,第 37 页。

③ CERN, Conseil Européenne pour la Recherche Nucléaire.

这种高速传输信息的技术极大地提升了信息系统在社会中应用的前景。1993 年 1 月,一群来自美国伊利诺伊大学香槟分校计算机科学系的学生在美国国家超级电脑应用中心①的 Unix 平台上开发了一个能将网络内容用图像形式显示的浏览器"马赛克"(Mosaic Alpha 版),同年 9 月,浏览器支持 Macintosh 和 Windows 等操作系统,从而使互联网变得非常易于使用。

　　随着 Mosaic 浏览器的出现,互联网发展开始进入第二阶段。由于软件在使用上的便利性,在当时深受人们喜爱,同时由于浏览器的出现,互联网也成为普通人可以使用的网络,这极大地推动了互联网在社会发展中的影响力,对美国快速普及使用互联网起到至关重要的作用。1997 年,美国互联网用户已达 6 200 万(即网民数),当时人们根据增长的速度预测,预计未来每 100 天网民数量将翻一番。

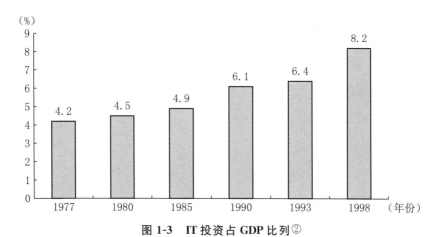

图 1-3　IT 投资占 GDP 比列②

　　20 世纪 90 年代初,信息技术已成为社会大众关注的热点,这对美国政界也产生极大的影响,1992 年当选总统克林顿对信息技术推崇备至。1993 年克林顿就职仅一个多月,就提出了政府制定建设国家信息基础设

---

① NCSA, National Center for Supercomputing Applications.

② U.S. Department of Commerce, *The Emerging Digital Economy*, http://www.ecommerce.gov.

施 NII① 的构想。同年 9 月 15 日,美国政府宣布建设信息高速公路计划。在克林顿的任期内,IT 投资大幅增长(图 1-3),至此,互联网的基础技术架构顺利完成。表 1-1 是美国商务部统计当时互联网的主机和域名数量情况。

表 1-1　1993—1997 年互联网主机和域名增长情况　　　单位:千

| 年　份 | 互联网主机 | 互联网域名 |
|---|---|---|
| 1993 | 1 776 | 26 |
| 1994 | 3 212 | 46 |
| 1995 | 6 642 | 120 |
| 1996 | 12 881 | 488 |
| 1997 | 19 540 | 1 301 |

根据美国商务部 1998 年《浮现中的数字经济》报告,当年美国经济活动中 IT 部门(计算和通信)的发展最显著,图 1-3 是反映美国 IT 部门投资量占 GDP 的比例。当个人电脑开始渗透到家庭和办公室时,这一比例从 1985 年的 4.9% 增长到 1990 年的 6.1%。伴随着互联网的热潮,1993—1998 年,IT 份额又从 6.4% 提升到大约 8.2%。1999—2003 年,商务部的年度报告就直接改名为《数字经济》,将美国"新经济"现象的主要功绩归结为信息技术进步所导致的"资本深化"。根据美联储 S.欧林纳和 D.斯奇尔的研究,1996—1999 年,美国非农业部门平均资本深化率对计算机硬件而言是 33.7%,对计算机软件而言是 10.8%,对信息通信设备而言是 5.0%,由此测算出,IT 对美国劳动生产率提高的年均贡献是 2.57%,同时也测算出,1996—1999 年,计算机硬件对劳动生产率的平均贡献是 23.6%②。

---

① NII: National Information Infrastructure.
② 宴维龙等译:《数字经济:美国商务部 2000 年电子商务报告》,中国人民大学出版社 2001 年版,第 50—52 页。

2000 年,经合组织在当年的经合组织部长级年会中宣称"以信息技术为工具提高生产率、提高社会经济增长并实现低通胀的新经济理论是有效的"①。

美国的"新经济"现象也一度掀起国内经济学界的研究热潮。2000 年7 月,《宏观经济研究》第 7 期特刊,发表了杜厚文等人的文章②,分析了美国经济高增长(1994—1999 年,平均增长率为 3.5%,尤其是 1999 年第四季度增长率高达 7.3%),低失业率(从通常的 6% 下降到 4.1%,申领失业救济的人数只有 27.6 万,是 1973 年以来的最低点),低通胀(1999 年,消费价格指数 CPI 为 2.7%,在除去食品与能源影响后为 1.9%,是 34 年来增幅最小的一年),而社会劳动生产率迅速提高,对外贸易额占 GDP 的比重提高等现象。所谓的"新经济"简而言之就是"经济高增长,市场低通胀"的现象,其主因是信息技术发展对社会生产率的促进作用以及经济全球化给美国经济带来的红利。

美国抓住了世界信息化建设这股由自己带头推动的热潮。1998 年,美国商务部借助世界这股发展潮流,对互联网基础设施全球化推进机制进行了改革,即对 IANA 机构进行改革。IANA 原本是互联网数字分配机构,是负责协调那些参与 Internet 运行的机构,其主要任务可以大致分为三个类型:(1)域名。IANA 管理 DNS 域名根和.int,.arpa 域名以及 IDN(国际化域名)资源。(2)数字资源。IANA 协调全球 IP 和 AS(自治系统)号并将它们提供给各区域 Internet 注册机构。(3)协议分配。IANA 与各标准化组织一同管理协议编号系统。事实上美国商务部看到这一机构对未来社会发展的影响,为了掌控发展的机会,将这一机构提升为一个全新的组织Internet Corporation for Assigned Names and Numbers(ICANN),提出了"One World, One Internet"③的目标。尽管这是一个非营利组织,但其背后

---

① 《参考消息》,2000 年 6 月 28 日。
② 杜厚文等:《对美国"新经济"的若干思考》,《宏观经济研究》2000 年第 7 期。
③ 资料来源:https://www.iana.org/about/informational-booklet.pdf。

是美国商务部,直到 2016 年 10 月,美国商务部将"关于 ICANN 和美国商务部国家电信和信息管理局(NTIA)的 IANA 管理职能的合同"正式移交给了全球互联网(多利益相关者)社区。

1997 年,也许没有人会在意(也有可能是没有能力反对)由美国的非营利机构来管理互联网根目录服务器(事实上,除美国外也没有人有能力来管理这一机构)。但美国人从科技实验到社会应用完成了技术构建和社会组织架构的构建,并用一种中性的市场模式来管理网络系统的运营,用提供优质的服务为网络在世界各地的延伸做动力,推进了世界的网络基础设施建设和发展。同时,这也为美国成为网络空间的超级强国奠定了不可逆转的基础。而"One World,One Internet"也成为美国的信息技术向全球推广的利器。虽然,网络空间的形成是由现代信息技术搭建的,其最基本的目标是提升技术传输信息的途径和效率,但美国将互联网打造成经济全球化的推进器,加速人类迈进信息社会。

## 第二节　信息社会与互联网

从全球可直播奥运会比赛实况起,发达国家的社会学者已高度关注社会发展形态的变革。但社会信息化引起全球关注是在互联网出现以后,尤其是信息技术革命不仅扭转了美国在制造领域被日本赶超导致的经济滞胀,而且还成为美国新经济增长的驱动力。与此同时,世界各地也开始掀起互联网建设的热潮,这股潮流在社会建设的各个领域都引领时代发展的方向。在社会领域,信息社会从学术性探讨变为全民关注的社会热点,社会生活和社会公共服务也全方位向信息化演变;在经济领域,数字经济、电子商务、信息产业给社会生产带来了变革;在社会治理领域,电子政府(或政务)、信息公开、开放数据等也成为社会各界参与和建设的主题;在教育领域,教育信息化和数字图书馆等不仅是社会信息基础设施的重建,教学内容也成为改革的重点。总之,随着信息技术在社会各领域的应用推进,互联网向全球以及社会各个层面不断渗透。

## 一、信息社会概念的形成[①]

信息社会与互联网在狭义的概念上是两类不同的事物,一个是描述社会发展的状态,是社会学者对社会发展的观察和总结;一个是人们用科学方法设计的物理网络,其本质是自然科学工作者用智慧构建的数字传输网络,其本质目标是提升技术传输信息的途径和效率。随着信息技术的发展,这两类事物似乎朝着一个共同目标前进,社会发展理念与信息技术融合,打造了今天的"网络空间"。最典型的例子,如马云和马化腾,一个是学英语的,一个是学计算机的,两个不同学科人,一个属于文科,一个是理工科,在发展与技术融合的引导下,成长为今天互联网行业的业界领袖,这基本反映了信息社会与互联网的内在关联。

从单纯的概念看,"信息社会"这一表述出现在"互联网"之前。事实上,当技术创新与产业升级推动了社会发展和进步,社会学者从社会生产与社会生活的变化中归纳出社会发展形态的变化。通过科学技术在社会生产中的应用,人们的生活方式和生产方式发生了巨大的变化,社会学者对此观察总结出社会新形态——"信息社会",这比我们现在所使用的互联网要早一点。

1959年,美国社会学家丹尼尔·贝尔在奥地利举行的学术讨论会上对社会工业化发展提出了自己的看法。他认为当时社会的工业化已发展到一个相当的阶段,以现在常用的说法就是到了发展的一个转型期。作为社会学者,丹尼尔是通过社会发展的表象观察到了一些有别于传统的经验数据,如经济结构、各生产要素在社会生产中的作用等,并将这种社会发展的

---

① 李农:《中国城市信息化发展与评估》,上海交通大学出版社2009年版,第36页。

变化提升到一定的高度,认为这是一种社会形态的变化。1962年春天,在波士顿召开的一次研讨会上,丹尼尔提出了"后工业社会"①这一概念,目的是想通过新概念来反映社会转型发展的新时期。尽管当时丹尼尔的后工业社会思想可以引起人们的共鸣,但人们并没有采用这一说法,有许多人认同社会处在一种转型期,也认同丹尼尔的新时期划分思想,认为现代的工业和技术可以使世界发展进入一种新秩序。但人们对这一新阶段赋予什么样的"定义"还没有统一的认识,人们只是感觉到社会发展的变化。

1963年1月,日本京都大学科学系教授梅棹忠夫在朝日广播上发表《论信息产业》②,将社会生产中那些与"电信"相关的生产部门归纳为一个产业,而这一时期的电信还没有和以计算机系统支持为基础的现代信息技术结合起来,那时的"电信"更多的是以"邮电"的面貌出现在人们的面前,人们在沟通中,"电信"沟通似乎是一种奢侈的方式,当时,只有发达国家的电话得到了普及性应用(1978年,中国大陆的固定电话总数还不到400万部,普及率不到1‰),电报还是人们生活中传递信息的重要手段,尽管当时人们沟通的技术手段不能与今天比较,但学者们已认识到信息沟通对人类社会发展意味着什么。梅棹忠夫把社会经济的发展与人类的进化联系在一起,将人类自身所拥有的各种复杂系统功能的相互作用和有机联系理论应用到社会经济发展中,对产业发展和产业结构进行相应的分析,通过这种对系统的功能和行为分析,将生物的系统协调性应用到产业的发展,即从仿生学视角来分析产业经济,由此得出,信息、大众传播、电信、教育、文化是构成人类社会生产的一种相互关联的产业,即"信息产业",并预言了"信息产业时代"的到来。这引发当时日本社会对信息化的讨论,有人应

---

① [美]丹尼尔·贝尔:《后工业社会的来临》,高铦译,商务印书馆1984年版,第29页。

② 伊藤阳一:《日本信息化概念与研究的历史》,李京文等:《信息化与经济发展》,社会科学文献出版社1994年版,第85页。

对这一概念还构造了一个英文词 Informatization(日语用 Johoka)来表示①。随后,在日本掀起了一股研究信息化的热潮,日本朝日广播从 1964 年 11 月到 1966 年 7 月连续 21 个月逐月发表一系列论述信息社会特征的文章,如《信息社会中的媒体》《信息社会中的组织与个人》等②。从发展过程来看,人们是从社会发展的现实出发,分析社会经济结构的特征和信息技术应用发展的趋势,认识到社会正经历着重要的变化,并界定这种变化的社会为"社会的信息化",以反映社会发展过程中这一重要阶段。

1967 年,林次郎认为工业社会之后就是信息社会③,他认为工业社会是有形产品创造新价值的社会,信息社会就是无形的信息创造价值的社会(现在我们认为是数据创造价值的时代),他解释社会的信息化就是从有形的物质产品创造价值的社会向无形的信息创造价值的阶段的转变。1970 年,日本第三大全国报业公司每日新闻社出版了丛书"信息社会"④。1972 年,增田所长⑤提出了一项"信息社会计划:走向新的全国目标",并应经合组织的邀请访问了加拿大、瑞典和法国等成员国,传播其信息社会的理念。

在信息技术创新发展的过程中,来自欧洲的学者有不同的观点,其中最为典型的例子是 20 世纪 70 年代中期的法国。当时,因文化的差异,法国就担心诸如 IBM 这样的大公司以及英美文化在影视传媒和信息服务业等方面的发展可能对法国的工业、文化等领域发展造成不利影响。由此,法国社会学者也开始关注"信息社会"这一问题。或者说当时的法国并不认同信息社会的到来,只是在社会发展中感受到英美文化和信息技术对法

---

① Toshio Takagi, *Reading the Future: Japanese Information Services*, Japanese Collection Development Australian National University Library.
② [日]伊藤阳一:《日本信息化概念与研究的历史》,李京文等:《信息化与经济发展》,社会科学文献出版社 1994 年版,第 88 页。
③ 林次郎(Hayashi Yujino),他的畅销书《信息社会》于 1969 年出版。
④ [日]伊藤阳一:《日本信息化概念与研究的历史》,李京文等:《信息化与经济发展》,社会科学文献出版社 1994 年版,第 90 页。
⑤ 增田所长(Yonesji Masuda)是当时的日本计算机应用发展研究所所长。

国自身社会发展的冲击而面对挑战。值得一提的是,受当时法国总统的委托,西蒙·诺拉和阿兰·孟克接受相关的研究任务,并于1978年出版了《社会的信息化》一书,在这本书中出现了——telematique 一词(英译为 Telematics),意思是计算机(computers)与通信(telecommunications)结合的一种新技术,并探讨了这种技术对社会发展的重大影响。1980年,诺拉和孟克的论著被传播到美国,美国人将此书译成了《计算机化的社会》①,其计算机与电信联合的技术思想引起世界的广泛关注。同年,日本计算机应用发展研究所所长增田提出了信息社会就是"后工业社会",是世界未来发展的趋势②,对"信息社会"的理念加以推广,并为此到世界各地宣讲其学术思想,将计算机技术提升到一种管理社会的高度③。

## 二、互联网与信息社会的融合过程

随着电子通信技术和电子计算机技术的发展,社会学者已率先感受到社会发展形态的改变。但社会大众感受的程度似乎不高,更有不同的认识。在20世纪70年代前后,对社会形态的研究还在一个很小的学术范围内讨论,从法国学者的研究目的来看,人们的认识是有分歧的。另外,美国和日本的学者说法也不同。还有一个明显的特征是,如果结合互联网的研发过程,这一时期两者几乎没有太多的交集。做技术研发的与社会学者各自用自己的话语体系描述社会发展。

这一现象在"信息高速公路"提出以后有了明显的不同。在电视时代,社会大众尽管已接受了大量的媒体信息,但由于参与度不高,还没有明显感受到信息社会的来临,只有研究社会经济和发展的学者在理论上演绎了

---

① *The Computerization of Society*,MIT Press,1980.

② Yonesji Masuda,*The Information Society as Post-Industrial Society-World Future Society*,Washington,DC,1980,3.

③ Yonesji Masuda,*Managing in the Information Society：Releasing Synergy Japanese Style*,2nd ed,Oxford：Blackwell,1990.

信息社会的出现。虽然当时的专业技术人员也极力宣传技术构建未来的社会形态,但对社会产生较大影响的还是一些"未来学者",如 A.托夫勒、J.奈斯比特等。托夫勒将技术推动社会发展的现象归纳为"第三次浪潮"①,他把人类历史上开始发展农业、建立封建制度称为"第一次浪潮",把产业革命、建立资本主义制度称为"第二次浪潮",而把人类社会正在经历着(由信息技术带来的)一场最深刻的大变革——归纳为"第三次浪潮"。

当互联网出现以后,"信息高速公路"的概念将学者们提出的这些介于技术与社会发展的思想纳入一个相对统一的体系中,这对推动社会进步起到了积极作用。可以说在全球范围,当互联网出现后,这种作用被迅速放大。社会大众的参与直接将学术理论通俗化,尤其是在 ITC 领域,伴随着"摩尔效应"(也称为摩尔定律)和"资本深化"(简单地讲就是电子产品的价格越来越被大众所接受),信息技术应用和互联网同步向社会各个领域高速渗透。人们使用互联网的频度和分布在社会大众生活中快速普及,社会大众感受到学者们多年前论述的理论前景将变为现实。至此,"后工业社会"的说法逐渐被"信息社会"所替代,人们开始关注信息社会的发展,从经合组织和欧盟的中长期发展规划可以看到,到 20 世纪末,信息社会的概念已被欧美广泛接受,人们到处用 e-everything 的概念解释社会发展和设计社会发展蓝图。

## 三、信息社会与全球共识

2000 年 7 月,在日本九州冲绳举行的八国(原西方七国加俄罗斯)峰会发表了《全球信息社会冲绳宪章》②。该宪章认为,信息技术是推进 21 世纪发展的最强大的动力,将为所有人提供重要的机会。信息社会是通过充分利用科学技术,实现人类梦想的社会。其社会主要发展目标是:(1)保持社

---

① 20 世纪 80 年代初,托夫勒出版了《第三次浪潮》一书。

② 资料来源:http://unpan1.un.org/intradoc/groups/public/documents/apcity/unpan002263.pdf。

会经济能够持续增长;(2)强化社会民主建设;(3)实现国际和平与稳定。人类应充分利用信息技术,使世界上所有人都能够分享信息社会的益处,这是信息社会的基本原则。

2000 年 9 月,联合国达成了一项新千年宣言的协议,就人类共同发展的价值形成了基本认识,其中最为务实的目标是:"缩小数字鸿沟,在 2015 年之前将全球的贫困状况减少一半。"2001 年 12 月 21 日,联合国大会通过第 56/183 号决议。该决议涉及国际电信联合会(ITU)①所提出的倡议,商定在 2003 年举办全球第一届"信息社会世界峰会"(WSIS)②。

2003 年 12 月,在国际电信联盟等国际组织的推动下,来自 175 个国家和地区的代表在日内瓦召开了第一次(也称为第一阶段)信息社会世界峰会,大会在关注信息技术对人类社会发展影响的同时也关注了"数字鸿沟"对阻碍人类社会共同发展的问题。为帮助联合国成员跨越数字鸿沟障碍,与会者达成了"塑造人类需求的信息社会"③,提出了"建设信息社会:新千年的全球性挑战"的《原则宣言》④,提出了人人共享的信息社会的重要原则⑤,并制定了全球信息社会发展的《行动计划》。这是人类共同建设信息社会第一阶段性发展的基础目标,也被称为新千年发展目标(MDG)⑥,标志着人类已迈进信息社会发展阶段。

全球发展的新目标用 8 项分目标和 48 项指标来监测社会发展目标的进展,这 8 项主要目标分别是:消除极度贫困和饥饿,普及全球初等教育,促进性别平等和提高妇女权力,减少儿童死亡率,提高母亲的健康水平,与

---

① ITU,International Telecommunication Union.

② WSIS,World Summit of Information Society.

③ *Shaping Information Societies for Human Needs*,http://www.itu.int/wsis/docs/geneva/civil-society-declaration.pdf.

④ http://www.un.org/chinese/events/wsis/decl_draft.pdf.

⑤ World Summit on the Information Society,*Building the Information Society:a global challenge in the new Millennium*.

⑥ MDG,Millennium Development Goals.

艾滋病、疟疾和其他疾病作斗争，保证环境的可持续发展，为促进发展建立全球性的合作关系。另一方面，现代信息技术革命正急切需求全球性合作关系的发展，技术与社会发展的互动需求达到了前所未有的历史新高，信息社会成为人类发展的共同目标。2005 年 11 月，在突尼斯召开了信息社会世界峰会第二阶段会议，大会达成了《突尼斯承诺》。时任联合国秘书长安南呼吁各国政府应让"人人享有信息技术"，努力提高和改善穷人使用信息技术的问题，让穷人也拥有应得的信息资源和技术，消减数字鸿沟。安南认为所谓的"信息社会"，应该是一个给予人们所需的工具和技术，并在提供有效使用这些工具和技术的知识和训练之后，就能扩大、建立、助长和解放人类自身潜能的社会。

2010 年 5 月 10—14 日，在位于瑞士日内瓦的国际电信联合会总部，由国际电信联合会、联合国教科文组织、联合国贸易发展会议和联合国开发计划署联合召开了"信息社会世界高峰论坛"阶段总结报告会①，会议以信息社会发展为核心，不仅研讨了新一轮信息技术支撑下的基础设施（NGB，下一代宽带网络）建设与应用，还以全球化的视角，研讨了区域的发展战略、网络文化的重构、全球电子商务的构建、全球网络安全与犯罪预防以及网络化环境下本土文化的发展和可持续性问题等。在总结 21 世纪最初 10 年的信息化发展经验后，信息社会世界峰会达成一致认识，呼吁全球"同心协力，奔向 2015"的共同目标，这是国际社会推进"千年发展目标"行动的阶段性标志。

从信息社会这一概念的出现到联合国为此达成的全球性共识，可以明显看到当技术应用还没有渗透到社会生产的各个领域，关注这一问题的人群仅仅是一些学者或专业技术人员（如增田所长）。是互联网在信息技术创新的推动下，在全球向社会各个领域不断渗透。"云计算"就是源自互联

---

① http://groups.itu.int/Portals/30/documents/WSIS/WSIS-Stocktaking-Report-2010_1.1.pdf.

网渗透应用产生的信息技术,这似乎是第三次浪潮冲击出来的社会应用技术(在这之前,技术通常诞生在实验室中)。很明显,当互联网出现以后,信息技术在社会应用中的发展模式出现了显著的改变。从产业的创新层面分析,1912年熊彼特在他的《经济发展理论》中提出了"创新理论",并将"科学发明"与经济"创新"区分开来。但经济"创新"需要坚实、强大的科学基础。这一认识受到了互联网的冲击。如谷歌、脸书、微信、阿里巴巴等应用的社会化普及,创意、技术创新所造就的"互联网企业",你很难确定是那些主导因素造就了这些企业。可以明确的是,这一切都源自"互联网"。有了互联网,信息技术以及信息社会已不仅仅是发达地区关注的焦点,它可以成为世界的焦点,成为全人类发展的共同目标。这是互联网带来的全球社会效应,可以说是互联网加速了信息技术革命,促进了信息社会发展。

在世纪之交的这几年,可以认为网络空间的拓展是经济全球化的产物,信息技术领导者借助经济全球化的发展趋势进一步推动了网络向全球、全社会各个领域不断渗透,形成了今天的互联网,这一格局的形成从微观看是经济利益推动,从宏观看是经济全球化的需求拉动的。

## 第三节　互联网对政府组织的影响

互联网的出现标志着信息技术革命的成功,在技术、产业的推动下,社会信息化席卷全球。这不仅对社会生产带来了创新动力,对政府的公共行政机制也产生巨大的影响。从国家层面分析,在20世纪末到21世纪初的十多年时间,世界上许多国家和地区,在政府行政的组织机制上因社会信息化发展的需要进行了一系列改革重组,组织形态也出现了较大的变化。

### 一、我国社会信息化与管理组织机制的变化

图1-4是2003年我国政府组织运行机制中涉及社会信息化发展的结

构简图。

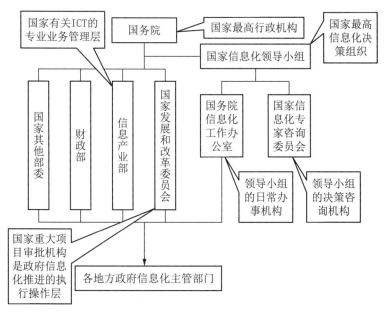

**图 1-4　21 世纪初中国信息化推进的组织机制结构**①

改革开放后,我国在推进社会经济建设的过程中非常关注世界科技的发展,信息技术是当时最重要的科学技术之一。由于当时我国的科技力量不强,尤其是在信息科技领域,无论是科学技术的积累还是产业领域的发展与世界先进水平有巨大的差距,这引起了我国政府对该领域发展的高度关注。为了快速跟进世界科技发展潮流,追上世界科技先进水平的步伐,我国政府在组织机制上加大了改革的力度。

1986 年 2 月,国务院批复成立国家经济信息中心负责建设国家经济信息系统。国家经济信息中心由原国家计委所属的计算中心、预测中心和信息管理办公室合并组建,1988 年更名为国家信息中心。

1993 年 12 月 10 日,国务院批准成立国家经济信息化联席会议,国务

---

① 国家信息化专家咨询委员会 2004 年委托研究报告《国家信息化推进机制(体制)研究》。

院副总理邹家华任主席。国家经济信息化联席会议办公室设在原国家计委(国家信息中心)。1994年5月,成立国家信息化专家组,作为国家信息化建设的决策参谋机构。

1996年4月16日,国务院办公厅发出《关于成立国务院信息化工作领导小组的通知》,国务院副总理邹家华任领导小组组长,将原国家经济信息化联席会议办公室改为国务院信息化工作领导小组办公室,电子工业部副部长吕新奎任办公室主任。

1998年,根据第九届全国人民代表大会第一次会议批准的国务院机构改革方案和《国务院关于机构设置的通知》(国发〔1998〕5号),组建信息产业部。信息产业部是主管全国电子信息产品制造业、通信业和软件业,推进国民经济和社会服务信息化的国务院组成部门。2008年,根据第十一届全国人民代表大会第一次会议批准的国务院机构改革方案和《国务院关于机构设置的通知》(国发〔2008〕11号),设立工业和信息化部,为国务院组成部门。

1998年3月,随着国务院机构的进一步改革,原国务院信息化工作领导小组办公室整建制并入新组建的信息产业部,成立了信息产业部信息化推进司(国家信息化办公室),负责推进国民经济和社会服务信息化的工作。

1999年12月23日,国务院办公厅发出《关于成立国家信息化工作领导小组的通知》(国办发〔1999〕103号),国家信息化工作领导小组成立,国家信息化工作领导小组由15人组成,国务院副总理吴邦国任组长。信息产业部部长吴基传任副组长,其余成员是来自国家相关部门的领导同志。按照通知要求,国务院信息化工作领导小组不单设办事机构,具体工作由信息产业部承担,并将国家信息化办公室改名为国家信息化推进工作办公室。

2001年8月23日,中共中央、国务院决定重新组建国家信息化领导小组,以进一步加强对推进我国信息化建设和维护国家信息安全工作的领导。中央政治局常委、国务院总理朱镕基任组长,胡锦涛、李岚清、丁关根、吴邦国、曾培炎为成员的国家信息化领导小组,同时单设办事机构——国务院信息化工作办公室也正式成立,由国家发展计划委员会主任、国家信息化领导小组副组长曾培炎兼任国务院信息化工作办公室主任。国家信息化领导小组负责审议国家信息化的发展战略,宏观规划,有关规章、草案和重大的决策,综合协调信息化和信息安全的工作。

2003 年 5 月,中央调整了国家信息化领导小组组成成员,继续保留"国家信息化领导小组"的组织机制,由时任国务院总理温家宝担任领导小组组长,成员有李克强、刘云山、张德江等。小组成员还包括中央、国务院和军队有关部门的主要负责人,并将原来国家层面的专家组提升为"国家信息化专家咨询委员会",主要负责就我国信息化发展中的重大问题向领导小组提出建议,成为最高决策层的智囊团,是国家信息化领导小组决策咨询机构(组织结构如图 1-4 所示)。

国务院信息化工作办公室是国家信息化领导小组的办事机构,具体承担领导小组的日常工作,主要职责如下:(1)组织贯彻落实党中央、国务院关于信息化工作的方针政策,开展对涉及政治、经济、文化及军事等领域的信息化和信息安全等重大问题的调查研究,并向国家信息化领导小组提出政策建议。(2)督促检查并协调推进国家信息化领导小组决议的执行,研究国家信息化的协调机制。(3)组织有关部门研究我国信息化发展战略、规划,协调推进国家信息化建设和计算机网络与信息安全管理工作中的法规、标准及相关政策的起草工作;组织协调国家信息安全保障体系的建立。(4)参与涉及全局的重大信息化项目的协调与审议;组织规划政府网、推进电子政务建设;协调国家重要信息资源的开发利用与共享,促进跨行业、跨部门面向社会服务网的互联互通。(5)协调信息网络规划和实施中的问题,防止重复建设;促进电信网络、广播电视网络和计算机网络的融合。(6)协调完善与信息化相关的统计调查制度,推进信息化的宣传普及与教育培训。(7)参与信息化相关的重要国际合作与交流。(8)承办国家信息化领导小组交办的其他工作。

专家咨询委员会的职责是负责组织有关专家,接受国家信息化领导小组的咨询,就我国信息化发展中的重大问题提出建议;根据国务院信息化工作办公室委托,对国家信息化发展战略、政策和规划提出意见和建议;对国内国际信息化问题进行跟踪和超前性研究;作为中外专家与咨询机构间的桥梁和纽带,促进信息化战略研究的国际交流。专家咨询委员会聘请了来自各方面,专业覆盖经济、技术、法律等领域的四十多名委员。他们中间既有多年从事信息技术研究的中国工程院院士,也有国内知名经济学家。

今天,回顾这一发展历程,容易看到组织机构的变化与信息技术在国民经济发展中的作用密切相关。表1-2是我国政府机构在推进社会信息化建设初期的主要进程。

表1-2 中国有关信息化推进机构的发展历程

| 时　　间 | 机构名称与变化 | 机构首脑 |
|---|---|---|
| 1993年12月10日 | 国家经济信息化联席会议 | 主席:副总理邹家华 |
| 1996年1月13日 | 国务院信息化工作领导小组及其办公室成立<br>原国家经济信息化联席会议办公室改为国务院信息化工作领导小组办公室 | 领导小组组长:副总理邹家华 |
| 1999年12月23日 | 国家信息化工作领导小组成立<br>国务院信息化办公室改名为国家信息化推进工作办公室 | 组长:副总理吴邦国 |
| 2001年8月23日 | 国家信息化领导小组重新组建 | 组长:总理朱镕基 |
| 2003年5月23日 | 关于国家信息化领导小组人员调整 | 组长:总理温家宝 |

进入新世纪,我国对社会信息化建设有了初步稳定的认识,发展战略和产业基本推进策略也已形成。到2004年,我国开始提出要建设成为一个"信息强国"①。因为不到10年的时间,我们的信息产业和互联网网民数

---

① 2004年,国家信息产业部组建了"信息强国"研究课题组,在《经济前沿》期刊上发表了一组研究成果,如《信息强国战略与国家战略体系构建》《从日本经验看中国信息强国之路》等。

量高速发展。据中国互联网络信息中心的抽样统计,到 2003 年年底我国的网民数量仅次于美国,成为世界第二多的国家。

2008 年 3 月,根据国务院机构改革方案,信息产业部经重组,改建为工业和信息化部,主要职责为:拟订实施行业规划、产业政策和标准,监测工业行业日常运行,推动重大技术装备发展和自主创新,管理通信业,指导推进信息化建设,协调维护国家信息安全等。

2014 年 2 月,由于网络空间发展的需要,我国又成立了"中央网络安全和信息化领导小组",由原来的政府机构提升到党领导的机构,这是网络空间发展新阶段的标志。

从改革开放 40 年来看,互联网的应用发展对政府组织机制的变化影响是巨大的。不同时期,因不同原因,都有显著变化。

## 二、国外政府组织机制的变化

1999 年,英国首相任命了电子大臣(e-Minister),全面领导和协调国家信息化工作,并由两名官员(内阁办公室大臣、电子商务和竞争力大臣)协助其分管电子政务和电子商务。联邦政府各部门都相应地设立电子大臣一职,由联邦政府核心部门的电子大臣组成电子大臣委员会,该委员会为电子大臣提供决策支持。首相布莱尔将原设在贸工部的电子专员(e-Envoy)职位调整到内阁办公室,并在内阁办公室下设电子专员办公室,专职负责国家信息化工作,电子专员办公室又下设若干工作组。此外,芬兰也成立了"信息社会顾问委员会"①,2003 年后改称为"信息社会委员会"②,该委员会由芬兰总理任主席,副主席是当时交通通信部的部长,还有其他政府部门的部长,如国防部、财政部、教育部等内阁的主要成员和芬兰一些重要企业的 CEO 和高层领导人(如诺基亚的高级副总裁 Tarja

---

① ISAB, Information Society Advisory Board.

② http://www.valtioneuvosto.fi/vn/liston/base.lsp?r=41389&k=en.

Pääkkönen)为委员,共 40 人。芬兰的信息化推进的战略研究和政策法规研制都是由该委员会负责协调完成。另外,像俄罗斯、日本等国家都有组织机构上设置,在国家层面,还从来没有这么高层次和频率的组织机构变化以应对信息技术发展所带来的问题。

除了英国、芬兰之外,其他国家,如美国、加拿大、德国、法国、意大利、俄罗斯、澳大利亚、新西兰、新加坡、韩国、日本、印度和巴西等。在行政机制上都因信息技术革命的影响进行了调整。这些调整相对于社会信息化建设而言,大致分为三个层次:一是涉及国家重大信息基础设施建设决策,从行政管理分析是决策层(行政层级最高);二是国家重大或主要的信息基础设施的对口管理,也可称之为管理层;三是具体的运行与维护等,通常被视为操作层。

从政府行政的决策层看,有 8 个国家成立了部长级以上的信息化委员会,其中 4 个国家的委员会主席是由内阁总理或总统亲自兼任。其余的是由部长任委员会主席。参与信息化决策层的部长都是政府的主要部门,如财政部、科技部、国防部、外交部等。有 4 个国家设立了专管通信与信息产业的部级机构(意大利称技术革新部)。那些没有单独成立通信与信息产业部的国家,其信息化的决策管理一般在分管国家财政的部门,比如财政部[①]。

从管理层分析,各国推进信息化发展的管理层大致可分成三类:第一类是网络型,如美国、英国、澳大利亚、新西兰和印度等,在制度上通过对政府各部门设置新型岗位(如首席信息官等),将信息化的推进深入各政府部门的内部管理,并在联邦政府层面上,形成一个网络化的松散组织结构,成为内阁级委员会,对于涉及国家重大的信息化系统工程,通过(这个)内阁级高层次委员会综合协调管理,推进国家信息化的发展。第二类是集中

---

[①] 国家信息化专家咨询委员会 2004 年委托研究报告《国外信息化管理体制研究报告》。

型,如新加坡、韩国、芬兰、加拿大、意大利等是通过组建综合的职能部门（或机构）,专门负责国家信息化管理推进,有的国家是以委员会的形式（如芬兰的信息社会委员会）协调管理,总理或内阁部长任委员会主席,有的就是"信息化"部,部长任协调委员会主席。第三类是介于两者之间,从某些迹象分析有点分散,不妨称之为分散型。这一类在管理组织结构上,是以信息化管理的具体内容为划分管理的依据分散到各政府部门,如俄罗斯、日本、德国、法国和巴西等,在组织设置上有高层次协调委员会,也有专门设置的职能部门,但信息化的一些具体推进和管理又分散在其他相关部门,从管理的主题看,有的分工是以信息化具体的系统工程项目为主体,由与之相关的部门负责管理。这种管理方式虽然有一定的网络组织形式,但网络管理组织结构作用不突出。有些机构呈外挂式的特征,在具体的信息化项目推进中是依据该项目与现有部门的相关性来确定管理者。总体上决策层务虚（领导小组或委员会）,管理层务实,职责通常是落实到具体的部委,以国家重大信息基础设施涉及的项目属性来决定对口管理的部位（新加坡是集中管理）。

操作层的工作重点就是具体的信息化系统建设,具体的操作与管理层的结构类型有密切关系。各国信息化管理的监督机制从宏观上分析与该国的政体有关,从微观上看,与其传统管理制度不可分割。如美国从组织上看,负责国家信息化事务的操作层人员和组织有首席信息官、项目管理合作、政府信息技术服务中心、电子化流程行动委员会等,各部门的首席信息官不仅负责本部门或本地区的政府信息资源管理、信息化项目监督和评估、信息系统运行维护等工作,还要通过 CIO 委员会,定期指导和协调执行机构中与信息技术和信息资源管理有关的活动。此外,美国各州政府也都相应有 CIO,一般由该州第一副手担任,并由该州州长任命。另外,政府行政组织也随社会信息化发展的阶段而不断调整,典型的例子,如俄罗斯等,部委的组织机构也会变动。

## 三、互联网与我国电子政务建设

信息技术革命除了引发政府行政的组织机制变化,更重要的是行政管理方法的改变,我国称之为"电子政务"建设,而国际上一般称为"电子政府"。20 世纪末,我国政府也开始大规模推动社会信息基础设施建设,由于当时我国的信息基础设施相对落后,所以在电子政务建设中对发展的认识分成两个层次:一是实际发展建设中相对具体的政府职能而采取的功能性认识;二是希望借助电子信息化这一发展契机,在发展中对政府管理的体制、机制性提升,这层面研究者更多的是从理念性认识开始,推崇的是"顶层设计"。

所谓的功能性认识,主要针对发展建设的主体,认为电子政务主要由四个部分组成:(1)政府部门内部的电子化和网络化办公;(2)政府部门之间通过计算机网络而进行的信息共享和实时通信;(3)政府部门通过网络与企业进行的双向信息交流;(4)政府部门通过网络与居民进行双向信息交流。而理念性认识主要体现在三个方面:(1)处理公共权力行使相关的业务,提高公共服务和政府部门内部事务效率的手段;(2)电子政务目标的实现必须借助信息技术(事实上在 20 世纪末,有许多官员并不懂信息技术);(3)电子政务不是将传统的政府管理和运作简单地搬上互联网,而是要对现有的政府组织结构、运行方式、行政流程进行优化重组,使其在信息技术的支持下,加强对政府业务运作的监管,更加高效地运行,并实现政府为公众提供更加优质的服务(基本形成主管电子政务官员的设想,而整个行政系统并没有统一认识,从而使得中国的电子政务呈现"事务化"的倾向,即"一事一办",系统呈现纵横交错,网络也有"内网""外网""公务网"和"局域网"等复杂构成),顶层设计一直是理论层面的探讨,相对于地方区域,在"一把手工程"的推动下进行了探索性建设。这两种认识共同推动了我国电子政务的建设,具体体现在自 1993 年底的"三金"工程,即金桥①、金关②和金卡③工程起,时间从全国范围看很长,各地发展也不均衡,主要是信息基础设施建设。除了桥、关、卡三项,"金字"工程还包括国家各个领域的信息系统管理(宏、税、财、保、农、水、质、土、信、智、旅、盾、审)等。即从国家公共行政的总体需求全面实行网络化管理。

## 四、互联网对国外电子政府建设的影响

电子政府建设就是因互联网的出现而提出的。从发展历程来看,美国是起步最早、发展最为迅速的国家。克林顿政府时期,在推进国家信息基础建设(NII)的同时就积极倡导和推动电子政府建设;布什总统上台后又提出,要加速电子政务的发展。首先,从政府组织上建立相应的组织机构。为了监管政府信息化建设④,美国在联邦政府下面组成了10个监管政府信息化的组织机构,冠以一个总名称——政府技术推动组。这些机构主要有国家电信信息管理办公室、政府信息化促进协会联盟、政府评估组及首席信息化小组等。政府信息化所涉及的各种日常事务均由他们承担,制定政府信息化法律法规。为保障政府信息化发展,美国制定了《政府信息公开法》《个人隐私权保护法》《美国联邦信息资源管理法》等一系列法律法规。

---

①　金桥工程属于信息化的基础设施建设,是中国信息高速公路的主体。金桥网是国家经济信息网,它以光纤、微波、程控、卫星、无线移动等多种方式形成空、地一体的网络结构,建立起国家公用信息平台。其目标是覆盖全国,与国务院部委专用网相联,并与31个省、市、自治区及500个中心城市、1.2万个大中型企业、100个计划单列的重要企业集团以及国家重点工程联接,最终形成电子信息高速公路大干线,并与全球信息高速公路互联。

②　金关工程即国家经济贸易信息网络工程,可延伸到用计算机对整个国家的物资市场流动实施高效管理。它还将对外贸企业的信息系统实行联网,推广电子数据交换(EDI)业务,通过网络交换信息取代磁介质信息,消除进出口统计不及时、不准确,以及在许可证、产地证、税额、收汇结汇、出口退税等方面存在的弊端,达到减少损失,实现通关自动化,并与国际EDI通关业务接轨的目的。

③　金卡工程即从电子货币工程起步,计划用10多年的时间,在城市3亿人口中推广普及金融交易卡,实现支付手段的革命性变化,从而跨入电子货币时代,并逐步将信用卡发展成为个人与社会的全面信息凭证,如个人身份、经历、储蓄记录、刑事记录等。

④　赵培云:《从美国电子政府建设的政府行为看中国的改进设想》,《计算机安全》2003年第4期。

其中《政府纸张消除法案》规定,美国政府将在 2003 年 10 月以前实现无纸办公,让公民与政府的互动关系电子化,建立提供政府信息和服务的一站式门户网站。美国政府门户网站第一政府(www. firstgov. gov),其最重要的思想是提供按主题而不是按部门组织的在线信息,旨在促使政府对公众的需求能快速反应,提供公众更多地参与民主政治的机会,以用户具体需求为中心设计网站。白宫站点实际上是所有美国政府站点的中心站点,在该站点上有一个美国政府站点的完整列表,可以链接到美国所有已经上网的官方资源。同时白宫站点一级所有内阁级的站点都提供了文本检索功能,可以通过关键词查找这些站点上的所有文献和文章。检索既包括对单一站点的检索,也有一个统一的数据一次检索。所有官方站点的首页十分简明扼要,没有太多华丽的设计,充分体现了官方站点的正式和严肃。要求联邦政府率先使用电子手段采购及招标。自 1999 年 1 月 1 日开始,联邦政府各部门凡是25 万美元以上的项目采购,必须使用联邦政府统一的电子采购门户平台,使电子采购成为联邦政府的采购标准,所有对外采购均通过 EC(电子商务)方式完成每年 2 000 亿美元的政府采购计划,这一举措被认为是"将美国电子商务推上了高速列车"。其次,进行"管理扁平化"的改革。克林顿政府认为,电子信息和电子服务只是电子政府的第一步,要使政府真正做到以客户为中心,政府工作流程的再造才是最重要的。因而,应加强政府机构之间的协作和交流,尤其是功能类似的部门之间,要以公民和企业的需求为中心。

新加坡 1999 年在大力推动互联网发展的同时,启动了一站式服务——"电子市民中心",力图通过互联网向所有国民和企业提供"从摇篮到坟墓"的一站式行政服务。近年来许多国际权威机构对新加坡的电子政务评价非常高,新加坡政府通过推进电子政务建设为将新加坡打造成信息高地,以拓展其智能化过程中所需的信息资源已取得了令人瞩目的成功。今天,新加坡信息发展局(IDA)①已在亚洲,特别是对中国推销其智能化社

①　IDA，Infocomm Development Authority of Singapore.

会生活和管理的方式(解决方案)。对新加坡来说,一旦能进入或占领亚洲或中国的一小部分市场,那必将成为新加坡的一座金矿。

韩国政府也在高速推进国家信息基础设施建设的同时,用电子政务的发展来拉动社会总体信息化发展水平,即通过政府组织的需求来主导、推动社会层面的应用,借助互联网(或信息技术)应用模式提升产业领域的技术跟进与发展。中央政府在韩国电子政府的发展中所起的作用非常重要。如1997年,韩国总统金大中就职后就把电子政府作为国家信息化发展的重要内容。韩国信息化战略委员会和韩国信息化促进委员会在指导、组织和协调韩国电子政府的发展中起着极大的作用。2001年1月,韩国政府又与企业和社会团体联合成立了"电子政府特别委员会",共同制定和推进有关电子政府建设的计划。这些计划都包含了信息基础设施、信息产业和技术创新的内容。

德国是一个发达国家,互联网的出现对其有较大影响。尽管德国电信业有先发优势,但互联网体系与传统电信有着巨大的区别。德国凭借其经

表1-3　德国电子政府建设初期的计划

| 项目实施目标 | 完成时间 |
| --- | --- |
| 德国在线:启动15个项目,实现德国在线计划中规定的国家、各州和各乡镇政务定额的50% | 2003年年底至2005年年底 |
| 联邦在线——提供440项网上服务 | 至2005年 |
| 在规划框架内(MEDIA@Komm-Transfer)建立20个电子政府模范乡镇 | 2004年年初起 |
| 建立唯一的安全合法电子单据系统(e-Vergabe) | 至2005年 |
| 启动虚拟带动市场 | 2003年年底 |
| 为国家各机构建立虚拟邮局 | 2004年年初 |
| 分阶段建设联邦在线的表格管理系统 | 2004年至2005年 |
| 扩建优良建筑信息协会(IVBB)成为联网的国家各机构的政务信息联盟 | 2004年年初 |

济实力制定了系统的信息化发展规划,目标以信息社会为框架,在社会经济、教育、政务和医疗健康保健等方面全面开展系统建设。

从欧盟的电子欧洲行动纲领要求分析,到 2005 年德国将基本完成电子政务所需环境和法律建设,为公民提供便捷的政务服务。

事实上,互联网的出现对政府组织的影响是巨大的。无论是我国的电子政务还是国外的电子政府,互联网的出现改变着政府行政的运行方式。这不仅是形式上和办事的便捷性等方面的改进,也推动了全球对公共行政的认识。从 2012 年开始,联合国经济和社会事务部每两年发布一次《联合国电子政务调查报告》。调查报告分析全球电子政务实施的最新进展,以及其对实现 2030 年可持续发展目标和帮助解决公共管理问题的支撑作用。该调查报告主要从教育、卫生、劳动就业、财政和社会福利等五个方面衡量在线公共服务的发展水平,韩国已多次排名全球第一。2016 年,中国列第 63 位,相较于上一次调查上升 7 位,国际排名稳步上升,目前中国电子政务发展水平已处于全球中等偏上[①]。在这些评估中有社会信息化应用水平的问题,也有政府公共行政的主导性问题。

总之,世界上那些处在和平发展中的国家和地区与中国一样,在信息技术的推动下,互联网成为政府行政改革的主要动力。从体制、机制的改革,到社会信息化基础设施建设,世界各地都掀起了一股高速发展的浪潮。如在机制方面,许多国家在政府行政部门设置了首席信息官(CIO[②]),俄罗斯、中国等还设置了相关的部级行政机构。另外,从硬件到软件,政府公共行政的电子化服务还成为地区拉动信息技术发展的催化剂。如以上海为例,城市信息化的发展首先从"社保卡""公交卡"和"银行卡"这三张卡起步,使上海的城市信息化经过这十几年的发展迅速赶上了世界发达国家中心城市的水平。这不仅提升了行政的能力,还促进社会经济的快速发展。

---

① 资料来源:http://www.nsa.gov.cn/web/a/dianzizhengwuzhongxin/20160801/7690.html。

② CIO,Chief Information Officer.

# 第四节　经济全球化与互联网

自 20 世纪 80 年代中期起,跨国商品与服务贸易及资本流动规模和形式逐步增加,这加速了世界科技的传播与扩散,同时也增强了世界各国经济的相互依赖性。当美国完成了互联网的构建,就积极推进互联网向全球发展的战略。1998 年,ICANN 提出了"一个地球,一个网络"作为互联网基础服务运营的战略目标向全球推广。从今天互联网与世界的发展格局分析,这一战略可以说取得了辉煌的成果,达到了预定的目标。因为自那时起,整个地球开始被这一网络包裹,尤其是经济发达地区,积极推进信息基础设施的建设成为国家发展战略的主要目标,从而在全球掀起一个以互联网应用推进为抓手的经济全球化热潮。

## 一、世界经济论坛及其信息技术发展年度报告

1971 年 1 月,第一届欧洲管理论坛在瑞士山城达沃斯召开。这一论坛今天已发展成为全球关注的世界经济论坛。2017 年,中国国家主席习近平出席了这一论坛,并发表具有国际影响的主旨演讲。2018 年,美国总统特朗普也出席了这一论坛。显然,世界经济论坛已成为对世界经济发展具有重要影响的公共平台。从互联网发展初期到近几年(2016 年),该论坛对全球信息技术发展与世界经济发展的关联开展评估,主要关注信息技术与全球经济的关系,也就是说世界经济论坛每年都会将全球的经济发展与前沿的信息技术发展关联起来,寻找推进世界经济发展的动力。从世界经济论坛每年发布报告的这一过程,可以找到互联网与经济全球化之间的内在联系。

2001—2016 年,世界经济论坛已连续发布了 15 期《全球信息技术发展报告》。这个报告从不同维度用数十个指标对全球至多达 148 个经济体

进行评价。与国际电信联盟(ITU)评价不同的是,这种评价不完全是依据社会信息基础设施发展和应用的普及水平为重点。更注重社会经济发展的潜力和增长能力。报告将关注的重点放在信息技术的发展对全球经济发展的影响力方面。

为了反映互联网与经济全球化的关系,我们对世界经济论坛所发布年度报告的核心要点展开进一步分析。在已发布的15期报告中,除了分析每年信息技术发展的重点领域和应用方向,还有一个重要的内容是对世界上百多个经济体进行系统的评估。尽管评价只具有一定的参考性,但更重要的是报告关注了信息技术在全球经济中发展的重点,并预期技术发展对世界经济发展的影响。这种影响力在整体上可从其报告的评估体系观测到。

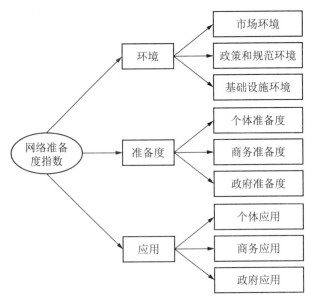

**图 1-5　世界经济论坛全球信息技术发展报告评估指标的框架结构①**

图 1-5 是世界经济论坛的评估指标体系的基本框架,这一评估指标体系界定的是世界网络准备度指数,即目标是评价各经济体在互联网这一领

---

① 资料来源:http://www3.weforum.org/docs/GITR2016/WEF_GITR_Full_Report.pdf。

域内应用的"准备度",以此反映世界经济发展的总体情况。图 1-5 是第一阶段的评估结构(2001—2011 年);2012 年,评估结构有较大的变化,增加了一个评估子系统,形成有两个相对独立的系统:"驱动力"(Drivers)和"影响力"(Impact),这是对世界经济发展的评估,具有全球性经济的特征。驱动力领域包括环境(Environment)、准备度(Readiness)和应用(Usage)三个部分,影响力领域包括经济(Economic)和社会(Social)两个部分。8 个评价支撑柱(pillar)共有数十个指标。比较全面地考察了社会经济发展各方面的因素与信息技术发展的关系。可以认为,这个报告对信息技术在世界范围扩散的程度进行了系统的评价和预测。这在某种意义上反映了互联网发展对经济全球化的影响作用。显然,各经济体排名的变化反映了该经济体的发展策略对互联网经济发展的响应程度,这也是该评价指标体系被称为"网络准备度指数"的一个重要原因。

另一方面,将这 15 期报告罗列在一起,还可以看到世界经济每年在响应信息技术发展推进的基本主题。这些主题内容是通过报告的副标题来展示的。在报告的前两期,主题是"世界网络就绪度",显然在 21 世纪初世界各地的互联网处于起步阶段。但发展非常迅速,到 2003 年,世界就开始关注信息技术导致的"信息公平"性问题。这一阶段,联合国也在关注地区发展不平衡导致的"数字鸿沟"问题(后又称之为数字差距),并积极推进新千年的第一个发展阶段性目标。2004 年以后,关注的主题基本反映了当年世界信息技术应用和创新的核心问题。表 1-4 是我们总结这些报告后将报告关键要素的副标题汇总而得。

从 15 个核心问题所涉及的内容分析,前 11 个与信息技术关联度高,后 4 个与社会经济发展关联度高,反映了信息技术在全球化发展中的作用。从这一发展过程分析,技术的发展推动了社会信息化的应用,这些应用不仅提升了社会生产的效率,也加速了信息技术的扩散,推动了经济全球化,尤其是当联合国新千年目标是以消弭数字鸿沟,促进人人享有网络

表 1-4　2001—2016 年世界信息技术发展报告关键词

| 年　份 | 报告聚焦的核心问题和年度关键词 |
| --- | --- |
| 2001—2002 | 网络就绪度 |
| 2002—2003 | 网络就绪度 |
| 2003—2004 | 信息公平 |
| 2004—2005 | 联通世界效率 |
| 2005—2006 | ICT 促进发展 |
| 2006—2007 | 连接网络经济 |
| 2007—2008 | 网络加速创新 |
| 2008—2009 | 移动网络世界 |
| 2009—2010 | 可持续发展 |
| 2010—2011 | 转变 2.0 |
| 2012 | 超联通世界 |
| 2013 | 新增长和就业 |
| 2014 | 风险与回报 |
| 2015 | 包容性增长 |
| 2016 | 数字经济创新 |

带给人类的福利,推进全球信息社会发展,互联网与经济全球化的相互作用、相互影响就愈加明显。

## 二、互联网与全球信息基础设施发展

今天,互联网已将我们这个世界打造成一个超联通的世界(Hyperconnected World)。之所以认为是互联网加速推动了经济全球化,或经济全球化加速了全球互联网的建设,还可以从全球经济体在信息基础设施的投入中体现。当 1994 年美国提出要建设国家信息高速公路时,世界各地响应者不多。可能是受社会经济发展的资源约束,也可能是对美国人提出的东西还没有完全弄明白。总之,对网络的建设人们需要一个学习和了解的过程。另一问题是,建设信息高速公路(那时中国就是普通的高速公路,多数国人也没有见识过)国家需要大量的基础投资,但投资资金的来源(互联网建设是一种全新的基础设施建设,在社会应用被开发以前,没有人可以预知其社会价值),不同国家的能力各不相同。这一问题产生了一个显著现象。在 20 世纪末的最后几年,从国家(如日本、中国、俄罗斯、英国等)、地区(如经合组织、西方七国),甚至还有许多国际知名企业(如国际数据公司),都在研制一种"社会信息化评估"的指标体系(也有称之为信息指数)①。全球似乎都在推动社会信息化评估的热潮。在这股热潮的背后,就是社会信息化基础建设,更直白一点,就是互联网的建设问题。因为,评估是政府规划的前期性规定动作。在这一时期,大量的、各类评估不断涌现,体现出社会发展的一种需求和倾向,值得关注的是,这一现象是全球性的。

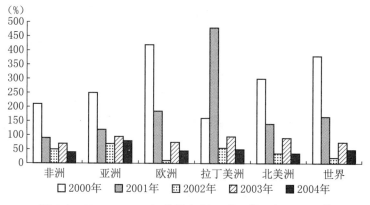

图 1-6　2000—2004 年世界各洲互联网带宽年增长率②

随着信息高速公路在世界各地接踵开建,连接互联网的技术指标"带宽"也成为全球的明星指标,其发展的迅猛促使国际组织和发达国家关注信息化基础建设,图 1-6 是反映 2000—2004 年世界各大洲互联网络的建

①　李农:《中国城市信息化发展与评估》,上海交通大学出版社 2009 年版,第 65—77 页。
②　资料来源:http://www.telegeography.com/products/usig/index.php。

设情况,可以看到在世纪之交是发展的高峰,各洲带宽成倍增长,图 1-7 是
2004 年的情况,反映了欧美经过这 10 年(1994—2004 年)的建设,其信息
高速公路发展已远远高于其他各洲的互联状态。

由此,互联网的基础性建设和应用成为世界各地拉动经济增长的主要
手段,这一全球风现象也导致了互联网的建设事实上成为经济全球化的
"超级催化剂"。

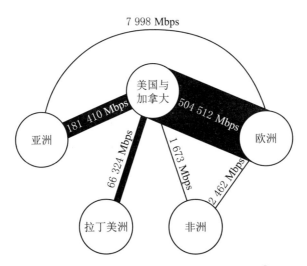

**图 1-7　2004 年世界各洲互联网联通带宽**①

总之,今天互联网的影响力也不是美国初创期所预想的那样。一个地
球,一个互联网,迅速在全球蔓延,现在已发展成为全球的网络空间,成为
人类社会和这个世界整体性中的一个重要组成部分,不仅是社会经济发
展,还包括国家安全更广泛的内容,影响着人类的方方面面。

## 三、信息技术发展战略对国家经济建设的积极影响(以韩国为例)

一个最明显的例子,如日本与韩国,两个都是经合组织成员国。一个

---

① 资料来源:http://www.telegeography.com/products/usig/index.php。

是老牌的发达国家(1964 年加入),一个是新生代成员(1996 年加入)。从经济实力上比较,日韩两国还有较大的差距。但韩国抓住了互联网发展的战略机遇期,大力推进社会信息化基础设施建设。只用了几年时间,在网络空间发展上不仅超越了日本,而且成为信息社会发展中世界最先进的范例。韩国发展的示范效应波及世界各地,极大地推动了互联网向全球各个领域蔓延。所以,在 20 世纪末,整个中国也掀起了社会信息化基础设施建设的高潮,这与韩国大力推进社会信息化建设也有一定关系。

作为亚洲"四小龙"之一的韩国,其电子产业的起步较晚,直到 1980 年 12 月,韩国才有彩电播送,与我国的发展水平几乎相同。20 世纪 80 年代初,由于体育职业化对社会发展产生积极作用,人们对彩电和娱乐的需求直线上升。这带动了韩国其他相关电子产业的发展。韩国的彩电、录像机在国内生产和出口中做出重大贡献,因为民众观看视频的需求刺激了录像带市场的活跃,带动了录像机的生产和销售,进一步孵化出韩国早期的 IT 产业。韩国电力和电信公司(即现在的 KT)和韩国数据通信公司(即现代的 LG Dacom 公司)分别在 1981 年和 1982 年成立。1984 年,韩国电子和电信研究院,开发出了电子交换系统 TDX-1。到 1987 年,韩国有线电话的数量超过 1 000 万(当时中国的城市电话用户仅为 293 万户[①]),汉城奥运会后,电信领域研发进展更加迅猛。在此期间,韩国的个人电脑的发展,拉动了 IT 产业腾飞。1988 年汉城奥运会后,韩国电子行业开始扩大业务,向半导体和移动通信等领域扩张。1991 年,韩国已研发出 TDX-10 分时交换系统,TDX-10 提供了各类应用产品的基础,比如传呼机和码分多址产品。1993 年,研发出 CDMA 早期的原型——KCS-1。1996 年,研制出 CD-MA 移动电话服务器。

20 世纪 90 年代,三星电子和 LG 电子发展成为全球巨头,是韩国 IT

---

① 资料来源:http://www.stats.gov.cn/tjsj/tjgb/ndtjgb/qgndtjgb/200203/t20020331_30000.html。

产业的核心。90 年代初,三星取代摩托罗拉成为全球家用电器企业的领头羊,Anycall 成为全球著名品牌,LG 开始全球资本扩张。

1995 年,韩国推出了信息化促进法,出台了高速信息网络计划。政府在支持 IT 业发展上展示出极大的创新意愿。随着移动通信业的多元化,包括个人通信服务、无绳电话 2 代和无线数据,移动通信用户数量猛增,达到了 2 268 万(1997 年年底,中国的移动电话用户总数为 1 323 万户①)。

在这一发展的大好时机,韩国遇到了金融危机。政府采取了一些激励措施来克服危机,比如鼓励外国资本贷款、提供弹性税率、贸易自由化措施等。电子产业也尝试转型,通过大力推动半导体和家用电器市场大宗交易来改善管理系统。幸运的是,韩国人抓住了全球互联网泡沫时期 IT 行业出现的新增长点。韩国利用信息和通信技术出口的急剧增加,化解了金融危机带来的不利局面。当 IT 行业成为韩国克服金融危机的最大贡献者时,就更加坚定了韩国在网络空间加大建设的力度,这导致韩国宽带急速普及,从而促进互联网的大规模扩散。自 2001 年以来,韩国一直被评为宽带普及率最高的国家。

在 20 世纪 90 年代以前,韩国的社会经济总体实力不如日本。1995 年以后,在社会信息化领域,韩国在国际评估中的排名很快超过了日本,这是韩国抓住了互联网带来的发展机遇,实现了弯道超车。在互联网经济领域韩国的三星公司已超越日本的跨国电子企业,在电子行业排名仅次于美国的苹果公司,2018 年,三星电子以 2 119.4 亿美元的销售额位列世界 500 强第十二②。

总之,科学技术发展是网络空间构建的基础,从发展的历程看,与现代工业体系的建设几乎同步。可以认为,网络空间的形成本质是技术进步和

---

① 资料来源:http://www.stats.gov.cn/tjsj/tjgb/ndtjgb/qgndtjgb/200203/t20020331_30011.html。

② 资料来源:https://baike.baidu.com/item/,2018 年《财富》世界 500 强排行榜。

创新所取得的成果,构建这一体系的主导力量是工业化所形成的产业体系,互联网是工业化标准打造下最杰出的产品,其内在的系统性、可扩展、可升级不仅使工业领域的生产与建设变得更高效,还使得社会化应用变得更便捷,为其向全球渗透打下坚实的基础。

尽管互联网的发展集聚了人类的智慧,但从其发展构建的过程看,美国是互联网成功应用的主要因素。更关键的是,美国抓住了互联网发展的命脉,以全新的理念推进互联网向全球延伸,其获取的成功已超越工业经济的范畴,更多地向社会生活甚至是文化领域扩展,一个最显著的结果是人类达成了"信息社会"这一共识。显而易见,没有互联网自然就没有信息社会。

回顾 20 世纪末至今数十年的发展历程,可以看到发展互联网就是抓住了社会发展机遇,韩国是最早成功的案例。今天,我国的发展成就也再次证明了这一观点。这在一个侧面印证了美国推进互联网向全球发展成功的一个主要因素。因为互联网是现代工业化打造的最杰出产品,现代工业化体系形成的精髓基本都汇聚到互联网这一产品,互联网成为贯穿这一体系的一条独立的轴线,韩国的三星电子就是抓住互联网这一时代的发展良机,超越了日本的日立(HITACHI)、索尼(SONY)和松下(PANASONIC)取得了巨大的成功。另外,我国的阿里巴巴所取得的成功也依赖于互联网的发展。

除了产品、工业行业、社会服务等领域的成功依赖互联网的发展,在社会管理或治理领域,互联网也发挥了极大的作用。今天,我们已看到电子政务在向智慧治理发展,其社会效用在这次抗击新冠疫情的战役中已有充分的显现。网络极大地提升人们抗击疫情的能力。

因此,可以认为网络空间的构建和发展是人类社会共同努力的结果,是人类社会的智慧和努力的成果,是人类科学技术创新推动的人类文明发展与进步。

# 第二章 世界主要国家网络空间发展战略

　　国家是人类文明发展的产物,安全是这一产物最重要、最基本的属性。互联网是现代科技打造的事物,可以认为是人类智慧发展创新的一个杰作。这两者在社会历史的发展过程中,从不同层面逐步进入同一空间,形成了复杂的社会关系。前者是关系社会发展根本性的问题,而后者对于那些从事构建这一事物的科学家而言仅仅是创建一种科学、便利的信息传输渠道和工具。这两个事物的关联度随着科学技术进步与社会化应用,尤其是信息技术革命所引发的社会网络化渗透而逐步强化。这是技术发展引发社会发展矛盾冲突的一种典型现象。自工业革命200多年以来,科学技术进步与人类生存的风险几乎同步增加,技术在提升社会生产力的同时也带来了负面的社会生活安全问题。信息技术也不例外,网络给社会生产、生活创造出效率、便利的同时也在制造出矛盾和不安。这些问题已扭结成一个社会复杂体,成为社会发展中必须要面对和解决的问题。尤其是今天,网络空间已成为国家建设发展的中枢神经系统。全球网络的互联与经济全球化发展必然要求我们不断完善网络空间的安全性。本章重点梳理分析美、欧、俄等国家和我国的网络空间发展战略,分析互联网发展过程中网络空间安全战略的变化过程,总结网络空间发展与国家安全之间的关系及其变化原因,为我们分析对策打好基础。

# 第一节　美国网络空间发展战略

美国是网络空间技术发展的策源地,20 世纪 60 年代到 21 世纪的前 10 年,在网络空间,从技术创新到社会应用,最前沿的事物几乎都诞生在美国。可以说美国是网络空间发展的母体,是人们学习效仿的标杆。所以,要解析网络空间发展的战略性问题,必然要首先弄清美国的发展战略。为了可以更加清晰地看清问题,有必要将问题的时空进行一定的拓展,以便于了解其前因和后果。

网络空间战略涉及信息技术与国家安全。从发展过程分析,以安全、信息处理和高科技为关键词的策略、法规或规范"集合",基本可覆盖网络空间的发展领域。围绕这些领域的相关法案和国家战略,特别是围绕"9·11"事件后美国出台的一系列网络安全战略或政策的变化,基本上反映了美国网络空间发展与战略的变化。从互联网的发展过程分析,美国的网络空间发展战略变化到目前为止,大至可分为 4 个阶段,即互联网出现以前、互联网出现后至"9·11"事件之前、美国国土安全局成立至斯诺登事件前和斯诺登事件后以来等 4 个阶段。

## 一、20 世纪 90 年代前美国信息安全的基本战略

在万维网出现前,也就是克林顿当选总统以前,信息技术几乎是"高科技"的代名词(主要是在中国而言)。这一时期,因科学技术本身的技术性壁垒,在社会大众层面几乎无人关注信息安全问题,因为人们认为这是一个技术性问题。但追溯信息安全问题的根源,主要涉及两人方面的问题:一是高技术问题,二是信息的安全性问题。围绕这两方面,美国有许多立法。那时尽管还没有今天提到的网络空间安全性问题,但从国家安全的战略层面分析,美国为了维护其国家利益,早就开始从立法层面考虑如何保护其自身的安全和利益问题。

表 2-1  1990 年以前美国有关高技术安全和信息安全的法律或法案概要

| 年代 | 内　容 | 注　释 |
|------|--------|--------|
| 1946 年 | 《原子能法》 | 《原子能法》确定由政府指导与监管原子能军用与民用的研究开发,禁止私有化或商业化应用 |
| 1947 年 | 《国家安全法》 | 建立了空军、国防部、参谋长联席会议、国家安全委员会和中央情报局 |
| 1966 年 | 《信息自由法》 | 对信息安全保护的同时积极公开政府所持信息 |
| 1974 年 | 《隐私法》 | 建立信息系统管理规范,提出保护个人隐私的法律条款 |
| 1978 年 | 《联邦计算机系统保护法案》 | 6 月 22 日,联邦财经管理委员会提出了保护计算机系统打击利用计算机犯罪的法案《联邦计算机系统保护法案》 |
| 1978 年 | 《计算机犯罪法》 | 佛罗里达州制定了世界上第一个《计算机犯罪法》,此后田纳西州、弗吉尼亚州等也相继颁布 |
| 1980 年 | 《财务隐私法》 | 规范联邦政府的电子记录和财政机构的银行记录。确立了执法机构使用报纸和其他媒体拥有的记录和其他信息的标准 |
| 1984 年 | 《惩治计算机与滥用法》 | 该法的主要目的,是保护联邦政府以及金融和医疗机构等"受保护的计算机"。该法禁止为了获取敏感信息,如有关国防的信息、金融和消费者信用记录等信息,未经授权而进入"受保护计算机系统"。非法买卖传输由美国政府使用的或者为美国政府服务的计算机的口令密码的行为,也在被禁之列。以上行为"故意"才可定罪 |
| 1986 年 | 《电子通信隐私法》 | 该法是对 1968 年《综合犯罪控制和街道安全法》的修订,目的在于根据计算机和数字技术所导致的电子通信的变化而更新联邦的信息保护法 |
| 1986 年 | 《伪造连接装置及计算机欺诈与滥用法》 | 美联邦政府颁布的第一部惩治计算机犯罪的法律 |
| 1987 年 | 提出《计算机安全法案》 | 要求联邦政府的所有计算机系统需要实施安全计划.以保护联邦政府计算机系统中敏感信息的完整性和可用性 |
| 1988 年 | 正式出台《计算机安全法》 | 1988 年 1 月 8 日,经里根总统签署,其主要作用是保护联邦计算机系统中敏感信息的安全。这部法律标志着美联邦政府正式介入网络空间安全管理 |

从国家安全和技术管控分析，1946年美国的《原子能法》是一个典型案例。在"二战"中，美国首次利用核武器征服了日本的军国主义，这是世界首次了解到核武器的巨大威力。对核技术的管控，成为美国国家安全战略层面的重要问题。1946年的这部法案除了管控本国核技术之外，甚至还涉及美国如何控制和管理自身与"二战"同盟国英国、加拿大共同发展核技术的问题。由于该法案对美国与其盟国之间的关系产生不良影响，特别是参与曼哈顿计划的英国和加拿大在核技术开发上的合作障碍，1954、1958年又对该法进行了修订，允许美国与其亲密盟友共享信息[①]。表2-1是美国1946—1988年与高技术、国家安全以及信息安全相关的重要法案或立法。这些法案或立法基本上反映了美国在利用信息技术的过程中一直关注技术、信息（包括个人信息）在社会应用中所产生的问题。从利用计算机犯罪到社会信息系统的安全性以及社会大众对政府持有信息的认识，都是信息社会的前沿问题。可以看到，美国在利用信息技术推动社会发展的过程中就一直关注相关的国家安全和个人隐私问题。

在互联网出现以前，网络（如电话、电视）、信息系统存在如上述法案（见表2-1）所提到的安全风险问题，但由于那时的网络、信息系统相对封闭，又存在一定的技术壁垒，罪案的发生率有限，社会影响也有限。对社会公共安全而言，此类问题还没有成为国家安全中的重大问题，反而是社会大众对使用技术手段来控制信息的做法非常警惕，社会非常关注政府信息公开和隐私保护问题。

## 二、克林顿时代美国的网络空间发展战略

20世纪80年代，日本经济几乎赶超了美国，使人们感觉到美国工业在衰退。可以说"里根年代"，日本在以汽车为代表的制造业方面超过了其竞

---

① 资料来源：https://en.wikipedia.org/wiki, Atomic_Energy_Act_of_1946。

争对手——美国,从而让美国人开始怀疑"美国制造将走向消失吗?"①日本最辉煌的时刻是接收美国本土的企业,1990 年 11 月初,几家为丰田汽车公司提供零件的美国公司的 200 名管理干部聆听日本公司总部领导的训话,其主要原因是美国工厂提供的零件残品率比日本本土工厂高出 100 倍②。日本就是凭借制造业优势获得"回购美国"的权利,这种回购的热潮在 20 世纪 80 年代中期达到了高潮。1985 年 1 月,直属里根总统研究美国产业竞争力的"总统产业竞争力委员会"发表了一份重要报告,这份报告后来也被称为"扬报告",是由当时惠普公司的总裁约翰 • A.扬(John A. Young)担任主席,摩根斯坦(Mogenstain)咨询公司总裁罗伯特 • H.B.博德温德(Robert H.B.Boldwind),里根总统的科学顾问约翰 • A.基沃思(John A.Keywas)博士等社会精英为组成委员发布的重要研究报告。报告的全名为《总统产业竞争力委员会报告——全球竞争:新现实》③,报告主要针对美国时弊,从提升美国的产业竞争力出发,强调政府在致力于产业政策和发展环境方面应以促进民间企业活力为目标,改善法律环境、放松规制,并对民间企业难以实施的高风险基础性研究提供必要援助。今天,有人认为"扬报告"促成里根政府对中小企业的扶植,是造就克林顿政府"新经济"现象的一个重要原因。比较上节互联网构建过程中美国的相关技术创新,里根政府推行的政策起到非常积极的作用,人们关注的重心是技术创新对社会建设所产生的活力,许多互联网技术创新的同时并没有设计好商业盈利模式,从"马赛克浏览器"到谷歌的商业模式,这些

---

① 1990 年 9 月 24 日,美国《财富》杂志发表了这篇题目夸张的文章,文章的背景是 1989 年由麻省理工学院出版的研究报告,这是由米盖尔 • 德尔杜索斯、理查德 • 赖斯特和罗伯特 • 索罗夫联合起草的同名报告。

② [法]米歇尔 • 阿尔贝尔:《资本主义反对资本主义》,杨祖功、杨齐、海鹰译,社会科学文献出版社 1999 年版,第 36 页。

③ 资料来源:http://channelingreality.com/Competitiveness/Global_Competition_New_Reality_typed.pdf.

都是在发展中逐渐成熟。但技术创新的培育与里根政府时期的政策有一定关系。

　　里根的后续者老布什因美国国内经济的困境而未能连任美国总统。尽管里根和老布什为美国赢得了"冷战"（特别是 1991 年的海湾战争），但美国国内的经济持续低迷，老布什在为美国赢得国际外交丰碑之后却输了国内的大选。克林顿就是抓住了国内经济的软肋，以倡导新技术的形象赢得了大选。也许是机缘巧合，里根时期种下的科技企业种子，在信息技术的催化下（互联网的诞生），一直到 20 世纪 90 年代初才有所起色。克林顿以新科技拥趸者的形象赢得了选民的信任。许多"事后诸葛亮"都认为克林顿时代的新经济是源自里根时期的产业政策，是"扬报告"培育了美国的产业创新能力。而克林顿正好赶上了这一波好行情，抓住了美国当时刚刚兴起的互联网，推行新政。

　　1993 年，克林顿一上台就提出了《国家信息基础行动实施纲领》（NII①）。1994 年 1 月，美国前副总统 A.戈尔在加利福尼亚大学洛杉矶分校首次提出"信息高速公路"这一概念。自此，美国全力推动互联网的发展。1993—2000 年，在克林顿当政的这 8 年，美国就是利用信息技术提升社会生产效率（学界用"资本深化"）推动了经济的优质增长，当时经济学界将这一现象定义为"新经济"现象，其核心特征是"高增长、低通胀"。

　　除了在社会经济领域之外，克林顿政府还在政府行政领域大力推进技术革新。1993 年，克林顿在提出 NII 行动纲领的同时还委托时任副总统戈尔负责"重塑美国的政府系统"。由此发起了一场名为"国家绩效评估"（NPR②）的运动。1994 年 12 月，克林顿政府成立了美国政府信息技术服

---

　　①　NII，National Information Infrastructure.

　　②　NPR，National Performance Review，资料来源：http://govinfo.library.unt.edu/npr/whoweare/historyofnpr.html。

务小组①强调利用信息技术协助政府与客户间的互动,建立以客户为导向的电子政府,以提供效率更高、更便于使用的服务,并发布《政府信息技术服务的前景》报告,要求建立以顾客为导向的电子政府,为民众提供更多获得政府服务的机会与途径。1996 年,克林顿政府提出让联邦机构在 2003 年全部实现上网,使美国民众能够充分获得联邦政府掌握的各种信息。1997 年,克林顿政府制定了"走近美国"计划,用三年时间,完成 120 余项政府信息技术应用任务,目标是政府对每个公民的服务都实现电子化。1998 年,美国通过《文牍精简法》,要求政府在 5 年内实现无纸化办公,联邦政府所有工作和服务都将以信息网络为基础。2000 年 9 月,美国政府开通"第一政府"网站②。据有关报道,1992—1996 年,美国政府的员工减少了 24 万人,关闭了近 2 000 个办公室,减少开支 1 180 亿美元③。在对居民和企业的服务方面,政府的 200 个局确立了 3 000 条服务标准,作废了 1.6 万多页过时的行政法规,简化了 3.1 万多页规定。

在网络空间安全领域,克林顿时期基本延续了美国在技术安全领域的一贯做法,由军方负责推进(网络也是军方推进的研究项目)。据中国科学院研究生院信息安全国家重点实验室赵战生的介绍,从 1995 年开始,美国国防高级研究计划局/信息技术办公室就开始了对长期研发投资战略的探索,以开展信息系统生存力技术的研究。该战略的第一阶段是信息生存力项目(1995—1999 年)。这一项目弥补了四个领域的空白:(1)迹象显示和警报;(2)保障和集成;(3)高度可靠性网络;(4)计算科学。1998 年 1 月,国防部批准成立了 DIAP(国防范畴内信息保障项目),从而得以为 DoD 的信息保障活动和资源利用制定计划并进行协调、整合和监督。DIAP 形成了国防部信息保障技术框架 IATF 项目的核心部分。

---

① https://evolverinc.com/government-information-technology-services/.
② https://www.usa.gov/.
③ 资料来源:http://www.china.com.cn/xxsb/txt/2006-10/24/content_7270051.htm.

表 2-2　1993—2001 年美国有关互联网及信息安全发展的重要政策和法规概览

| 年　份 | 内　容 | 摘要与注释 |
|---|---|---|
| 1993 年 | 《国家信息基础设施：行动纲领》(NII) | "国家信息基础设施"，目标所有国民都能在必要时间、必要场所以适当价格获取必要信息，促进产业竞争力，提高政府行政效率 |
| 1994 年 | 《信息高速公路规划》 | 9 月，戈尔副总统提出建立"全球信息基础设施"(GII)的倡议，组成世界"信息高速公路"，实现全球信息共享 |
| 1994 年 | 美国议会通过《计算机滥用法修正案》 | 扩大计算机犯罪的责任范围 |
| 1996 年 | 制定通过《国家信息基础设施保护法》 | 对有关计算机系统联机犯罪、破坏信息网络基础设施等情况都做出了界定 |
| 1996 年 | 《信息技术管理改革法》 | 在各部门预算立案过程中加入信息化投资计划和结果评估方法。规定各部门内设首席信息官 |
| 1997 年 | 《面向新世纪的国家安全战略》 | 5 月，克林顿政府发布国家安全战略，表示保护国家安全、领土和生活方式是政府首要任务。进入 21 世纪，美国有一个前所未有的机会使国家更安全、更繁荣。美国的军事力量是无与伦比的，一个充满活力的全球经济为美国的就业机会和美国的投资提供了更多的机会① |
| 1997 年 | 通过《计算机安全增强法》 | |
| 1998 年 | 克林顿总统签发《关键基础设施保护》的第 63 号总统令 | 首次提出"信息安全"概念和意义，成立了"国家基础设施保护中心"和"关键基础设施保护办公室"，以保护政府的信息和信息系统安全，要求实施国家信息安全的保护计划，并围绕信息保障成立了多个组织和全国性机构 |
| 1999 年 | 总审计局(GAO)再次提出《计算机安全增强法》 | 用以更新 1987 年的《计算机安全法案》 |
| 2000 年 1 月 | 美国发布《保卫美国的计算机空间——保护信息系统的国家计划》 | 核心内容是制定计算机安全评价技术标准，并积极参与开发国际通用安全准则等计划 |

---

① 资料来源：https://clintonwhitehouse2.archives.gov/WH/EOP/NSC/Strategy/。

| 年　份 | 内　容 | 摘要与注释 |
|---|---|---|
| 2000 年 | 《国家信息系统防御计划》① | 克林顿声称计划中确立的里程碑是雄心勃勃的。实现这些目标需要国民密切合作,以及立法和拨款。这样才能享受信息时代创造的非凡机会,保持美国在新世纪的繁荣、增长所需要的安全。现在必须开始防护美国的网络空间(Defending America's Cyberspace),这是美国的一项基本任务 |
| 2001 年 | 小布什一上台就重新评估国家信息安全面临的威胁 | 重点评估内容:一是有关美国关键基础设施的行政命令,包括国家信息安全;二是信息安全战略调整,以适应网络威胁新变化 |

表 2-2 是反映从克林顿当政到"9·11"事件前近 10 年有关互联网及信息安全的重要政策和法规情况。1998 年 5 月,美国政府颁发《保护美国关键基础设施第 63 号总统令》,围绕信息保障成立了 100 个全国性研究机构,加强对国家信息基础设施保护。"信息保障技术框架 IATF"第一个版本就是这时发布的。IATF 提出了"深度防御"的思想,并植入《信息系统保护国家计划》,计划列出了六大防范要素:主权国家、经济竞争者、各种犯罪、黑客、恐怖主义和内部人员等。

信息保障技术框架是一个关于信息系统和网络安全需求潜在技术解决方案的概述文件。这是由美国政府(军方)和产业界各组织共同努力达成的一种共识。2000 年,美国发布《保卫美国的计算机空间——信息系统保护国家计划》,制定了关键基础设施保障框架。从美国政府的《国家安全报告》可以看到,能源、银行与财政、电信、交通、供水系统等重要信息基础设施,已被列为国家利益之首的关键利益②。

此外,克林顿政府还推出了《政府信息安全改革法案》(前身为 Thompson-Liebermann Act),这是一项联邦法律,要求美国政府机构实施包括规

---

① 资料来源:https://fas.org/irp/offdocs/pdd/CIP-plan.pdf。
② 蔡翠红:《美国国家信息安全战略的演变与评价》,《信息网络安全》2010 年第 1 期。

划、评估和保护在内的信息安全计划。该法案于 2000 年颁布，并于 2002 年被《联邦信息安全管理法案》所取代。

就网络空间发展而言，克林顿时期的战略主要有以下三个特点：一是大力宣传信息技术对社会建设的作用，加大国家信息基础设施的建设，如 NII 的"信息高速公路"建设；二是用信息技术手段来改革政府行政机制，提出了建设"电子政府"的发展目标，改进政府服务效率，用政府信息化建设带动信息技术社会化应用；三是将美国的这两个理念打包在全球化推进的行动中，即通过互联网的全球化推进，用"一个地球，一个网络"的战略目标引导，将美国的信息技术扩散到全球，当然这在客观上也造就了美国经济的繁荣发展，克林顿时期的新经济现象就是在这一背景下产生的，最重要的原因是信息技术确实极大地提升了社会生产的效率。

显然经济的繁荣也提升了美国对网络空间安全的防护，更重要的是克林顿政府对信息技术发展所带来的信息安全问题的再认识。从克林顿总统的 63 号令，到后来所颁布的一系列法令。可以看到，美国已将国家信息安全纳入国家总体安全战略之中，并以结构化的方式，将信息安全所涉及领域在国家层面进行了系统梳理和防护布置。从组织机制（政府部门职能设置）、技术性组织构建（国家基础设施保护中心、信息共享和分析中心）到面向未来的政府管理研究与对策（如总统令中的其他任务），克林顿政府都已给出了初步的解决方案。可以说在新世纪到来之前，美国政府已做好了各方面的准备工作。

例如，在技术领域，美国政府在《国家安全报告》中首次把能源、银行与财政、电信、交通、供水系统等重要的信息基础设施，列为国家利益之首的关键利益。保护这些利益的方式是用技术手段来实现的，这种技术手段在网络空间中就是通过技术标准来实现管理，可信计算机安全评价标准（TCSEC）既是一种行业评价标准，也是一种技术门槛，是由美国国防部制定的。美国在扩散信息技术的初期就在积极防御网络空间的安全问题，这些行业领域的技术标准研制,既有网络运行中的安全问题,也涉及行业产业的发展创新,尤其是通过国际标准组织成为国际标准,为美国技术输出(全球化)打通了渠道。

---

**相关资料 2.1:** Trusted Computer System Evaluation Criteria[①]

可信计算机系统评估标准(TCSEC)是美国国防部(DoD)标准,它为评估计算机系统中计算机安全控制的有效性设定了基本要求。TCSEC 用于评估、分类和选择用于处理、存储和检索敏感或机密信息的计算机系统。

TCSEC,也常被称为"橘皮书",是美国国防部彩虹系列出版物。最初是 1983 年由国家安全局的一个分支机构国家计算机安全中心(NCSC)发布,1985 年进行了修订。2005 年,被国际标准组织认可成为国际标准的"信息技术安全评价公共准则"(cc, ISO/IEC 15408)所取代。

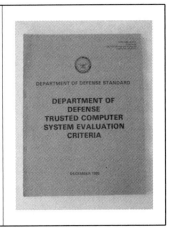

---

## 三、"9·11"后美国的网络空间发展战略

2001 年,"9·11"恐怖袭击事件极大地改变了美国对本土安全的认识。美国人认为这是继"二战"时期的"珍珠港事件"后美国本土遭受的最大伤害。美国作为世界上头号军事、经济和科技强国,却仍然遭受这样大规模的恐怖袭击。面对灾难,美国几乎不能做出任何反应,这也给世界带来了强烈的冲击。国家安全进入一个新的发展时期。

回顾恐怖袭击的过程,可以发现,恐怖分子手中并没有什么高科技武器,而是利用民用航空、利用社会日常的普通行为实施了这样一次精心设计、大规模的恐怖袭击,并产生巨大的杀伤力和破坏力,不仅是美国遭受到惨痛、巨大的伤害,也是人类社会文明遭受的极大伤害。显然,这种以平民为对象的自杀式恐怖袭击是当代社会发展的一种毒瘤,其形成的原因和背

---

① 资料来源:https://en.wikipedia.org/wiki/Trusted_Computer_System_Evaluation_Criteria。

景尽管存在一定的复杂性,但这种恐怖行为还是受到国际社会普遍的谴责。另外,完成这一事件的核心是这些自杀袭击者,这些人以致死的决心来完成这样的袭击,其背后的组织和过程必然涉及长久而复杂的因素。可以推断,这类袭击一定是由严密的组织、精心的策划、复杂的培训和一定的财力支持等多方要素合作才有可能完成的恐怖活动。

　　"9·11"事件将美国本土的防恐活动提升到一个前所未有的高度。要甄别日常的普通行为是否有可能成为一场恐怖袭击,其难度和技术要求都非常高,尤其是政府的行为还受到法律的限制,这一场反恐战役很难有所作为,因此小布什首先从法律层面开路,仅过一个月就提出了《爱国者法案》。据研究者介绍:该法案共分 10 个章节,范围广泛,内容复杂,同时,还对美国现有的十几部法律做出了修改,将那些与反恐措施有冲突的部分进行了适当的修正①。法案核心是:(1)在获得法庭许可后,联邦政府相关部门可运用包括窃听在内的各种手段搜集与恐怖袭击相关的信息;(2)成立新的国土安全部和国家关键基础设施保护委员会,并在美国国家保密局设立信息作战处,在美国国防部设立信息作战联席指挥中心,以及在联合参谋部设立信息作战局、信息系统安全中心等;(3)加大信息安全的预算拨款,从有关的报道分析,提高的幅度比"9·11"事件前接近翻了一番。简言之,就是成立了新的部门(国土安全部),加大了经费投入(增加预算),最重要的是可以利用信息技术实行网络监控,即加大对人群(包括境外)的监听力度。

　　《爱国者法案》(USA Patriot of Act of 2001)是"9·11"事件后美国为保障国家安全颁布的最为重要的法案,它的主要目的是:从法律上授予美国国内执法机构和国际情报机构非常广泛的权力和相应的设施,以防止、侦破和打击恐怖主义活动,保障美国人能够生活在比较安全的环境中。由

---

① 资料来源:http://www.usapatriotact.com/usapatriotact.htm。

于该法案赋予联邦政府的权力过大,也引起美国国内民众权威人士的担忧,并产生诉案。

表 2-3　"9·11"事件后 10 年美国有关互联网及信息安全发展的重要政策和法规

| 年　份 | 内　　容 | 注　　释 |
|---|---|---|
| 2001 年 | 《政府信息安全改革法案》 | 9 月 7 日,美国审计办公室发布审计报告,提出了这一法案① |
| 2001 年 10 月 | 布什签署第 13231 号行政命令《信息时代的关键基础设施保护》 | 批准一项旨在保护信息系统关键性基础设施的计划,包括提供紧急通信和支持信息系统的物理设备,督促成立"总统关键基础设施保护委员会" |
| 2001 年 10 月 11 日 | 《爱国者法案》,由参众两院共同通过 | Uniting and Strengthening America by Providing Appropriate Tools Required to Intercept and Obstruct Terrorism Act of 2001 |
| 2002 年 2 月 | 《信息网络安全研究与发展法》 | 该法在国家信息网络安全领域的机构建设、研究计划管理、资金投入与管理、专门人才培养等方面都规定了有效的措施 |
| 2002 年 7 月 | 《加强网络安全法》 | 于 2002 年 7 月由美众院高票通过 |
| 2002 年 7 月 | 布什签署"国家安全第 16 号总统令",公布了《国家本土安全战略》 | 战略目标就是动员和组织国家力量以确保美国本土不受恐怖袭击,降低美国易受恐怖主义袭击的脆弱性,尽量减少损害并尽快恢复正常 |
| 2002 年 9 月 | "总统关键基础设施保护委员会"正式公布《网络空间国家安全战略》草案 | 制定第一个"网络战略",重点是美军"何时及如何对敌方计算机网络实施电子战",以便在必要的情况下对敌方的电脑系统发动袭击 |
| 2002 年 | 美国颁布《联邦信息安全管理法》 | |
| 2003 年 2 月 | 在第 13231 号行政令的基础上发布《确保网络安全国家战略》或《网络空间安全国家战略》 | 是具有标志性意义的文本 |

---

① 　资料来源:https://www.epa.gov/sites/production/files/2015-12/documents/gisra.pdf。

续　表

| 年　份 | 内　容 | 注　释 |
|---|---|---|
| 2004 年 | 美国国土安全部计算机应急响应小组（CERT）开发了入侵检测系统，即"爱因斯坦"计划 | 还开发了"爱因斯坦 2"和"爱因斯坦 3"计划。**详见相关资料 2.2** |
| 2005 年 4 月 | 美国政府公布美国总统 IT 咨询委员会《网络空间安全：迫在眉睫的危机》报告 | |
| 2006 年 4 月 | 信息安全研究委员会发布《联邦网络空间安全及信息保护研究与发展计划》(CSIA) | 主要确定了 14 个技术优先研究领域 |
| 2008 年 1 月 | 小布什政府签署国家安全第 54 号和国土安全第 23 号总统令，即《国家网络安全综合计划》(CNCI) | 主要目标是：提高美国反恐情报能力；增加关键信息技术供应链的安全、协调；调整联邦政府相关研发工作；制定阻止敌对或恶意网络活动的战略 |
| 2008 年 | 美国政府成立"网军"，并实施了网络"曼哈顿计划" | **详见相关资料 2.3** |
| 2009 年 3 月 | 美国国会研究服务局发布《国家网络安全综合计划：法律授权和政策考虑》报告。美国联邦审计署发布《美国国家网络安全战略：需要进行的关键改进》报告 | 奥巴马曾批评布什政府在解决网络威胁方面过于缓慢，奥巴马声称自己会让网络安全成为美国 21 世纪最优先事项。因此，奥巴马一上台就发布了这两个报告①。 |
| 2009 年 4 月 | 《2009 年网络安全法》提案 | 目的是建立网络安全中心，促进和执行网络安全标准，中心目的是通过一些积极措施来增强美国中小企业网络安全 |
| 2009 年 6 月 | 美国国防部长批准建设美军网络战司令部 | 美国国家安全局局长能够兼任司令，级别是四星上将 |
| 2010 年 6 月 | 《国家安全战略》 | 美国政府认为，"服务于我们日常生活与军事行动的太空和网络空间在破坏与攻击面前显得脆弱不堪。" |

---

① 国家信息技术安全研究中心：《美国奥巴马政府网络安全新举措》，《信息网络安全》2009 年第 8 期。

续　表

| 年　份 | 内　容 | 注　释 |
|---|---|---|
| 2011 年 5 月 | 颁布首份全球网络安全战略——《网络空间国际战略——网络化世界的繁荣、安全与开放》 | 以"共同创造繁荣、安全、开放的网络世界"为基本宗旨,以"基本自由、隐私和信息流动自由"为核心原则,从经济、网络安全、司法、军事、网络管理、国际发展、网络自由等诸方面为美国未来网络安全战略的发展定向 |
| 2011 年 7 月 | 美国国防部发布《网络空间行动战略》 |  |
| 2011 年 11 月 | 美国国土安全部发表《确保未来　网络安全的蓝图——美国国土安全相关实体网络安全战略报告》 |  |
| 2012 年 9 月 | 《联合作战构想:联合部队 2020》,该报告提出了"全球一体化作战"(Globally Integrated Operations)概念 | 美军参联会主席邓普西发布了"拱顶石"系列联合作战纲要性文件 |
| 2012 年 2 月 | 美国国土安全部部长珍妮特·那塔诺(Janet Napolitano)向美国参议院作有关《2012 网络安全法案》的证词 | 该法案提出建立一个负责协调政府与私营部门在网络安全方面合作的机构,即国家网络安全中心。然而,在 2012 年 8 月 2 日参议院的投票中,该法案未能通过而被搁浅 |

---

**相关资料 2.2:"爱因斯坦"计划①**

　　爱因斯坦(Einstein)计划,是一种入侵检测系统(US-CERT program),用来监视美国政府部门和机构在未经授权的情况下的网络网关。该软件由美国国土安全部(DHS)国家网络安全部门(NCSD)的计算机应急准备小组(US-CERT)开发。该计划最初是为民间机构提供"态势感知"。第一个版本检查了网络流量,后开发扩展可以查看内容。"爱因斯坦 2"是网络入侵感应系统,对网络流量进行分析,以鉴别潜在的恶意行为。"爱因斯坦 3"计划可以识别和确定恶意网络活动,具备一定的网络安全分析能力和响应能力,能在危害造成之前自动监测到网络威胁.提供一种阻止入侵的动态防御系统,并对其做出适当的反击。

---

① 　资料来源:https://en.wikipedia.org/wiki/Einstein_(US-CERT_program)。

表 2-3 是这一阶段与网络空间有关的战略行动计划和法规政策等。尽管"基地"组织、塔利班等与美国为敌的激进组织,在网络空间领域至多是一个终端用户而已,但美国的反恐战争还是以网络空间为重点。从小布什到奥巴马,反恐是美国在这一阶段最重要的工作。小布什单方面主导了入侵伊拉克的战争,摧毁了萨达姆政权;奥巴马击毙了制造"9·11"事件的元凶——本·拉登(2011 年 5 月 1 日)。然而,美国领导的反恐战争似乎并没有结束,而是不断地强化其应对恐怖活动的能力,尤其是在网络空间。在消灭了萨达姆、本·拉登之后,美国情报界在给参议院情报委员会有关《2013 年全球威胁的评估报告》中,将网络威胁列在恐怖主义和大规模杀伤性武器之前[①]。2013 年 2 月 12 日,美国总统奥巴马签署了关于《改善关键基础设施网络安全》的行政命令(Executive Order 13636[②])。从战略规划到军事部门的组建,网络空间的国家安全行动不断强化。即便如此强化,来自密歇根的美国议员迈克·罗杰斯认为:"如今美国正处在一场隐秘的网络战中——而美国正在输掉这场战争。"美国的商界领袖也明确承认网络威胁是现实的,并且理应同政府合作去阻止一场大攻势或做好有效应对的准备。

比较美国网络空间发展战略,在"9·11"事件前,美国的发展是以信息技术为主导,政府只是对于涉及国家安全的关键基础设施加强了立法保护。尽管存在网络空间的犯罪活动,但美国政府更加强调电子政府的公共行政效率,积极推进信息技术在信息资源方面的开发和利用,认为美国的经济繁荣、国家安全以及个人自由都依赖于开放、互通、安全、可靠的互联网。美国将网络空间打造成新世纪经济增长的新天地,全球处在和平发展

---

① 资料来源:http://www.armyupress.army.mil/Portals/7/military-review/Archives/English/MilitaryReview_20140630_art010.pdf; Bruce Roeder, *Cybersecurity: It isn't Just for Signal Officers Anymore*, May-June 2014 MILITARY REVIEW, 38 - 42。

② http://www.whitehouse.gov/the-press-office/2013/02/12/executive-order-improving-critical-infrastructure-cybersecurity.

中的国家几乎都听从了"美国的号角",积极推进各自的信息基础建设,将美国构建的互联网络引进自己国家。从亚洲到欧洲、北美和非洲,如上一章的图 1-6 所示,除了拉丁美洲,2000 年是整个世界互联网增长最快的一年。这反映出,在世纪之交,全世界都跟随着美国的发展轨迹,大力推进互联网络的建设。尽管 1997 年的科索沃战争中爆发过网络战,但那也没有阻止世界迈进网络时代。"9·11"事件后,美国国家安全政策有了新变化,反恐的需求加大了美国国家安全在网络空间中寻找破解的方法。这导致美国在网络空间发展上出现明暗两种策略。对社会公众,无论是美国军方还是国土安全部门,不断夸大网络空间的安全风险。据已有研究[①]的数据统计,1981—2016 年,美国国会共提出 724 件提案与网络安全相关,与之相关的报告文献达 2 881 件。在第 106 届国会(1999—2000 年)以前,相关提案非常少,统计数据显示从第 97 届到第 105 届这 9 届国会(18 年),总共有提案 9 件,相关报告文献 13 件。第 106 届国会有提案 6 件,相关报告文献 23 件。从第 107 届至第 114 届(16 年)这 8 届国会共提案 709 件,相关报告文献 2 845 件。显然,2001—2016 年,大量有关网络空间和国家安全的提案及研究报告向国会提交,提案基本上是以网络空间安全为主题(核心词 Cybersecurity[②]),重要的报告文献见表 2-3。这是美国对外公开的网络安全策略。

美国作为当今世界的网络强国,却整天在强调其网络缺陷和弱点,就如 Bruce Roeder 的文章所说的那样:"我们能否避免灾难性的网络攻击或者究竟能避免多久仍是不确定的。鉴于威胁的性质、互联网和计算机的泛在和缺陷以及'好家伙'的有限资源都是既定的,所以我们成功的机会是很

---

① 王世伟等:《大数据与云环境下国家信息安全管理研究》,上海社会科学院出版社 2018 年版,第 189—190 页。

② 王世伟等:《大数据与云环境下国家信息安全管理研究》,上海社会科学院出版社 2018 年版,第 119 页。

小的。"①这还隐含了美国另一个不公开的网络安全策略,即通过国会的立法加大授予美国国内执法机构和国际情报机构广泛的权力,利用美国信息技术的领先优势,通过互联网加大对网络空间的秘密监管。这一策略是伴随着美国掌控网络技术的成熟度而逐步强化。在克林顿时期,主要是强化发展,美国早于世界各地率先提出国家"关键基础设施保护"的措施。到小布什时期将保护自身的策略进一步提升,直接利用网络空间对全球开展监管。显然,这种策略与美国的基本国策是有冲突的。正是"9·11"事件,给予美国政府一个有效的突破口,利用美国人民的反恐意识,强化国土安全与情报机构在网络空间中的监管权力。2008 年,这种策略达到了顶峰,美国在推出的"国家网络安全综合计划"中,明确提出"网络威慑"政策的观点,标志着美国网络空间的战略防御已布置完成,转而开始从事网络空间的进攻性策略。

---

**相关资料 2.3**:美国网络"曼哈顿计划"②

2008 年,美军启动了被称为新世纪网络安全"曼哈顿计划"的国家网络靶场建设,为美国防部模拟真实的网络攻防作战提供虚拟环境。该计划主要内容包括:(1)开展应急响应和网络监测,支持"美国计算机应急响应机制(US—CERT)"和"美国政府网络系统监测和预警中心",建立为政府和企业提供网络威胁和脆弱性分析、判断和响应的机制。(2)扩展爱因斯坦计划,授权以国家安全局为首的情报部门监测所有联邦政府部门和机构的信息系统,以发现恶意攻击活动,为政府提供信息安全预警,帮助联邦政府增强信息安全意识,提高网络防范的综合能力。(3)开展可信互联网接入计划,把联邦政府互联网接入点的数量从 2 000 多减少到 50 以内,并对联邦信息网络进行更有效的管理和安全监测,对政府网络提供更综合性的保护。(4)建立国家网络安全中心。(5)增加国家网络调查联合工作组(NCIJTF)的成员单位。(6)加强供应链安全,对进入美国重要信息系统的技术与产品进行严格控制。(7)开展网络威胁信息通报和预警。(8)开展"网络风暴"演习,组织联邦、州和地方政府及私营部门、国际盟友共同参与,检验和加强国家的网络安全预防与响应能力。(9)加强信息安全培训,确保具有合格的系统维护人员。(10)增加对信息安全的财政投入。

---

① 资料来源:http://www.armyupress.army.mil/Portals/7/military-review/Archives/English/MilitaryReview_20140630_art010.pdf;Bruce Roeder, *Cybersecurity:It Isn't Just for Signal Officers Anymore*,May-June 2014 MILITARY REVIEW,38 - 42。

② 资料来源:http://military.people.com.cn/n/2015/0417/c172467-26858219.html。

2008 年,奥巴马以自信的新主张赢得了美国大选,尽管小布什已在网络空间中提出了"网络威慑"的反恐策略,但奥巴马仍认为其实际效果过于缓慢。2009 年一上台就以网络空间安全为切入点,强化国家安全战略布局,并采用更加具有攻击性的策略,强化美国网络空间竞争优势。一方面,奥巴马夸大美国面临的网络空间威胁,强化美国的网军建设。2010 年,在美国的国家安全战略中,奥巴马政府认为:"服务于我们日常生活与军事行动的太空和网络空间在破坏与攻击面前显得脆弱不堪。"另一方面又营造世界网络开放、安全、繁荣发展的氛围。2011 年,奥巴马推出了全球网络安全战略,以"共同创造繁荣、安全、开放的网络世界"为基本宗旨,以"基本自由、隐私和信息流动自由"为核心原则。内外两个战略显然有明显的差异,对内强调来自网络的威胁,对外宣扬基本自由和信息流动,其中还有隐私保护这一原则,这对奥巴马政府更加具有讽刺意义。2007 年 9 月 11日,微软成为美国情报部门"棱镜"项目第一个合作伙伴[1]。这一世界最大的监控项目几乎将美国的顶级互联网公司都吸收了进来,成为美国监控世界的帮凶。到奥巴马时期,美国监控世界的能力已超越人们的想象。例如,2013 年 2 月,在 Mandiant 公司报告(Mandiant's report[2])的"Unit 61398 to a 12-story office building"事件中,容易看到美国在整个事件中从容地处置"指控"所需的证案素材,而"当事者"完全处在一个被动的局面中,在问题被曝光前几乎无所察觉。从事后分析,当事者犹如瞎子摸象中的盲人,在抚摸象腿时还不知道象鼻已拿着放大镜将盲人的周身观测个通透。如果真要发生网络战,从信息掌控的全局分析,双方力量是不对等的。但美国并不认为自身在网络空间中已具备绝对的掌控力量,相反却不断宣

---

① 资料来源:https://www. washingtonpost. com/news/wonk/wp/2013/06/06/how-congress-unknowingly-legalized-prism-in-2007/?utm_term = .4aaa7d9a6179。

② 资料来源:http://abcnews. go. com/Blotter/mandiant-report-fingers-chinese-military-us-hack-attacks/story?id = 18537307。

传受网络恐怖威胁的风险,其真实目的是要强化自身在网络空间中的威慑力。从奥巴马执政时期国会对有关信息安全的提案和发展战略、规划等报告文献的统计中,也可以证实奥巴马加大网络威慑的策略。2009—2012年,关于网络安全的提案有 223 件(前任小布什 4 年是 200 件),相关报告文献 983 件(前任小布什 4 年是 536 件)。2013—2016 年,关于网络安全的提案有 238 件,相关报告文献 1092 件。这一切都显示出美国要强化自身在网络空间的绝对掌控能力。

## 四、"斯诺登事件"后美国的网络空间发展战略

2013 年 5 月 20 日,美国国防承包商博思艾伦公司的职员爱德华·斯诺登从美国夏威夷飞到了中国香港。当时,他手上拖着一个黑色行李箱,肩上背着一个笔记本电脑包,随身带了四台电脑,里面装的是美国政府的最高机密。在离开夏威夷之前,斯诺登是美国国家安全局在那里内设机构的系统管理员(属于外包公司的雇员)。据他爆料,美国国家安全局堪称目前世界上最大的秘密监视组织,由此全世界都知道了美国的"棱镜"监控项目。

2013 年 6 月,《华盛顿邮报》报道了相关新闻①,证实了逃离美国的斯诺登所爆料的"棱镜"项目是 2007 年在小布什当政时期批准的美国国家安全秘密行动计划。几天后,当时的美国众议院议长博纳(共和党)对揭密者斯诺登进行谴责,指责其为"叛国者"。博纳声称,赞同奥巴马总统的说法,并认为"棱镜"计划有效、完全符合宪法,得到国会充分批准和限制,指责斯诺登公开这些机密信息将置美国于危险境地,是向敌对势力暴露了美国的能力所在,是严重违法行为。在这件事情上,美国两党的意见表现出充分一致。

---

① 资料来源:http://www.washingtonpost.com/wp-srv/special/politics/prism-collection-documents/。

从小布什到奥巴马，尽管美国经历了两党的执政轮替，但在国家安全和美国利益方面，两党又有共同的目标。利用美国在信息技术领域的优势，通过互联网对全球开展监控、监听是符合美国利益的战略目标。根据专业人士分析，"棱镜"项目的情报收集起源可追溯到 20 世纪 70 年代的情报联盟，从那时起，美国就有上百家受信任的公司与美国情报部门合作（如上例中提到的 Mandiant 公司），开展情报收集工作①。而"棱镜"项目不过是网络时代的新项目而已，这种"政企"合作也是新技术下的常规合作。只是这次监控的范围已随互联网拓展到全世界。英国、加拿大、澳大利亚和新西兰是美国领导的这一监控世界形成的"五眼联盟"成员。这 5 个国家是参与这一项目的主要成员。奥地利的情报官员承认知道这一项目，并提供美国一些必要的帮助。另外，其他如德国、法国、巴西等国主要领导人都受到了不同程度的监听，这些国家自然就强烈抗议美国的这种行为。而日本等其他美国的盟友，尽管没有公开、强烈的反对，但私底下是清楚美国情报部门活动的。可以说，斯诺登事件让西方阵营自身产生了不小的裂痕，极大地削弱了自老布什起营造的美国在国际事务中主导者的地位。

从网络空间的发展战略分析，美国强化自身在网络空间绝对掌控能力的策略并没有实质性改变，只不过世人都已知道美国监控世界这一事实使美国失去了对世界说教的资格，甚至在美国的盟友圈中也爆发出不满情绪。影响最大的是德国。据报道德国总理默克尔也受到美国的监听。默克尔因美监听案炒了德国联邦情报局长的鱿鱼。但复杂的是，作为美国的盟友，德国情报部门也参与美国国家安全局（NSA）监听德国，以及德国联邦情报局帮助美国监听欧盟盟友这一项目。2015 年 5 月，德国联邦情报

---

① 资料来源：https://www.washingtonpost.com/investigations/us-intelligence-mining-data-from-nine-us-internet-companies-in-broad-secret-program/2013/06/06/3a0c0da8-cebf-11e2-8845-d970ccb04497_story.html?utm_term = .d8ac3f903e39。

局被曝光曾与美国国家安全局长期合作,共同监听欧洲盟国①。

**图 2-1　爆料"棱镜"项目的 PPT 幻灯片②**

从这一案例,可以得出两个结论:一是监听是各国情报部门的日常工作,尤其是在"9·11"之后,以反恐的名义监听几乎没有任何限制;二是合作的层次复杂化,监听之中还嵌入秘密的监控,即便是在盟友之间,亲疏关系也非常复杂,即便是在美国,各部门之间又有界限。例如,"9·11"事件的事后分析,美国情报部门是了解部分恐怖分子的活动动向的,但美国部门之间并没有协调机制,这种"蛛丝马迹"没有形成遏制惨剧发生的力量。这也是事件发生后立刻成立了国土安全部的主要原因。对整体信息(情报)的总协调是提高国土安全的关键所在。当美国构建了庞大的机制后,对信息的需求也必然提高,"棱镜"项目自然成为这一机制的必然需求。当然,这一切离不开互联网这一环境。

---

① 资料来源:http://news.xinhuanet.com/world/2016-04/28/c_128939159.htm。

② 资料来源:https://en.wikipedia.org/wiki/PRISM_(surveillance_program)。

"斯诺登事件"在本质上并没有改变美国网络空间的发展战略,但这一事件对美国处理国际事务产生了极大的影响。尤其是涉及国际网络空间安全事务的处理,美国自身的道义位置显著下滑。更重要的是世界重新认识了网络空间安全性问题,人们对网络空间安全有自己的新定位,美国在道义上失去了"老大"的位置。这从近几年来,美国对"华为5G"的打压,在其欧洲的老牌盟友中收效有限的境况中可见一斑。显然,美国在国际上失去了主导网络空间安全的话语权。

表 2-4　不同时期美国网络空间发展战略

| 发展时期 | 发展特征 | 安全建设 | 主要目标 | 战略重点 |
|---|---|---|---|---|
| 一1992 年 | 网络构建 | 系统应用安全 | 防范计算机犯罪 | 应用体系构建 |
| 1993—2001 年 | 网络扩张 | 产业安全体系 | 经济全球化 | 技术输出 |
| 2001—2013 年 | 网络监控 | 构建情报中心 | 网络威慑 | 全球反恐 |
| 2013 年至今 | 网络治理 | 设置产业壁垒 | 强化关键基础设施 | 保护网络资产 |

## 第二节　美国盟友网络空间发展战略

"斯诺登事件"让人们看到了西方世界的同盟也并非是"铁板一块",美国的"五眼联盟"、亚洲盟友和欧洲盟友存在着亲疏之分。美国构建全球情报网络,多层级、多维度的复杂分布体系在被曝光后引起了世界公愤。那些受到监控的盟友对网络空间发展的战略做出相应的调整。由此,我们也可以将美国的盟友群体,从"棱镜"项目所产生的后果分析,大致可分为三个层次:一是密切层,即《五眼联盟》(有美国、英国、加拿大、澳大利亚和新西兰);二是安全战略关系相对密切的盟友(安全共同体),如日本、韩国、以色列等,在安全战略上受美国的影响非常大,对美国有安全依赖;三是其他盟友,如北约、欧盟等成员国的德国和法国等,有安全战略关系,又相对独立。前两者在网络空间方面,基本是以美国为主导。第三层,例如欧盟,主体互联网已难以与美国分割,但在市场监管方面已有独立目标,系统开展立法工作。

## 一、英国网络空间发展战略

托尼·布莱尔,1953 年 5 月 6 日出生于苏格兰首府爱丁堡市。1994年 7 月当选为英国工党领袖。1997 年 5 月出任首相,是英国 185 年来最年轻的首相。1998 年 5 月,布莱尔在《我们的信息时代,政府的观点》①中,首次提出:面对信息时代的挑战,要使英国处于全球信息技术发展领先地位。1998 年 12 月,英国政府发表了白皮书《我们的未来,建立竞争的知识经济》,进一步明确了英国信息化建设的目标,提出到 2002 年,要使英国成为世界上最适于发展电子商务的地方,使英国小型企业信息化发展在西方 7国中处于领先位置,明确了政府支持和发展电子商务的决心,强调了英国把企业信息化建设的重点定位在电子商务上。1999 年 3 月,在《政府现代化白皮书》中,英国政府又进一步提出:到 2008 年,所有政府服务都要上网,并要求所有公共服务实现全天候 24 小时服务(即所谓的 7×24),要求政府各部门联合行动,按期实现发展目标。

英国的网络空间发展几乎是紧跟美国的发展步伐:1990 年,英国学习美国,制定《计算机滥用法》,将未经授权非法占用计算机数据并意图犯罪,故意损坏、破坏、修改计算机数据或程序等认定为违法;1998 年,英国也出台了《数据保护法》;2000 年,英国制定《通信监控权法》,规定在法定程序条件下,为维护公众的通信自由和安全以及国家利益,可以动用皇家警察和网络警察。该法规定了对网上信息的监控。"为国家安全或为保护英国的经济利益"等目的,可以截收某些信息,或强制性公开某些信息。2001

---

① 王小飞、张晓明:《英国政府及企业推进信息化建设的举措》,《全球科技经济瞭望》2001 年第 6 期。

年实施的《调查权管理法》，要求所有的网络服务商均要通过政府技术协助中心发送数据①。

2009 年，英国发布《英国网络信息安全战略》，成立了"网络安全办公室和网络安全运行中心"，其功能是网络安全与信息保障，支持内阁部长和国家安全委员会，确定与网络空间安全相关的问题，提升英国网络空间的信息安全保障。如提出建立新的网络管理机构的具体措施，以促进产业发展和维护网络安全。时任英国首相布朗，在颁布《2009 年国家网络安全战略》时说，网络安全战略与英国其他国家安全政策同样重要，旨在协调政府部门之间的关系，在网络安全工作中统一协作。2010 年，英国发布的防务规划中包含一份《国家网络安全计划》，将恶意网络攻击与国际恐怖主义、重大事故或者自然灾害以及涉及英国的国际军事危机，共同列入国家安全威胁最高级别。英国国防部提出，要把网络安全融入英国国防理念，并表示将招募大量网络专家，以应对未来可能的网络战争②。他们认为，在未来的冲突中，除了传统的海上、陆地和空中行动，还可能同时伴随网络行动，因此英国有必要加强这方面的力量。

2011 年 11 月，英国又推出《英国网络安全战略：在数字时代保护和推进英国的发展》，提出英国网络安全战略的总体发展愿景，即在包括自由、公平、透明和法治等核心价值观基础上，构建一个充满活力和快速恢复力的安全网络空间，并以此来促成经济大规模增长，要通过切实行动，促进经济繁荣、国家安全以及社会稳定。英国政府强调新的网络安全战略将保障英国建立一个更加可靠的、具有强大修复能力的数字环境来支持经济的繁荣，保护国家安全和守卫公众的生活方式。该战略确立四个目标：(1)应对网络犯罪，使英国成为世界上商业环境最安全的网络空间之一；(2)使英国可以面对网络攻击，保持更强的网络恢复能力，保护其在网络空间的利益；

---

① 李丹林、范丹丹：《英国网络安全立法及重要举措》，《中国信息安全》2014 年第 9 期。

② 《英国招募黑客建网络部队应对"网络冷战"》，《中国信息安全》2010 年第 5 期。

（3）将英国的网络空间打造成为安全、开放、稳定、充满活力的网络空间,并进一步支撑社会开放;（4）构建英国跨层面跨领域的知识和技能体系,以便完善网络安全目标所需的基础性支持。为实现上述目标,该战略确定了三项行动原则:一是风险驱动原则:针对网络安全的脆弱性和不确定性,在充分考虑风险的基础上建立相应机制;二是广泛合作的原则:在国内加强政府与私营部门以及个人的合作,在国际上加强与其他国家和组织的合作;三是平衡安全与自由私密原则:在加强网络安全的同时充分考虑公民隐私权、自由权和其他基础自由权利①。

2014 年 7 月,英国内政部长在要求议会考虑《通信数据法案》时,强调通信数据的拦截与监听对于发现犯罪、保护网络安全的作用和意义。但这与 10 年前不同的是,英国政府和社会对于网络空间安全,在认识上已发生变化。以前主要是强调针对重大事故、恐怖袭击、军事危机等安全问题。新的战略,对于安全的理解涉及层面更多,最主要是从是否有利于经济发展、为经济发展提供安全有利环境等方面的因素考虑。

2016 年 11 月,英国政府启动新一轮的"国家网络安全战略 2016—2021",主要行动计划为:（1）开展国际行动,包括投资发展伙伴关系,使得全球网络空间的发展朝着有利于英国经济和安全利益的方向发展,发挥英国影响力,不断扩大与国际伙伴的合作,推动共同安全,同时通过双边和多边合作,包括欧盟、北约和联合国,加强网络安全。（2）加大干预力度,利用市场力量提高英国的网络安全标准。英国政府将与苏格兰、威尔士和北爱尔兰的行政管理部门合作,与私营和公共部门合作,确保个人、企业和组织采取措施保持自身的网络安全。不断加强关键国家基础设施的网络安全,推动网络安全领域的改进,使其符合英国的国家利益。（3）借助工业界的力量,开发和应用主动式网络防御措施,以提高英国的网络安全水平。这

---

① 李丹林、范丹丹:《英国网络安全立法及重要举措》,《中国信息安全》2014 年第 9 期。

些措施包括最大程度减少最常见的网络钓鱼攻击,过滤已知的不良 IP 地址,并主动遏制恶意网络安全活动,提高英国对最常见的网络威胁的抵御能力。(4)启动国家网络安全中心(NCSC),使其成为英国网络安全环境的权威机构。该机构将致力于分享网络安全知识,修补系统性漏洞,为英国网络安全关键问题提供指导。(5)确保武装部队具有网络弹性以及强大的网络防御能力,从而能够捍卫其网络和平台的安全,并能够协助应对重大的国家网络攻击。(6)确保具有最恰当的能力,包括进攻网络能力,应对任何形式的网络攻击行为。(7)利用英国政府的权力和影响力,面向学校和整个社会,投资人才发展计划,解决英国网络安全技术短缺的问题。(8)成立两个新的网络创新中心,以推动先进网络产品和网络安全公司的发展[1]。

2017 年 3 月,英国政府出台《英国数字化战略》,该战略共包含 7 项任务:(1)连接性,将英国打造成世界一流的数字化基础设施;(2)技能与包容性培育,为每个英国公民提供其所需数字化技能的途径;(3)数字化建设,将英国打造成数字化业务的最佳平台;(4)推进平台经济,帮助每家英国企业顺利转化为数字化企业;(5)优化网络空间,为英国提供全球比较安全的工作与生活的网络环境;(6)社会治理数字化,确保英国政府在全球网络民众服务方面处于领先地位;(7)促进数字经济,挖掘数据在英国经济发展中的重要作用,提升数据应用公信力[2]。

总体上,英国的网络空间发展战略包括:首先,紧跟美国的步伐,密切配合美国的网络空间战略导向;其次,在自身的发展中比较注重社会经济的发展,将市场经济核心价值理念植入网络空间的治理;再次,积极推进网络空间治理的国际合作,积极传播市场经济的核心价值对网络空间治理的

---

① 中科院信息科技战略情报:《英国启动〈国家网络安全战略 2016—2021〉》,《中国教育网络》2016 年第 12 期。

② 资料来源:https://www.gov.uk/government/publications/uk-digital-strategy/uk-digital-strategy。

作用,为构建国际网络空间秩序起建设性作用。2011 年 11 月,来自各国政府、商界和民间社会代表在伦敦举行网络空间研讨会,讨论网络日益紧密联系在一起的世界所遇到的问题。

　　在伦敦网络空间会议发表的主席声明中呼吁,管理网络空间行为要基于以下 7 个原则:(1)各国政府应该按照国家和国际法在网络空间采取适当行动;(2)应该使每个人都有能力——在技能、技术、信心和机会等方面——进入网络空间;(3)网络空间应该包容和尊重用户在语言、文化和思想等方面的多样性;(4)网络空间对创新应该保持开放,对思想、信息和表达等方面保持流动自由;(5)尊重个人隐私权,并为知识产权提供适当保护;(6)网络空间需要所有人共同努力,应对网络犯罪的威胁;(7)促进竞争环境,确保在网络上提供服务或内容的投资可获得公平的回报。

　　伦敦会议聚焦五大议题。一是在经济增长和发展方面:如何实现网络空间安全,促进国际经济增长和发展;网络空间是繁荣的乘数吗;如何在知识产权保护与准入、创新和市场创造之间取得平衡;如何确保监管和财政制度的透明度和可预见性,以及它们适应快速变化的技术的能力;是政府监管还是行业自律——前进的道路是什么;如何预防和管理国家之间的问题。二是在社会福利方面:如何才能最大限度地提高知识赋权和政府服务的潜在收益;如何才能加强民主问责制和言论自由;如何才能达到政府管理最佳效果;如何处理社会的消极因素。三是在安全访问方面:如何确保安全可靠地进入网络空间;如何促进公众安全上网的行为和风险意识教育(特别是对弱势群体);如何确保个人信息合法使用不受歧视,同时防止滥用个人信息。四是在国际网络空间方面:如何预防和减轻国家之间的问题;从国际网络安全冲突中可以吸取哪些教训和如何预防;如何确定发展和应用适当的行为准则;什么论坛最适合进行辩论。五是在网络犯罪方面:个人、私营部门和政府在预防网络犯罪方面的责任是什么;如何确保所有国家都有相应的立法,可以处理国内的网络犯罪,并支持国际工作;如何确保正确的投资水平;如何解决网络中的恶意软件和僵尸网站在网络上的传播;如何在设备、系统和服务的设计中建立正确的激励机制,以形成可进化和有效的安全性;什么是行业标准,起什么作用。

英国网络空间战略明显突出社会经济发展的思考,与美国突出国家安全和反恐有所不同,尽管英国对国家安全也非常重视,但英国似乎更强调网络空间自由、开放、和平与安全,推进网络空间对经济全球化的作用。另一方面,在国际事务中,英国积极推进网络空间的国际合作,在其2016—2021年的发展战略中明确提出:英国将继续倡导"多方共同治理"的互联网治理模式,反对数据本地化,协助合作伙伴加强能力建设,改善网络安全,使得全球网络空间的发展朝着有利于英国经济和安全利益的方向发展。这些已成为英国在全球网络空间事务中为达成共识而形成的"伦敦进程"。对此,英国在国际合作中提出了以下13项行动目标:(1)强化和巩固有关网络空间负责任国家行为规范方面的共识;(2)就"国际法适用于网络空间"问题达成共识;(3)继续促进达成自愿、不具约束力的负责任国家行为规范协定;(4)推进制定支撑信任机制的措施;(5)提高英国参与起诉海外(特别是司法管辖区域外的)网络犯罪分子的能力;(6)营造环境,加强执法机构间的合作,压缩网络犯罪分子的活动空间;(7)制定新兴(包括加密)技术管理的技术标准,提高网络空间弹性,改善网络空间设计安全,推广最佳实践;(8)在达成共识的成员国中构建通用法则提升加密技术和能力,促进跨境合作;(9)构建其他能力,以应对英国及其海外利益所面临的威胁;(10)帮助英国合作伙伴完善其网络空间安全体系,提升每个国家的防御能力,改善全球网络空间整体防御水平;(11)确保北约组织为应对21世纪网络空间战做好准备;(12)保持英国与盟友的良好合作,使北约能够在网络空间进行有效的运作,就像在陆地、空中和海上一样;(13)确保网络空间全球会议的"伦敦进程"继续促进全球共识,实现自由、开放、和平和安全的网络空间①。

## 二、加拿大网络空间发展战略

加拿大是英联邦国家，也是"五眼联盟"成员，在西方7国中与美英成为一个共享监控情报的铁三角。在网络时代，这一特征得到信息技术革命的强化，因此在总体上，加拿大的网络空间发展，可以说是跟随美国的步伐。2010年加拿大也发布了国家网络空间安全战略②，提出的目标是"为了一个更强大更繁荣的加拿大"。时任公共安全部部长维克·特夫斯（Vic Toews）在前言中强调："最复杂的网络威胁来自外国的情报和军事服务。在大多数情况下，这些攻击者都是资源丰富、耐心和持久的。他们的目的是获得政治、经济、商业或军事优势。所有技术先进的政府和私营企业都容易受到国家支持的网络间谍活动的攻击。来自加拿大和世界各地的报告证实，这些攻击成功地窃取了工业和国家机密、私人数据和其他有价值的信息。一些国家公开宣称，网络攻击是其军事战略的核心内容。一些国家被广泛指责使用网络攻击来与传统军事行动相一致，并夸大了传统军事行动的影响。这些网络攻击程序通常是为了破坏对手的基础设施和通信而设计的。他们还可能支持对敌方军事装备和作战系统的电子攻击。破坏应急反应和公共卫生系统的网络攻击将危及生命。加拿大和我们的盟友明白，应对这些风险需要现代化我们的军事理论。正是由于这个原因，北大西洋公约组织（北约）已经通过了一些关于网络防御的政策文件，就像我们最亲密的盟友的军队一样，国防部和加拿大部队正在研究加拿大如何才能最好地应对未来的网络攻击。"

---

① 资料来源：https://www.gov.uk/government/uploads/system/uploads/attachment_data/file/567242/national_cyber_security_strategy_2016.pdf.

② 资料来源：https://www.publicsafety.gc.ca/cnt/rsrcs/pblctns/cbr-scrt-strtgy/cbr-scrt-strtgy-eng.pdf.

加拿大的网络安全战略建立在三大支柱之上：一是保护政府系统，即政府建立必要的网络机构、工具和人员，以履行其网络安全的义务。二是与联邦政府之外的重要网络系统合作。加拿大认为经济繁荣和安全依赖于政府之外的系统的平稳运行。政府支持和私营部门合作，采取措施加强加拿大的网络弹性，包括其关键的基础设施部门。三是加强执法机构打击网络犯罪的能力。

除了一些原则性的表述，加拿大的网络空间战略几乎照搬美国的常规做法，从国家安全这一层面分析，加拿大的基本策略就是跟随美国，与美国合作来完成维护自身网络空间安全的目标。对国内自身的网络空间管理基本是学习英国的做法，强调网络开放对社会经济的作用，在这一点上也可以说是跟随英国的步伐。

## 三、澳大利亚网络空间发展战略

澳大利亚是英联邦国家，当年英国为提升自己与美国情报合作的筹码，拉英联邦成员澳大利亚入伙"五眼联盟"。可能是空间地理位置的关系，在国家战略防务层面，近年来澳大利亚与美国的关系更加密切。尤其是在一些国际事务中，澳大利亚经常发出一些"美国小兄弟"的声音。在网络空间发展方面，2016 年澳大利亚出台了《澳大利亚网络空间安全战略》[①]，作为国家第一个网络空间安全战略，其强调的是"促进创新、增长和繁荣"。从战略导向上，将发展的重心落实在社会经济发展。澳大利亚认为：网络空间安全战略是为应对数字时代的双重挑战和保护澳大利亚在网上的利益而制定的，并决定其政府的发展理念和计划。

时任（2016 年 4 月）澳大利亚总理马尔科姆·特恩布尔在阐述其发展战略中指出："网络安全的维护和网络自由的保护不仅是相互兼容的，而且

---

① https://cybersecuritystrategy.pmc.gov.au/assets/img/PMC-Cyber-Strategy.pdf.

还是相互促进的。一个可以分享思想、合作、创新和安全的网络空间为个人、企业和公共部门提供了信任和信心。互联网正在改变人们的社交方式，并以其创始人无法想象的方式开展业务。它改变了人们娱乐和获取信息的方式，影响了我们生活的方方面面，对一个开放、自由和安全的互联网的需求远远超出了经济学的范畴。重要的是要确保公共和财政责任，加强民主体制。它支持言论自由，强化社会安全，使社区生活充满活力。如果我们能充分认识到网络社会的经济和战略利益，我们必须确保互联网的管理继续由那些使用互联网的人管理，而不是由政府主导。同样，网络空间也不能成为一个无法无天的领域，政府和私营部门都有重要的作用。"

澳大利亚总理进一步强调"澳大利亚政府有责任保护自己免受网络攻击，并确保我们能够捍卫自身在网络空间上的利益。澳大利亚必须在网络空间上防止犯罪、间谍、破坏和不公平竞争。澳大利亚及其盟友将在国际上共同努力，推动与自由、开放和安全的互联网相一致的行为规范。这些规范包括，国家不应该故意地进行或支持网络知识产权窃取，谋获商业利益"。

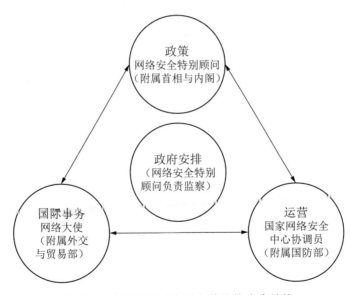

图 2-2　澳大利亚政府制定的网络安全结构

澳大利亚总理认为"斯诺登披露的信息显示,对政府或商业网络安全而言,最具破坏性的风险往往不是'恶意软件',而是'温暖的软件';被信任的内部人士对网络造成大规模破坏的能力,或利用合法途径获取机密材料,然后非法披露"。

图 2-2 是澳大利亚网络空间政府管制安全机制的结构,政府管制网络安全,出台政策的两大支柱是国际合作和国内运作。这就非常清楚地反映出澳大利亚在网络空间上的发展策略与加拿大基本相同。即在战略安全方面,澳大利亚是以美国为主导,跟随美国制定的发展战略来制定本国的发展政策,在国家安全层面依赖、服从美国的主旨战略,积极配合美英这两个大国盟友,对国民积极推进网络空间开放、自由和安全的发展理念,推崇"伦敦进程",在网络空间上与美英呼应,构建利益共同体。

## 四、新西兰网络空间发展战略

新西兰与澳大利亚一样,也是英联邦国家,加入"五眼联盟"的原因也与澳大利亚相同,但新西兰在国际事务中不像澳大利亚那样高调。早在2011 年,新西兰就发布了《新西兰网络空间安全发展战略》①。其通信和信息技术部部长斯蒂文·乔伊斯(Steven Joyce)在阐述新西兰网络空间发展战略理念中说:"互联网和数字技术正在改变全球经济,使人类前所未有地联系在一起。新西兰公民、企业和政府欣然接受这些技术提供的许多好处。无论何时何地,人们都越来越多地在网上进行诸如处理银行账户、购物和访问政府服务等活动。新西兰的企业也在利用互联网和其他数字技术来构建新市场,提升生产效率和改善服务质量。宽带信息基础设施建设为新西兰人提供优质的信息服务,也优化了互联网的服务质量。与此同时,不断增长的数字技术服务也增加了网络空间安全的风险,网络信息安

---

① 资料来源:https://dpmc.govt.nz/sites/default/files/2017-03/nz-cyber-security-strategy-june-2011_0.pdf。

全脆弱性的一面也威胁着公众。犯罪分子越来越多地利用网络空间获取个人信息，窃取商业知识产权，获取政府敏感信息。这些犯罪分子除了要获取经济、政治利益之外，还包含有其他恶意目的。目前网络空间还没有设置国家边界。新西兰的网络安全战略就是政府对日益增长的网络威胁的回应。该战略是建立在现有政府和非政府机构努力改善新西兰网络安全的基础之上。它提出了旨在改善个人、企业、关键国家基础设施和政府的网络安全目标的举措。该战略反映了一个事实，即改进新西兰网络安全是全社会共同的责任，需要大家积极响应。政府将继续与工业界包括非政府机构合作，确保以最有效的方式推行国家发展战略中所提出的措施。应对不断变化的网络威胁还需要不断提高警惕和灵活性，以应对不断变化的环境。我相信我们能够共同努力，迎接这一挑战。"

从这位部长的言论中可以看到新西兰更加注重内在发展，在面对来自网络安全的风险，政府需要提高警惕和灵活性。显然，在战略层面与盟友的合作基本可以解决国家安全层面的主要问题，这就是灵活性带来的。但

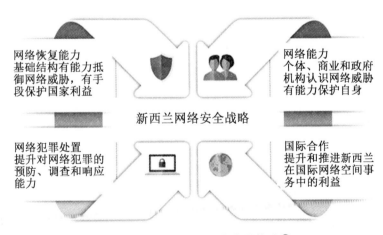

**图 2-3　新西兰网络安全发展战略①**

---

① 资料来源：https://www.connectsmart.govt.nz/about/governments-cyber-security-strategy/。

与澳大利亚不同,新西兰的这一战略更像是发展规划(见图 2-3),注重基础设施的服务,并提醒社会关注在网络空间中,目前的"国家边界"没有障碍。这似乎是告诫社会要自己来管控好自己的"网络空间安全"问题。

## 五、日本网络空间发展战略

日本在军事上是美国的盟友,日本国家战略安全也依赖美国的承诺,但日本与"五眼联盟"的成员又不同,最大的特点是在经济领域。1992 年以后,日本经济因货币升值和经济泡沫破裂的双重压力,国内经济陷入长期萧条,1992—2001 年的 10 年间,日本实际 GDP 年均增长率仅为 1.6％左右。2001 年,日本经济再度出现 0.6％的负增长。2000 年,日本的 GDP是 47 653 亿美元,而 2002 年降到 39 787 亿美元。长期以来经济中积累的问题逐一暴露。诸如庞大的政府债务、金融体制的缺陷、银行经营机制不健全等。经济不景气也导致日本政坛长期不稳。1992—2002 年,先后有 8位首相主持朝政,其中羽田孜首相仅上任 64 天。1993 年,战后一直由自民党把持朝政的格局被由细川护熙为首的在野八党派联合政权所取代。但日本经济并没有由此好转,反而在这朝野纷争中丢失了信息技术革命所带来的第一波发展良机。2000 年 6 月,日本的经济企划厅长官堺屋太一在经合组织年会上致辞说:"日本在信息技术机器的生产能力上与美国不相上下,但未能通过信息技术革命来加速经济增长,提高生产率。"

在世纪之交信息技术快速发展的年代,日本作为第二大经济体并没有将网络空间的发展纳入国家战略计划。直到 2001 年小泉纯一郎当选日本首相。小泉认为:没有改革就没有增长。为增加改革成功的把握,刺激经济的回暖,日本政府将推进 IT 革命看成是一条重要的战略,同时也是为了加快日本社会信息化步伐,尽快将日本建成高度信息化社会。2001 年 1 月,日本计划在 5 年内将自己建成世界最尖端的 IT 国家,出台了《电子日本战略》(e-Japan 战略),明确了"e-Japan 重点计划"的五大支柱。五大支柱分别为：(1)加速通信基础设施建设；(2)强化信息化教育和人才培养；(3)推广电子交易；(4)实现电子政府；(5)确保信息安全。同时，小泉政府还制定了在 2005 年前使日本成为 IT 人力资源大国的计划，旨在使国民都能享受到 IT 革命的成果与便利。

从日本人的计划目标中，可以明显看到网络空间对日本而言仅仅是一个通信工具，只要日本人愿意，很快就可以成为世界最尖端的国家。日本人将在经济领域与美国人竞争的优势心理移植到了网络空间，认为网络空间发展的核心是高速传输信息的基础设施建设。因此，日本在 2001 年 6 月通过了《高速信息通信网络社会形成基本法》，将建设宽带信息基础设施作为整个国家发展的主要战略。但互联网 20 多年的发展结果显示，日本人没有抓住他们早就发现的信息社会发展机遇，在经济、科技高度发达的基础上，没有获得信息经济带来的收益。而网络空间发展的现实，又逐步将日本打回跟随美国的老路。

在网络空间发展和安全建设方面，日本基本上学习美国的做法：1999 年实施《反非法访问计算机法》；2000 年推出《电子签名和证书服务法》；2002 年颁布《特定电子邮件法》和《反垃圾邮件法》；2003 年颁布《个人情报保护法》《交友类网站限制法》，日本经济产业省制定了《日本信息安全综合战略》；2004 年制定了政府部门及相关机构的《信息安全标准》；2006 年，日本制定了《第一份国家信息安全战略》，对 2006—2008 年的信息安全做了中长期战略规划；2009 年 2 月，又根据社会环境的变化，在第一份战略的基础上制定了《第二份国家信息安全战略》，这份战略涵盖了 2009 财年到 2011 财年为期 3 年的保护信息安全相关措施，同年，日本还推出《互联网使用基本计划》；2010 年 5 月，日本发布了《保护国民信息安全战略》；2013 年，又发布了日本首个《网络安全战略》；2014 年，日本国会通过了《网络安全基本法》；2015 年，日本再次更新了《网络安全战略》。

总体上，在 2012 年以前，日本在网络空间的发展中实施保障型信息安全战略①,强调信息安全保障是日本综合安全保障体系的核心,打击网络犯罪,禁止 LAN 窃听,净化网络空间。而在 2012 年以后,日本相继出台了网络安全战略,从强调确保信息自由流动,构建应对网络威胁的措施,促进官民一体的应对能力,到积极建设"自由、公正、安全的网络空间",实现"经济活力的不断增强及可持续发展",构建"国民能够安全安心生活的社会",促进"国际社会的和平与稳定,同时保障日本的安全"。更新的网络安全战略更加强调日本网络安全防御机制的主动性,要"由后手变为先手""化被动为主动""从网络空间到融合空间"这三个方面来主动应对形式愈加丰富、安全态势愈加复杂的网络安全环境②。这反映出日本对网络空间发展战略的变化。这种变化在更多层面上是由于国际发展格局所决定的。尽管日本不是"五眼联盟"成员,但从国家安全战略的高度分析,跟随美国是其唯一的发展路径。比较 20 世纪 80 年代日本经济似乎可以挑战美国的情景,说明日本在信息技术领域与美国还存在较大的差距。

## 六、韩国网络空间发展战略

韩国在国家战略安全方面与日本基本相同,也是美国在东北亚最亲密的盟友,其国家安全战略也依赖美国的承诺。但韩国的经济基础和科技实力在 20 世纪 90 年代与日本相去甚远。或许正是这一原因,在信息技术革命初露曙光之际,韩国举国家之力,全力推进社会信息化发展。自 20 世纪 90 年代中期开始,韩国政府制定了信息社会发展主要规划,1996 年 6 月颁布了第一个促进信息化规划。1998 年 6 月,韩国正面临着经济危机,时任韩国总统金大中为了振兴韩国经济,聘请了日本软银董事长孙正义为韩国总统经济特别顾问。孙正义向金大中提出了振兴韩国经济的大胆设想:第一,未来是互联网时代,韩国应该大力发展互联网经济,走在世界的前列,

---

① 王鹏飞:《论日本信息安全战略的"保障型"》,《东北亚论坛》2007 年第 3 期。
② 宋凯、蒋旭栋:《浅析日本网络安全战略演变与机制》,《华东科技》2017 年第 7 期。

韩国政府应该免费提供宽带,让互联网成为一种基础设施。第二,政府大力资助文化和内容产业的投入。互联网内容是全球共享的,内容产业将成为互联网中最巨大的一部分,就像日本的漫画和卡通产业一样。就这样,韩国开始大力发展互联网产业,扶植动漫和网络游戏产业[①]。1999 年 3 月,韩国发布"Cyber Korea 21",作为 21 世纪新信息社会建设的蓝图,以克服金融危机,并使经济向以知识为基础的经济类型转变为目标。截至 2002 年 6 月,韩国的互联网用户(即网民)达到了 2 560 万人(大约占全国总人口的 67.8%),普及率比今天的中国还要高。2002 年 10 月接受互联网服务的家庭达到了 1 000 万(大约相当于总家庭数量的 65%)。除固定电话外,移动电话已经成为大众的基本通信手段。2002 年 3 月,移动电话用户达到 3 030 万人,超过了 2300 万固定电话用户的数量。IT 业成为韩国的支柱产业,自 1997 年以来年平均增长率达到 18.8%。2001 年 IT 业的总产值达到 1 250 亿美元,占国内总产值的 12.9%。IT 业产品份额在全部出口中增加到 26.85%。2002 年提出了"2006 年电子韩国展望"作为促进信息化的第三大计划,期望国家在 21 世纪成为全球信息化社会的主导国家。

2009 年,韩国在三大国际评估[②]中的排名分别为世界第 2、11 和 19 位(见表 2-5),成为 2009 年世界信息化发展最先进的国家和地区之一(超过日本)。世界经济论坛提出了信息化发展五个阶段,韩国社会信息化应用已达到发展的第四阶段——密集应用,向信息社会的"无处不在"的第五阶段过渡。韩国是国际社会中率先提出"无处不在"发展规划和实践的国家之一。为此,世界经济论坛邀请韩国的高等科学技术学院和电信研究院的 JAE KYU LEE 等[③],专题介绍韩国的信息化发展过程。据介绍,韩国的主

---

[①]　资料来源:http://finance.people.com.cn/n/2014/0401/c70846-24793470.html。

[②]　三大国际评估分别为世界经济论坛、英国的经济学人和国际电信联盟的信息社会测度。

[③]　Jae Kyu Lee, Korea Advanced Institute of Science and Technology; Choonmo Ahn, Electronics and Telecommunications Research Institute, Korea; Kihoon Sung, Electronics and Telecommunications Research Institute, Korea.

要经验是：通过发展电子产业促进经济的迅猛发展。21 世纪初韩国通过振兴 IT 产业成为具有创新能力的经济大国。韩国经济在近 10 多年的增长主因是高度致力于信息技术的创新发展，尤其是产业领域，主动对接网络技术发展，积极吸纳先进发展理念，接受前沿互联网技术在产业领域的拓展，培育自身高性能高附加值产业，积极调整工业结构。

表 2-5　2009 年国际三大评估结果比较

| 国家和地区 | 世界经济论坛 | 英国的经济学人 | 国际电信联盟 |
|---|---|---|---|
| 丹　麦 | 1 | 1 | 3 |
| 瑞　典 | 2 | 2 | 1 |
| 美　国 | 3 | 5 | 17 |
| 新加坡 | 4 | 7 | 15 |
| 瑞　士 | 5 | 12 | 8 |
| 芬　兰 | 6 | 10 | 9 |
| 挪　威 | 8 | 4 | 6 |
| 荷　兰 | 9 | 3 | 4 |
| 加拿大 | 10 | 9 | 19 |
| 韩　国 | 11 | 19 | 2 |
| 香港特区 | 12 | 8 | 11 |
| 台湾地区 | 13 | 16 | 25 |
| 澳大利亚 | 14 | 6 | 14 |
| 英　国 | 15 | 13 | 10 |
| 日　本 | 17 | 22 | 12 |
| 法　国 | 19 | 15 | 23 |
| 德　国 | 20 | 17 | 13 |
| 中　国 | 46 | 56 | 73 |
| 合计评估地区 | 134 | 70 | 154 |

　　据《人民日报》报道,2012 年 4 月,韩国政府宣布实施"吉咖韩国"战略,预计到 2020 年计划建成传输速度达到每秒 1 吉咖字节(千兆字节)以上的无线基础设施及相应终端和内容等,到 2026 年可望创造 69.4 万个就业岗位和 105.5 万亿韩元(约合 5 800 亿元人民币)效益①。

　　2013 年 8 月 21 日,国际电信联盟发布的统计数字显示,韩国的互联网使用率为 84.1%,在全世界 112 个国家中排名第 21 位。韩国的互联网网速达到了 14.2 Mbps,位居全球第一,网速平均峰值可达 48.8 Mbps,位居全球第二。7 月 21 日,经合组织发布的数据显示,韩国在 34 个成员国中无线超高速网络普及率名列前茅,是经合组织成员中首个无线宽带普及率达到 100% 的国家,高达 100.6%,也是世界上第一个无线宽带网络普及率达到 100% 的国家②。

　　从韩国信息化发展的过程,可以看到其网络空间发展战略的重心是产业发展。国家关注的焦点是抓住信息技术革命这一机遇,调整产业结构,推进社会信息化应用。在信息安全领域也是将社会应用至国家战略的顶层。2013 年,韩国出台《国家网络安全综合对策》,主要内容包括:(1)主管应对网络攻击的统一指挥机构是总统府青瓦台,实际总管是国情院,未来创造科学部、国防部、行政安全部等 14 个其他部门各自负责本部门的网络安全工作。(2)为促使各个部门的信息共享和联合应对,决定在 2014 年年底前构筑国家层次的"网络威胁情报共享体系"。(3)将目前指定的 209 个直接通信设施、医疗机构等主要的信息通信基础设施,到 2017 年扩大至 400 个,这些设施将实行自身电脑系统与互联网系统分离运行的措施。此外,发电站、铁路、港口以及水电站等国家基础设施的内部网被规定必须与外部网分离。(4)扩大网络安全人员的数量。(5)选定十大信息保护核心技术,扩大韩国网络技术的竞争力。

---

① 资料来源:http://finance.chinanews.com/it/2013/08-19/5177036.shtml。

② 董献勇、王丽:《2013 年韩国网络和信息安全建设综述》,《中国信息安全》2014 年第 3 期。

## 七、以色列网络空间发展战略

以色列也是美国的盟友,尤其是两国在国家安全战略上的合作,在许多国际事务的处理上,以色列需要美国的大力支持(如联合国安理会讨论的相关问题)。但以色列与美国的关系和日韩与美国在军事上的合作不同。比较而言,以色列又具有相对的独立性。美国在战略上对待以色列的态度也与对待日韩有所不同。其原因是复杂的,有社会发展历史、宗教、文化等各方面的因素,但最重要的原因与其建国的艰难过程有密切关系。这也促使以色列在国家发展的各个方面谋求独立性这一显著特点。

就网络空间发展而言,早在20世纪70年代,以色列政府明确将知识经济定位于发展的核心目标。国家大力支持技术创新,政府为私营企业提供支持创新的基础,并对建设急需的人力资本进行大量投资。例如,以色列的高等教育体系得到了政府的支持,这也包括信息通信技术领域。政府的政策促进了以色列高科技产业(包括 ICT 行业)的高速发展。20世纪80年代末到90年代初,以色列利用苏联教育水平高的技术移民,在国防科技、创新文化等方面加大政府投资力度,使以色列的 ICT 行业发展达到世界先进水平。

2000年,以色列的 ICT 行业出口额达 150 亿美元,约占当年以色列出口总额的 1/3,对以色列 GDP 增长的贡献率达到了 36%。在从业的 14.8 万人中,其中约 1/3 是科学家和工程师。比较而言,2015年,上海市 ICT 行业的出口仅 119.1 亿美元(其中集成电路产业 83.6 亿美元,信息服务业 35.5 亿美元[①]),而在 2000年,上海的 ICT 行业几乎没有出口的产品。

在以色列高科技行业中,最突出的领域是网络安全。大约有 200 家以色列公司专门从事网络安全业务,2013年,它们的反黑客安全产品的出口

---

① 《2016年上海信息化年鉴》,上海人民出版社 2016年版,第 236 页。

价值达到了 30 亿美元。世界上有 1/4 的风险资本投资的网络安全初创企业是在以色列。

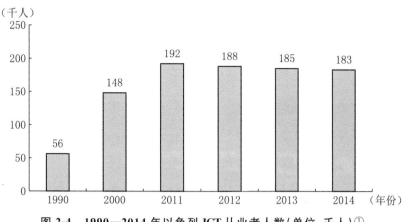

图 2-4　1990—2014 年以色列 ICT 从业者人数（单位：千人）①

以色列早在互联网构建初期就意识到信息安全对于维护国家安全的重要性，并采取积极措施保护关键计算机系统。1995 年 4 月，以色列政府就明确要建立一个特别部门以确保"敏感信息"的安全，尤其是对涉及军事的信息实行严格的保护制度，区分民用和军事，这个特别部门以"政府信息安全中心"名称成立（1999 年）。1996 年，以色列政府成立了"计算机分队"，该分队成为以色列政府推进信息化的重要先锋。为了推进电子政府工程，1997 年，以色列政府成立了一个被称为"特西拉分队"的组织，目的是要建设适应"互联网时代的政府基础设施"，以保护政府各部门连接互联网并提供安全的信息基础设施。

2002 年 12 月，以色列通过《保护以色列国计算机系统的责任》特别决议②，该决议决定建立两大监管机构，一是"保护国家计算机系统最高指导

① 资料来源：http://pubdocs. worldbank. org/en/868791452529898941/WDR16-BP-ICT-Sector-Innovation-Israel-Getz.pdf。

② Lior Tabansky and Isaac Ben Israel, *Cybersecurity in Israel*, New York, Springer, 2015, 35 - 36.

委员会",二是"保护国家关键计算机系统小组"。其中最高指导委员会由国家安全委员会的首脑出任主席,其成员由政府部门高管、以色列银行代表、国防军代表共同构成。2010 年 11 月,以色列制定了国家网络发展规划,成立了国家网络行动小组,下设 8 个分委员会,包括来自国防军事部门、学术界、研发部门以及以色列政府各相关部门(如财政部、经济部、科技部)等领域共 80 名成员。他们给政府提交了一份研究报告——国家网络倡议:一份提交总理的特别报告,也被称为《2010 国家网络倡议》。目标是:使以色列在五年内成为全球前五的网络强国,其核心是要构建一个具有国家网络防御能力的《生态系统》。这个系统有四个关键支柱:(1)支持国家最高领导层的国家网络防御远景;(2)持续升级国防军的网络防御和进攻能力,例如,提升类似 8 200 这样的部队;(3)以色列的尖端研发方案必须以促进军民两用的网络能力为目标;(4)要将国家网络系统建设成一个独特的综合性网络生态系统。这一构建要求以色列在创新的过程中必须要协调好多方利益相关者,将情报、早期预警、被动和主动防御和进攻性能力结合到军事领域,建设一个具有多层次的网络防御战略基础,有能力应对网络空间中新出现的威胁、挑战,能促进网络空间中军民战略互动的国家网络防御体系①。

2016 年 6 月 15 日,以色列议会通过了一项新的反恐法。根据以色列司法部的解释,这项立法将为"执法当局提供更有效的工具,以打击现代恐怖主义威胁,同时该项立法也有采取额外的制衡措施,以防止对个人人权的无理侵犯"②。以色列司法部认为:随着恐怖主义活动在网上受到密切关注,打击网络恐怖主义,禁止通过互联网或社交媒体煽动恐怖主义,减少网

---

① 资料来源:http://www.michaelraska.de/download/Israel's_Evolving%20Cyber%20Strategy_Raska.pdf.

② 资料来源:https://www.cfr.org/blog/israels-new-counter-terrorism-law-and-terrorism-cyber-space。

络空间恐怖主义威胁的努力非常重要,为此,对使用互联网和社交媒体的
行为、言论进行规范是必要的。

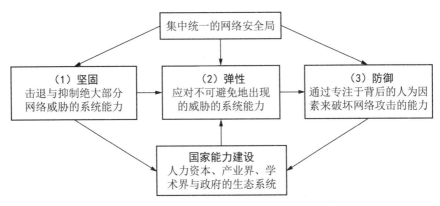

图 2-5　以色列国家网络战略的三个层次①

　　本节主要归纳分析了美国盟友中较密切的两个层次的网络空间发展
战略。从这 7 个国家的发展战略比较,并没有特别的不同。除了表述的习
惯和方法,不同领导人的认识也有一些差别。总体上具有共性的要点是:
(1)都注重网络空间发展对社会经济的影响,保障社会经济健康发展成为
共识;(2)都认识到网络空间安全的重要性,强调对国家关键基础设施的保
护;(3)一致强调打击网络犯罪,提升网络安全的防范能力;(4)在提倡保护
个人隐私的同时,也强调网络空间信息自由流动的重要性。

　　美英两国是以上这些共识达成的主导者,但从网络空间发展实际,非
"五眼联盟"的国家也有自身特点。韩国注重网络基础设施(可能是原有基
础水平相对落后)和信息产业发展;以色列注重网络安全产业发展;日本在
发现自身问题后强化网络基础设施发展。总之,美英是主导这一群体发展
战略的领导者。

---

　　①　艾仁贵:《以色列的网络安全问题及其治理》,《国际安全研究》2017 年第 2 期。

## 第三节 欧盟及主要成员网络空间发展战略

欧盟的前身是"欧洲共同体"（European Communities），简称欧共体（EC）。1951 年 4 月 18 日，法国、联邦德国、意大利、荷兰、比利时和卢森堡在巴黎签订《欧洲煤钢共同体条约》，又称《巴黎条约》。1957 年 3 月 25 日，上述 6 国又在罗马签订《欧洲经济共同体条约》和《欧洲原子能共同体条约》，统称《罗马条约》。1965 年 4 月 8 日，上述 6 国签署《布鲁塞尔条约》，决定将三个共同体的机构合并，统称"欧洲共同体"，但三个组织仍各自存在，以独立的名义活动。1991 年 12 月 11 日，欧共体在荷兰马斯特里赫特召开首脑会议，通过了以建立欧洲经济货币联盟和欧洲政治联盟为目标的《欧洲联盟条约》，通称《马斯特里赫特条约》（简称《马约》）。1992 年 2 月 7 日，《马约》由各成员国外长正式签署，并经各成员国政府批准后于 1993 年 11 月 1 日正式生效，欧洲联盟正式成立。今天，英国已脱离欧盟，但欧盟仍有 27 个成员国和 5 个潜在成员。在英国离开欧盟后，德国和法国可以说是欧盟的主要成员。

欧盟是一个超国家的组织，既有国际组织的属性，又有联邦的特征。欧盟成员国自愿将部分国家主权转交欧盟，欧盟在机构的组成和权利的分配上，强调每个成员国的参与，其组织体制以"共享""法制""分权和制衡"为原则。欧洲理事会是欧盟的最高决策机构，由各成员国元首或政府首脑及欧委会主席组成，每年至少举行两次会议。理事会主席由各成员国轮流担任，任期半年。欧洲联盟理事会是由欧盟各成员国部长组成的，所以又称"部长理事会"，一般简称"理事会"，是欧盟的重要决策机构。欧盟理事会主席国的任期及轮任顺序与欧洲理事会的相同。欧盟理事会总秘书处设在比利时首都布鲁塞尔。

## 一、欧盟网络空间发展战略

网络空间对欧盟来说是管理机制的最佳工具。早在 20 世纪 90 年代初,欧盟就以电子政务发展为切入点,积极推进电子政府建设。在互联网构建的初期,即 1990—1994 年,主要着眼于中央级政府部门的电子政务工作;1994—1998 年,开始面向公民、企业以及所有行政机关的信息交换;1998—2002 年,向政府职能整合的较高层次的电子政务发展。欧盟确定了电子政务建设目标的三个要素:(1)简洁的界面,即方便企业、公众进入一个界面后,就容易进入其他界面;(2)信任和保密,即信息安全、保密和保护私人信息;(3)可进入性,即服务对所有公民开放,特别是对弱势群体和低收入阶层。并规划了电子政务发展的四个阶段,即利用互联网提供信息,单向互动式服务,双向互动式服务,交易阶段分析。2003 年 2 月,欧盟委员会提出要组建欧洲网络与信息安全机构,在"里斯本战略"指导下,推进"电子欧洲—2005",主要内容体现在四个方面:(1)建立一个现代的在线公共服务,涉及电子政务、远程教育服务、远程医疗服务;(2)营造一个动态的企业信息化环境;(3)竭尽所能地提供一个极具竞争力价格的宽带接入方式;(4)建设一个安全可靠的信息化基础设施[①]。

随着互联网不断发展渗透,网络空间秩序问题成为社会发展的一个突出矛盾。2013 年,欧盟为应对这一矛盾,制定了《欧盟网络空间安全战略》[②],确定以建设一个开放、安全和有序的网络空间为发展的战略目标。

欧盟在其发展战略中明确提出"在过去的 20 年里,互联网包括和更广泛的网络空间对社会的各个方面都产生了巨大的影响。人们的日常生活、基本权利、社会互动和经济活动都依赖于无缝衔接的信息和通信技术。

---

① 资料来源:http://europa.eu.int/information_society/eeurope/2005/all_about/action_plan/index_en.htm。

② 资料来源:http://ec.europa.eu/newsroom/dae/document.cfm?doc_id=1667。

一个开放、自由的网络空间促进了世界范围内的政治进步和社会包容。它打破了国家、社区和公民之间的壁垒,允许在全球范围内相互交流思想和分享信息;它为自由表达和行使基本权利提供了一个论坛,并赋予人们追求民主和社会公正的权利。'阿拉伯之春'就是一个最引人注目的例子。网络空间要保持开放和自由,同样的规范、原则和价值观也应该在网上应用。基本权利、民主和法治需要在网络空间中得到保护。人们的自由和社会的繁荣日益依赖于一个强大的、创新的互联网。如果私营部门的创新和公民社会发展可以有序推动这一增长趋势,互联网将继续蓬勃发展。但在线自由也需要安全和有序。网络空间应避免非法事件、恶意活动和滥用,政府在确保一个自由和安全的网络空间方面发挥着重要作用。政府有义务做好以下工作:保障准入和开放、尊重和保护网上的基本权利、维护互联网的可靠性和互操作性。另一方面,私营部门拥有和运营着重要的网络空间,因此任何旨在这一领域取得成功的举措都必须承认其主导地位。"

欧盟认为:近年来,虽然数字技术带来了巨大的利益,但它也很脆弱。网络安全事件,无论是有意的还是无意的,都在以惊人的速度增长,可能会破坏我们认为理所当然的社会公共服务,比如城市供水、医疗、电力或通信服务。威胁可能有不同的来源——包括犯罪、政治动机、恐怖主义或国家支持的攻击,以及自然灾害和无意的错误。

欧盟经济已经受到了针对私营部门和个人的网络犯罪活动的影响。网络犯罪分子利用越来越复杂的手段侵入信息系统,窃取关键数据或劫持公司。经济间谍活动的增加和国家资助的网络活动对欧盟各国政府和企业构成了新的威胁[1]。

欧盟的发展战略主要聚焦在五个方面:(1)在国家和欧盟这一层级的网络中,通过提高公共部门和私营部门在网络和信息安全领域的能力、预

---

[1] 《欧盟网络空间安全战略》2013 年 2 月 7 日发布。

案、合作、信息交流和认识,使欧盟的网络空间具有"复原能力";(2)提升加强执法检查人员的专业知识,强化执法机构与各界参与者的合作,提升欧盟执法机构的合作效率,形成有效的协调机制,遏制、减少网络犯罪;(3)在欧盟共同安全与防务政策框架内制定防御政策,提升能力;(4)发展网络安全产业和技术;(5)构建欧盟共同的网络空间政策,促进欧盟的核心价值观。

在欧盟的网络空间安全战略中还特别提到对于这个世界上的非欧盟成员国,政府有可能滥用网络空间来监视和控制本国公民。欧盟可以通过在网上促进自由和确保网络上的基本权利来对抗这种情况。

欧盟认为"所有这些因素都解释了为什么世界各国政府开始制定网络安全战略,并将网络空间视为一个日益重要的国际问题。现在是欧盟加强在这一领域的行动的时候了"。欧盟要通过行动来有效地保护和促进公民权利,使欧盟的网络环境是世界上最安全的。

## 二、德国网络空间发展战略

尽管德国在互联网的构建上没有多少贡献,但作为一个工业技术发达国家,从 20 世纪 80 年代中期至 90 年代,德国电子计算机数据处理、电子数据模拟模型技术从研究开发走向应用。自 90 年代起,信息技术一直是德国政府发展科学技术的重点领域。1995 年 12 月,由德国总理科尔倡导,成立了专家咨询机构——"研究、技术和创新委员会"。该委员会研究了信息技术革命对社会发展的影响,提出了"信息社会"的概念,这对德国甚至是欧洲都产生了重大影响。1999 年 9 月,德国发布政府行动纲领《第二十一世纪信息社会的创新与就业》①,进一步明确发展"信息社会"的战略目标,并发表了《Info 2000:通往信息社会的德国之路》。这是政府关于

---

① 资料来源:http://webdoc.sub.gwdg.de/ebook/a/1999/bmwt/kapitel2_4.html。

信息社会的白皮书。2000年9月18日发布了《德国在线(Deutschland-Online)2005》计划。德国政府实施这一计划的同时还结合《电子欧洲—2005》(e-EU 2005)的目标规划。为此,德国政府制定了更详尽的计划,详情见表2-6。

表2-6　德国信息社会计划的具体目标和实施时间

| 领域 | 项目实施目标 | 完成时间 |
|---|---|---|
| 数字化经济 | 互联网使用率提高到全国人口的75％,同时继续提高妇女使用互联网比例 | 至2005年 |
| | 宽带建设:约700万家庭宽带接入<br>按照欧盟的e-Eu 2005计划,促进互联网广泛使用<br>2 000万以上宽带接入(实现全国一半以上家庭的宽带接入) | 至2004年<br>至2005年<br>至2010年 |
| | 移动通信:<br>GSM/GPRS:6 500万用户(占全国人口的8成以上)<br>UMTS:开始投入使用移动通信网络建设,达到50％ | 至2004年<br>至2004年初<br>至2005年底 |
| | 广播电视节目的完全数字化:电视节目、广播节目 | 至2010年<br>至2015年 |
| | 电子商务:使全国40％的中小企业(KMU)实现电子商务的广泛使用 | 至2008年 |
| | 法律法规:远程通信法(Telekommunikationsgesetz,TKG)、简化媒介法规、更新版权法 | 2004年<br>至2006年 |
| 技术研发 | 加快发展,继续保持在移动信息通信系统领域的领导地位 | 2004年起 |
| | 继续保持德国在可靠的客户软件和IT系统领域的领先地位 | 至2006年 |
| | 加强科研项目与企业之间的联系,使科研成果迅速转化为成熟的市场产品 | 2004年起 |
| | 为未来网络开发全球性标准 | 2004年起 |
| 教育 | 继续普及新兴媒介在中小学校、职业教育机构以及高校中的使用 | 至2006年 |
| | 在全日制中小学校实行电脑使用的基本计划 | 至2006年 |
| | 建设骨干网,建设德国科学和经济网络系统 | 2004年起 |
| | 开展电子科学应用的研究开发 | 2004年起 |
| | 使女性在IT职业培训和信息学专业的比例达到40％ | 至2006年 |

续　表

| 领域 | 项目实施目标 | 完成时间 |
|---|---|---|
| 电子政务 | 德国在线:启动 15 个项目,实现德国在线计划中规定的国家、各州和各乡镇政务定额的 50% | 2003 年底至 2005 年底 |
| | 联邦在线——提供 440 项网上服务 | 至 2005 年 |
| | 在 MEDIA@Komm-Transfer 框架内建立 20 个电子政府模范乡镇 | 2004 年初起 |
| | 建立唯一的安全合法电子单据系统——eVergabe | 至 2005 年 |
| | 启动虚拟劳动市场 | 2003 年底 |
| | 为国家各机构建立虚拟邮局 | 2004 年初 |
| | 分阶段建设联邦在线的表格管理系统 | 2004 至 2005 年 |
| | 扩建 IVBB(优良建筑信息协会)成为互联网国家各机构政务信息联盟 | 2004 年初 |
| 电子卡与签名 | 4 000 万份工作卡(2004 年制定法规,至 2005 年底实行) | 2004 年至 2005 年 |
| | 8 000 万份健康卡(2004 年启动,2005 年底完成) | |
| | 具有数字签名功能的银行卡 | 2004 年起 |
| | 修订数字签名法附加条款 | 2004 年初 |
| | 电子化工资所得税收据 | 至 2005 年 |
| | 数字身份证(2004 年进入立法程序) | 2004 年 |
| 电子医疗 | 与上述健康卡配套,发放约 30 万张卫生医疗从业证明,建设流通网络和涵盖各机构的医疗证明 | 2004 年至 2006 年 |
| | 电子化药物采购 | 2004 年起 |
| | 电子处方 | 2006 年起 |
| IT 安全 | 为中小企业建立 IT 安全中心 M-Cert(2003 年底启动) | 2003 年 |
| | 将依赖 IT 平台的关键基础设施保护纳入国家计划 | 2004 年 |
| | 互联网保护证书:保证互联网的安全使用 | 2005 年初 |
| | 针对未成年人的特定的 IT 安全信息 | 2004 年底 |

从德国信息社会发展规划,可以看到政府全面推进社会信息化是以社会应用为中心的,从信息基础设施建设到教育、医疗、金融、政务和商

务等各领域,还包括关键基础设施国家保护计划。虽然德国在 21 世纪初就意识到网络空间的安全问题,但当时的认识还停留在社会信息化应用层面,没有上升到国家安全战略层面。2011 年 2 月,德国内政部发布了《德国网络空间安全战略》①,重新认识了网络空间安全的战略意义,明确了"网络空间包括所有通过互联网进入的信息基础设施,超越了所有的领土边界。在德国,为所有参与者通过使用网络进入社会和经济生活的方方面面提供了可能性。作为一个联系日益紧密的世界的一部分,德国的国家、关键的基础设施、企业和公民都依赖于信息和通信技术和互联网的可靠运作"。德国内政部还认为,近年来,对信息基础设施的攻击变得越来越频繁和复杂,同时罪犯也变得更加专业。网络攻击在德国境内外都时有发生。随着网络空间开放的深度和广度,脆弱的信息系统随时都有可能被隐蔽攻击,滥用网络攻击工具的现象也越发普遍。鉴于恶意软件利用网络技术的复杂性,对攻击者进行回击和追溯的可能性相当有限。被攻击者通常不知道攻击者的身份和背景。这使得犯罪分子、恐怖分子和间谍更乐于将网络空间作为他们活动的场所,因为他们不需要到被攻击者的国界内就可以发动攻击。军事行动也可能是此类攻击的幕后黑手。

德国已认识到网络空间使国家安全面临一个全新的挑战,即国家战略安全不再是仅仅保护国家自然疆域的范围,在网络空间上已拓展到互联网的全域。这将超越自然国界的范围。而网络空间中的 IT 产品和组件、信息基础设施都会因技术的漏洞而遭受网络攻击,产生的后果对企业、行政管理乃至德国社会生命线都会造成难以承受的灾难。网络空间的可用性以及网络数据的完整性、真实性和保密性已成为 21 世纪最重要的问题。因此,确保网络安全已成为国家、国际事务和商务的核心挑战。德国网络

---

① 资料来源:http://www. cio. bund. de/SharedDocs/Publikationen/DE/Strategische-Themen/css_engl_download. pdf。

安全战略旨在改善这一领域的发展环境（框架条件）。

德国网络安全的目标是维护和促进德国的经济和社会繁荣，必须确保德国的网络安全水平与互联网信息基础设施要求保护的重要性相称，不会妨碍德国在网络空间中的发展机会。

德国也认识到，确保网络安全，保障权利和保护重要的信息基础设施需要各个国家在国际层面与合作伙伴的共同努力。鉴于国家、企业和公民在社会中承担的共同责任，在网络空间中所有参与者都是合作伙伴，网络安全战略只有在大家共同合作的情况下才能取得成功。国际情况也是如此。因此，加强网络安全还需要执行国际行为准则、标准和规范。只有将国内和外部的政策措施结合起来，才能解决各层面的问题。网络安全可以通过加强与盟友和合作伙伴制定共同最低标准（行为守则）的框架条件得到改善。应对网络犯罪的快速增长，需要全球执法机构的密切合作。鉴于信息和通信技术的全球性，以外交和安全政策为重点的国际协调对网络空间发展是不可或缺的。这不仅包括联合国的合作，还包括欧盟、欧洲委员会、北约、八国集团、欧安组织和其他多国组织的合作。目的是确保国际社会保护网络空间的一致性和能力。

为此，德国在网络空间安全战略上提出了 10 个专注的领域：（1）关键信息基础设施的保护是网络安全的主要优先事项。（2）对于公民和中小型企业使用的 IT 系统，基础设施保护需要更多的安全性。（3）进一步加强公共行政的信息系统保护。（4）为了优化国家各部门之间的业务合作，加强对 IT 事件的保护和应对措施的协调，建立一个全国网络响应中心。（5）成立国家网络安全委员会（National Cyber Security Council）。（6）加强执法机构，提升联邦信息安全办公室和私营部门在打击网络犯罪、防止间谍和破坏活动等方面的能力，有效控制网络犯罪。（7）在全球网络空间中推进积极有效的协调，保障欧洲和世界网络的安全。（8）提升 IT 系统和组件的可靠性和可用性，推进使用安全可靠的信息技术，在关键安全领域使用经过国际认证标准认证的组件。为此,将继续加强对 IT 安全和关键基础设施保护的研究,加强德国在整个 IT 核心战略能力的技术主权和经济能力,并将其纳入德国的政治战略进一步发展。(9)强化联邦政府人才队伍,增加工作人员,加强人员交流和培训。(10)建立协调机制和网络遭受攻击的保护措施预案,应对网络攻击。

德国认为要确保网络安全,首先,取决于德国的策略是否在国际上取得成功;其次,信息技术在不断创新,这意味着网络技术和社会应用也将不断变化,德国不仅要抓住新的机遇,也要承担新的风险。所以,联邦政府将定期审查网络安全战略的目标是否已经在国家网络安全委员会的全面控制下实现,并将根据既定的要求和框架条件调整策略和措施。

2016 年 7 月,德国政府发布《关于德国的安全政策和德国联邦国防军的未来》的白皮书①。德国明确了自身在世界安全领域所承担的角色,表达了参与构建国际安全秩序的积极意愿,承担地区安全责任和义务,强调历史教训对安全环境构建的意义,认识到自身经济发展繁荣与世界的关系和对安全的依赖性。白皮书还强调了德国作为欧盟的重要成员应担负起相应的责任,从世界范围而言,德国需要与盟友建立更紧密的合作来维护世界和地区的和平。

此外,白皮书也提到了网络空间的安全问题,认为网络空间是一个开放的空间,是 21 世纪知识社会发展的关键要素和资源。随着信息技术的发展,网络病毒也在不断裂变繁殖,进化成复杂的"高持续性威胁"。实施网络攻击者,除了恐怖组织、犯罪组织和有技能的个体(黑客),也包括国家行动者。网络威胁除了恶意的破坏之外,还包括盗窃、欺诈使用个人数据,工业间谍活动,对普通民众造成严重后果的关键基础设施的破坏,以及政府和军事通信的中断或完全关闭。从国家安全战略层面分析,虽然在可预

---

① 资料来源:https://ccdcoe.org/cyber-security-strategy-documents.html。

见的将来,国家之间的冲突不太可能只在网络和信息领域进行,但在网络和信息领域的行动已经在军事冲突中发挥日益重要的作用。

显然,网络空间安全已成为德国国家安全战略中一个重要的组成部分。

## 三、法国网络空间发展战略

在西方发达国家中,法国在社会信息化发展上相对较慢。其主要原因是来自文化方面的因素。法国担心信息技术(美国)的发展会对法国传统文化造成冲击。早在 20 世纪 80 年代前后,政府已开始研究对策。但从1998 年起,法国互联网的出现改变了政府的认识,法国开始重视政府信息化的发展,制定了相应的计划。1999 年 1 月,法国政府推出了"为法国进入信息社会作准备"的政府项目,主要内容是利用信息技术促进公共服务现代化,具体涉及利用互联网提供社会公共服务。

从信息技术领域分析,法国非常重视技术和产业的发展。1996 年 12 月13 日,法国因远程通信领域改革成立了信息技术委员会[①],由主管工业的国务秘书负责领导。信息技术委员会包括了十几位通信工程师和 15 位左右的监查人员。这些人员由工业部确定,一般都是国家网络研究和国家网络软件研究的专家。主要职能包括:(1)面对迅速发展的信息技术领域,提高各部对于各个技术应用产业的评估水平及咨询能力;(2)对高技术通信大学集团提供技术支持(这些学校是:国立高技术通信大学、波大涅国立高技术通讯大学、国立高技术通信学院),以确保它在今后信息技术领域在培训教育方面处于权威的地位;(3)管理和协调各部的通信专家,以保证国家专家资源的共享,保证工程师在各部之间的流动。该委员会负责信息技术领域研究,诸如远程通信技术、邮政技术、计算机技术、视听技术等,为各个

①　资料来源:http://www.cgti.org/。

主管相关产业的部长主持研究开发工作,如信息、评估、审核课题,委员会还为所有可能被此类产业影响的部门提供建议。

自 2001 年 4 月 11 日起,由法国内阁总理任命组建了法国信息技术战略委员会[①]。该委员会主要指导政府在信息技术领域创新、研究和发展方面的决策,尤其是为政府的信息社会蓝图及相应的社会规划范围内的企业行为提出评估及操作建议,此外,还为信息技术及数字经济产业的发展提供咨询。委员会计划运作三年,由具备新兴技术知识的专门人才构成,共23 人,均由总理任命。直接隶属于总理,由总理或者总理所任命的代表负责。在职能的实现方面,委员会可以要求信息技术委员会,以及国家有关信息技术机构的协助。委员会有权向管理范围以外的机构传递工作研究指令。委员会分为四个工作组:基础设施和网络、应用和服务、对于专业人才的需求、研究发展。

2003 年 7 月,拉法兰总理组织了信息社会部际委员会。其主要职能是普及和推广信息技术,并制定了 70 多项措施以推广互联网在公共场合及家庭中的使用,使更多的法国人熟悉这项技术。该委员会由主管研究工作及新型技术的部长助理筹办,与全体部长密切相关,受传媒发展处支持,是政府推行信息社会的重要组织机构。

由于法国在网络空间构建的初期不够主动,对美英主导的发展始终持有质疑的态度,因此法国最早(2001 年)[②]提出了在信息社会建设中需要注意的问题:(1)加强电子商务信用建设,打击垃圾广告。加强对网络身份的管理,保护消费者利益。未经收信者许可的垃圾邮件将被禁止。(2)增强网络交际的自由度。(3)维护网络安全,打击网络犯罪。

2015 年 10 月 16 日,法国总理曼纽尔·瓦尔斯发布了法国国家数字安

---

① 资料来源:http://www.premier-ministre.gouv.fr/fr/p.cfm?ref=34537。

② 资料来源:http://www.assemblee-nationale.fr/11/projets/pl3143.asp。

全战略①,旨在支持法国社会的数字化转型,让法国成为推动欧洲数字战略
自治路线图的领导者,用创新驱动数字化转型促进经济增长,同时关注网
络空间给国家、利益相关者和公民带来的风险,防范网络犯罪、间谍活动、
虚假宣传、破坏和过度开发个人数据威胁网络数字信任和安全。该战略聚
焦五大领域:(1)涉及国家利益的信息系统,如关键基础设施、国防、网络安
全、经济和社会的基本性应用的安全战略;(2)涉及数字信任体系、个人数
据安全和隐私保护及网络恶意侵犯;(3)涉及提高国民意识,开展相关培训
和继续教育;(4)涉及数字技术产业、产业政策、出口和国际化等;(5)涉及
欧洲、数字战略自主、网络空间稳定。

　　2017 年 12 月,法德关系研究委员会推出《法国、德国对欧洲战略自治
的追求》②,这是新时代的法德两国防务合作战略。法德关系研究委员会是
在 1954 年由德法两国政府经过签署条约建立的。面对当前来自区域不稳
定而产生的国际问题、欧洲许多国家遭受不同程度恐怖袭击的威胁,英国
脱欧给欧洲安全结构的影响,美国新当选总统特朗普给欧洲安全带来的不
确定性。这进一步要求欧盟成员国在处理国际事务中要保持更强的自主
性。正是在这一背景下,法德关系研究委员会认为要加强法德两国在防务
上的战略合作,积极推进欧洲战略自主权的建设。2018 年 2 月,法国和德
国国防部长都表示,欧盟国家需要确保他们拥有应对安全威胁的"战略自
主权",即便是已得到加强对北约安全保护的承诺,也要加强战略性自主
权。法国国防部长弗洛伦斯·帕利在慕尼黑安全会议上说:"当我们在
自己的社区受到威胁时,尤其是在南部地区,我们必须能够做出回应,即
使是在美国或北约联盟想要减少牵连的时候。"据法新社报道,欧盟成员国

---

　　①　资料来源:http://www.ssi.gouv.fr/uploads/2015/10/strategie_nationale_securite_numerique_en.pdf。

　　②　资料来源:https://www.ifri.org/sites/default/files/atoms/files/ndc_141_kempin_kunz_france_germany_european_strategic_autonomy_dec_2017.pdf。

必须做好"不让美国来援助"的准备。德国外长乌尔苏拉·冯德莱恩认为，建立欧洲的军事自治与巩固北约联盟是一致的，并补充说，目标是"保护跨大西洋"①。

显然，从网络空间发展战略分析，斯诺登事件对欧盟的影响是巨大的。尽管从欧美传统的情报合作来看，它们之间的关系是密切的，但对于"五眼联盟"而言，欧盟似乎又隔了一层，尤其是对欧盟成员国首脑的监听，使得欧盟在整个区域的安全战略规划上，以自身的力量为基础成为重中之重，这也是法德安全战略联盟强调欧盟必须依靠自身力量来维护跨大西洋安全的重要原因。

## 第四节　俄罗斯网络空间发展战略

俄罗斯联邦，1991 年苏联解体后俄罗斯苏维埃联邦社会主义共和国改称为俄罗斯联邦。俄联邦面积为 1 709.82 万平方千米，东西最长为 9 000 千米，南北最宽为 4 000 千米，陆地邻国西北面有挪威、芬兰，西面有爱沙尼亚、拉脱维亚、立陶宛、波兰、白俄罗斯，西南面是乌克兰，南面有格鲁吉亚、阿塞拜疆、哈萨克斯坦，东南面有中国、蒙古和朝鲜。东面与日本和美国隔海相望。海岸线长 33 807 千米。其行政区划由 85 个联邦主体组成，分别为 22 个共和国 9 个边疆区，46 个州，3 个直辖市，1 个自治州（犹太自治州）和 4 个自治区。2019 年，人口大约为 1.44 亿，全国有 194 个民族，其中俄罗斯人占 77.7％。1990 年，俄罗斯经济总产值在世界总产值中所占的份额只略少于 5％，到 1997 年，这一份额仅稍高于 1.6％。在 1990—1997 年期间，俄罗斯在世界经济中的比重大约减少 2/3②，2018 年，俄罗

---

① 资料来源：https://www.rt.com/newsline/419037-eu-defense-strategic-autonomy/amp/。
② ［俄］格利瓦诺夫斯基、伊兹维科夫：《俄罗斯改革：经济地理缩影》，《俄罗斯经济杂志》1997 年第 11—12 期。

斯的 GDP 约为 1.66 万亿美元①。

# 一、20 世纪末俄罗斯网络空间发展概况

1991—1995 年,俄罗斯的经济一直处在较大的动荡、改革、变化之中。对于社会信息化发展,政府将工作的重心放在了信息安全领域。1995 年,俄罗斯联邦政府为提供高效益、高质量的信息保障,以信息资源开发的安全规范为抓手,明确信息资源开放、保密等概念,提出了信息安全保护的法律责任,颁布了《联邦信息、信息化和信息保护法》,在社会信息化应用的推进中,以强化信息安全为重点。1997 年,俄罗斯联邦政府又进一步推出了《俄罗斯国家安全构想》,将网络空间发展应用的安全提到社会发展的首要位置。构想明确提出:"保障国家安全应把保障经济安全放在第一位",而"信息安全又是经济安全的重中之重"。

2000 年 6 月 23 日,俄罗斯总统普京主持联邦安全会议,讨论并正式通过了《国家信息安全学说》②。《国家信息安全学说》的主要任务包括四个方面内容:第一,确保遵守宪法规定的公民在获取信息和利用信息的各项权利和自由,保护俄罗斯的精神更新,维护社会的道德观,弘扬爱国主义和人道主义,加强文化和科学潜力;第二,发展现代信息通信技术和本国的信息产业,包括信息化工具和通信邮电事业,保证本国产品打入国际市场;第三,为信息和电视网络系统提供安全保障;第四,为国家的活动提供信息保障,保护信息资源,防止未经许可的信息扩散。2000 年 6 月 26 日,俄通社-塔斯社发表署名文章,称这是一部"非常及时且重要的纲领性文件"。英国和法国一些媒体也指出,"普京此举明白无误地向世人昭示,俄罗斯将致力于国家信息发展和信息防护工作。"

---

① 资料来源:https://knoema.com/atlas/Russian-Federation/GDP。
② 梦溪:《奠定未来信息大厦基石——俄罗斯首次制定〈国家信息安全学说〉》,《国际展望》2000 年第 18 期。

1995 年，英国国防部主动向俄罗斯伸出援助之手，声称愿意为俄罗斯解决数万名退役军官再就业问题提供资金和培训人员。俄罗斯由于没有军官转业前再培训经验，又缺乏资金保障，所以认为英国人的建议是个良机，被"好友"和"诚心"所打动，俄罗斯同意了英国的建议。于是，由英国人出资、由英国情报人员施训的 7 所退役军官再培训中心很快就在俄罗斯的一些大型重要军事基地和战略火箭军部队驻地附近兴建完毕，而此时的俄罗斯人还蒙在鼓里。然而英国人最感兴趣的不是俄罗斯退役军官的就业需求和技能，而是这些军官曾在哪些部队服役，部队部署在哪里，熟悉哪些装备，其战术性能如何。英国人还十分偏爱曾在操纵宇宙探测卫星的航空航天部队、掌握机密资料的情报总局所属的部队、战略火箭军部队、熟悉最先进武器装备研制情况的大型研究所等单位服过役的俄罗斯军官。直到 1997 年俄罗斯人才如梦方醒，原来俄罗斯情报人员查出一名英方施训人员的身份是英国国防部的情报人员，而此时英国人已为俄罗斯"培训"了 4 000 多名分别退役于飞行部队、导弹部队、核武器部队、潜艇部队的军官，此时的俄罗斯人才知道"免费奶酪"不好吃。

2000 年 5 月，美国在俄罗斯的近邻挪威安置了"严密监视"雷达站。作为美国 NMD①系统的三个主要雷达站之一，该雷达站主要负责收集俄罗斯导弹和太空活动雷达记录资料，包括巡航导弹情况，以弥补美国 NMD系统无法辨别真假导弹的缺陷。据说，俄罗斯导弹发射升空后，这个雷达站可在几分钟之内自动跟踪导弹飞行情况。另外，这个雷达站还能监视俄罗斯整个西部地区的情况。在此严峻形势下，俄罗斯出台《国家信息安全学说》。据报道，俄出台《国家信息安全学说》的另一深层原因是苏联解体以后，一批掌握国家政治、经济、科技机密的人才迫于生活的压力和事业发展的受限，相继移居西方国家；一些曾在重要军事设施和秘密指挥

---

① NMD，国家导弹防御，是一种导弹防御的通用术语，目的是保护整个国家不受入侵导弹的攻击，例如洲际弹道导弹 icbm(intercontinental ballistic missile)或其他弹道导弹。

机关服过役的军官，以及苏联克格勃成员，也陆续到北约阵营谋生，造成大量国家军事、经济机密外泄。不仅如此，西方国家还主动利用俄罗斯的"内乱"，在不断东扩的同时，加紧对俄罗斯的谍报工作。他们有时直接派遣大量特工潜入俄罗斯境内，有时通过收买独联体和东欧国家的情报人员为其服务，以获取俄罗斯的各种机密。到 2000 年，俄罗斯已将几十名所作所为与身份不符的西方驻俄外交官、商人等驱逐出境。至此，俄罗斯将网络空间发展中的安全至于首要位置，其主要原因是来自西方的瓦解工作所导致的。

## 二、进入新世纪俄罗斯社会信息化发展推进方法

由于安全导向，俄罗斯推进社会信息化发展的路径首先是构建信息技术应用的规范原则，用国家标准来引领社会发展。2001 年 7 月，俄罗斯公布了 216 项信息化建设相关标准。随着信息化建设的逐步推进，一些新项目的陆续展开，一些新问题也开始出现。为此，俄罗斯在对原有标准进行修订的基础上，于 2001 年 12 月又出台了《2002—2004 年俄罗斯信息化建设中的标准化建设纲要》，该纲要明确了在未来 3 年中，俄罗斯还需要制定 71 项标准。为确保标准建设的顺利实施，俄罗斯成立了标准化纲要总体组，负责有关标准体系及主体标准，如术语、软件工程、数据库、数据保护的技术和手段，以及计算机局域网等方面的相关标准的制定。

2002 年 1 月，正式出台的《2002—2010 年俄罗斯信息化建设目标纲要》[①]（以下简称《纲要》）。《纲要》作为俄罗斯信息化建设的纲领性文件，为信息化建设在俄罗斯的全面展开提供了政策上的依据。《纲要》明确了俄罗斯信息化建设的三个阶段。第一阶段（2002 年）的主要任务是为《纲要》确立的各项措施的实施创造前提条件；第二阶段（2003—2004 年）是推

---

[①] ФЕДЕРАЛЬНАЯ ЦЕЛЕВАЯ ПРОГРАММА *ЭЛЕКТРОННАЯ РОССИЯ*（2002—2010 *годы*）.

进各项措施的落实,确保纳税、出入境手续、法人的注册及注销、许可证的颁发和营业执照的办理等业务的在线办理;第三阶段(2005—2010 年)要为信息技术在社会生活和经济活动中的广泛应用创造条件。《纲要》确定了 68 个信息化建设项目,并规定通信和信息化部、经济发展和贸易部、工业、科学和技术部、教育部、控制系统局、航空航天局以及直属总统的联邦政府通信和信息总署 7 个部门被指定为《纲要》项目的发包人,由它们负责具体项目的实施,并成立了参与信息通信技术研发及应用计划建设的跨部门委员会和《纲要》管理委员会,共同负责俄罗斯信息化建设的组织领导和协调工作。该委员会的成员有 29 人,两名主席分别由经济发展和贸易部部长与通信和信息化部部长担任,其成员包括税收和收费部、内务部、教育部等相关各部的部长或副部长,又包括中央选举委员会主席、联邦退休金基金管理委员会主席、中央银行第一副行长、控制系统局第一副总经理等组织的成员。

2002 年 3 月 14 日,俄罗斯制定了《纲要框架内俄罗斯通信部信息化项目建设公开招标的参与者细则》[①]。对信息化建设纲要中的项目投标方式予以明确。同时,由俄罗斯通信与信息化部的信息化建设监督司负责项目的监督管理。俄罗斯信息化建设监督司下设 6 个处,分别为电子通信监督处、信息化监督处、广播通信监督处、预算审核处、劳动保护监督处、邮政通信监督处。2002 年,俄罗斯对其 68 个项目的预算资金总额为 7 717.9 亿卢布(2002 年 30 卢布≈1 美元),其中联邦预算为 393.8 亿卢布,分别是科研实验经费 31.9 亿卢布,投资 214.2 亿卢布,其他费用 147.7 亿卢布,俄罗斯联邦主体预算及地方预算 2 261 亿卢布,非预算来源 151.9 亿卢布,其他4 911.2 亿卢布由市场提供。项目的清单见表 2-7。

---

① Инструкция участникам открытого конкурса на выполнение работ по заказу Минсвязи России в рамках федеральной целевой программы *Электронная Россия* (2002—2010 годы).

### 表 2-7　俄罗斯信息化建设纲要 2002—2010——68 个项目清单

| 序号 | 名称内容 | 实施责任人 | 实施期限 | 预期结果 | 预算规模 |
|---|---|---|---|---|---|
| 01 | 在社会经济领域内应用信息通信技术方面进行有效的法律基础鉴定,为发展立法制定方案,协调研究和使用信息通信技术领域内的关系,包括完善刑事犯罪、行政及诉讼程序方面的立法 | 俄罗斯经济发展部(经发部)、法律部、俄罗斯通信部及相关联邦执行权力机关 | 2002—2004 | 针对调整研究和利用信息通信技术领域内的关系及其在社会经济领域内应用的法律方案及构想 | 88① |
| 02 | 优化信息通信技术领域内的国家检测监督系统 | 经发部、通信部及有关的联邦执行权力机关 | 2002—2004 | 在信息通信技术范围内建立有效的国家检测监督系统方面的构想和一系列度量单位,同时必须保障国家信息资源安全 | 20 |
| 03 | 制定和运用在信息通信技术领域内的标准 | 经发部、工科技术部、通信部、标准局及相关组织 | 2002—2003 | 调整信息通信技术领域的国家标准 | 5 |
| 04 | 在电子格式内进行交易方面提出有系统的建议以及制定出运用于电子商务范围内的全套合同文件类型 | 经发部、俄罗斯通信信息部 | 2002—2003 | 一系列有系统的建议及全套文件类型 | 4 |
| 05 | 在保障国家信息资源全民共享并保障其完整性及确实性方面构想并采取实际可行的措施 | 通信信息部、经发部、联邦政府通信和信息总署、俄罗斯法律部 | 2002—2010 | 制定保障国家信息资源全民共享的草案。实施建立在联邦主体统一的规范法律文件基础上的试验方案 | 1 250 |

---

① 资金单位:百万卢布(2002 年的价格,约合 28.6 万人民币元)。

续　表

| 序号 | 名称内容 | 实施责任人 | 实施期限 | 预期结果 | 预算规模 |
|---|---|---|---|---|---|
| 06 | 保障联邦执行权力机关在互联网上的信息介绍 | 通信部、经发部及相关联邦执行权力机关、俄罗斯科学院 | a. 2002—2010 b. 2002—2006 | a) 构想联邦执行权力机关在互联网上的信息介绍,提出形成和使用政府部门信息资源的要求和基本原则。 b) 保障联邦执行权力机关在互联网上的信息介绍 | 30 |
| 07 | 建立、发展和完善互联网上"政府大门"的专业化信息系统 | 经发部、联邦政府专署、联邦政府通信和信息总署及相关联邦执行权力机关 | 2002—2010 | 建立稳定有效的"政府大门"信息系统,利用现代保护手段反对未经批准的获取信息途径。 建立系统中经济部分的试验方案 | 150 |
| 08 | 对由国家权力机关和地方自治机关对公民和经营单位提供的服务方案结果进行分析 | 俄罗斯经济发展部、俄罗斯通信部及相关联邦执行权力机关连同俄罗斯科学院 | a. 2002—2010 b. 2003 | a) 国家权力机关和地方自治机关为公民和经营单位提供服务时使用信息通信技术方面的一整套度量单位。 b) 建立国家权力机关和地方自治机关使用信息通信技术的效率的评价指标和方法系统 | 45 |
| 09 | 实施俄罗斯联邦主体和地方自治机关为公民提供信息服务的试验方案 | 经发部、通信部及相关国家权力机关和地方自治机关 | 2002—2003 | 建立在俄联邦主体国家权力机关和地方自治机关为公民提供信息服务方面有效的系统模式;对分析模式和技术方法的效率进行分析 | 180 |

续 表

| 序号 | 名称内容 | 实施责任人 | 实施期限 | 预期结果 | 预算规模 |
|---|---|---|---|---|---|
| 10 | 实施在保障俄联邦主体国家权力机关和地方自治机关活动的公开性方面的各项措施 | 经发部及相关联邦执行机关 | 2002—2010 | 在保障俄联邦主体国家权力机关和地方自治机关活动的公开性方面的一整套度量单位 | 9 050 |
| 11 | 实施"俄罗斯发展大门"计划 | 经发部、通信部、通信信息总署及相关执行机关 | 2002—2010 | 建立并使信息远程通信体系"俄罗斯发展大门"开始有效工作 | 60 |
| 12 | 发展在俄使用信用卡所必须的基础设施及其在国家权力机关与公民及经营单位相互协作自动化系统中的使用 | 俄罗斯控制系统局、通信部、联邦政府通信和信息总署 | 2002—2003 | 保障信用卡和其他电子支付手段在俄的运作;国家政策方案及扩大信用卡在俄使用范围所采取的措施计划 | 80 |
| 13 | 对俄已有的国家信息系统及信息资源进行盘点和分析 | 经发部、通信部、俄联邦总统行政官署、相关联邦执行机关及俄罗斯科学院 | 2002 | 制定盘点信息系统和信息资源的原则与方法;实施关于完善在俄联邦国家权力机关活动中使用信息通信技术的一些建议 | 30 |
| 14 | 制定实施服务于国家权力机关和地方自治机关,包括预算及非预算的基金会和组织的统一的国家控制和数据传输系统;将联邦执行权力机关及预算机关接入计算机网络 | 经发部、通信部、控制系统局、联邦政府通信和信息总署、俄罗斯总统在滨海边疆区的全权代表机关 | a. 2002—2010 b. 2002—2003 | a. 建立服务于国家权力机关和地方自治机关,包括预算及非意思的基金会和组织的统一的国家控制和数据传输系统;建立接入计算机网络所必须的枢纽。 b. 制定并实施试验方案 | 10 000 |

续　表

| 序号 | 名称内容 | 实施责任人 | 实施期限 | 预期结果 | 预算规模 |
|---|---|---|---|---|---|
| 15 | 保障权力机关间的电子文件传输,包括确定国家权力机关和地方自治机关间的电子文件传输系统信息交换的标准;协调地区和城市利用电子文件传输标准时所出现的问题 | 通信部、俄档案局、联邦政府通信和信息总署、俄联邦总统行政机关、俄罗斯科学院及相关国家机关、俄联邦政府专署 | a. 2002—2003 b. 2002—2010 | 1)电子文件传输系统交换标准的方案和清单及它们的使用说明;建立国家权力机关和地方自治机关电子文件传输数据库并保障信息安全。 2)国家权力机关和地方自治机关间的电子文件传输系统 | 24 |
| 16 | 标准俄联邦政府专署和俄联邦执行权力机关间的电子文件传输 | 通信部、联邦政府专署、经发部、通信和信息总署及相关执行机关 | 2002—2003 | 建立电子文件传输的有效模式;检验技术方法的效率 | 18 |
| 17 | 保障国家权力机关中的电子文件传输 | 通信部、经发部、控制系统局、通信和信息总署、总统行政机关、俄联邦政府专署、科学院 | 2002—2010 | 在国家权力机关中运用电子文件传输及使用电子数据签署并保障信息安全 | 6 000 |
| 18 | 在控制和检测目标纲要的实施及成果的过程中采用信息通信技术 | 俄经济发展部、纲要的国家发包人 | 2002—2010 | 在《纲要》框架内的资金方案的控制标准和原则 | 32 |
| 19 | 制定和采用对预算机构的信息化方案的规范要求以及官方机构、地区及城市信息化方案的金融、社会经济、技术监督 | 俄经济发展部、俄罗斯金融部、俄罗斯通信部及相关联邦执行权力机关 | 2002—2003 | 对预算机构和权力机关信息化方案的规范要求及标准 | 9 |
| 20 | 协调发展信息通信技术时所出现的问题,包括用于发展信息通信技术的预算资金的使用效率和不同的信息化方案的资金问题 | 俄经济发展部、俄通信部、俄国家统计局及相关联邦执行权力机关 | 2002—2010 | 预算资金更有效的分配,避免重复,保障向发展优先方面(包括经济部门)的资金集中 | 22 |

续　表

| 序号 | 名称内容 | 实施责任人 | 实施期限 | 预期结果 | 预算规模 |
|---|---|---|---|---|---|
| 21 | 制定并实施建立对自然资源情况和经济上重要或危险的事件的联邦操作监测系统的试验方案 | 航空航天局、经发部、控制系统局、通信部、工科技术部、通信信息总署、民防、非常局势与救灾事务部、原子能部、交通部 | 2002—2003 | 对自然资源情况和经济上重要或危险的事件的联邦操作监测系统试验方案的实现 | 230 |
| 22 | 制定并实施在俄罗斯联邦主体内建立国家居民登记簿自动化系统的地区子系统 | 通信部、内务部、经发部、控制系统局、通信信息总署、劳动部、工科技术部、总统行政机关、科学院 | 2002—2003 | 建立针对俄罗斯联邦主体居民户口登记工作的自动化系统的地区子系统；检查技术收到的准确性、评价国家居民登记簿系统的效率 | 300 |
| 23 | 制定俄罗斯参加世界组织 WIPONET 非正式网络的方案 | 专利局、工科技术部、法律部、经发部 | 2002—2003 | 加入国际科技合作一体化 | 4 |
| 24 | 制定反对非法途径保护国家系统的方案 | 通信和信息总署、科学院及相关机关 | 2002—2003 | 实现上述方案的构想和建议 | 3 |
| 25 | 实施在信息通信技术基础上联邦执行权力机关与统计、登记、许可证、国家决算领域的管理单位的协作程序 | 经发部、国家海关委员会、财政部、法律部、工业科学和技术部 | 2002—2003 | 在联邦执行权力机关和经营管理主体之间实现电子文件传输与此同时提供关税报告,赋予和取消法人资格,颁发许可证和资格证 | |
| 26 | 建立国家经济领域的企业组织的金融经济活动的监察和分析系统 | 俄经济发展部、俄财政部、俄工业科学和技术部 | a. 2002 b. 2002—2010 | a. 确定建立监察系统的阶段;在个别联邦执行权力机关内应用这一系统(试验方案)。 b. 国家经济领域活动的效率的监察分析系统;把信息通信技术应用于控制国家经济领域 | 155 |

| 序号 | 名称内容 | 实施责任人 | 实施期限 | 预期结果 | 预算规模 |
|---|---|---|---|---|---|
| 27 | 建立一体化的信息统计系统,把国家统计数据统一起来 | 俄国家统计局、俄经济发展部、俄通信部、联邦通信和信息总署、控制系统局、俄联邦总统行政机关 | a. 2002—2003 b. 2002—2005 | a. 在使用信息通信技术基础上发展统计系统;制定普遍适用的要求、方法、标准、指标及分类系统;采用新的发展和普及信息通信技术统计指标,分选出信息通信技术领域内的经济活动、产品、服务的类型。 b. 建立一体化的信息统计系统 | 210 |
| 28 | 在国家经济领域的组织及作为契约当事人的单位中运用信息通信技术 | 工科技术部、经发部、财政部、交通部、通信部及相关联邦执行机关 | 2002—2003 | 实现在信息通信技术的基础上组织内部电子文件传输,国家、主管机关、内部决算预备系统及其运作和发展的效率分析系统 | 13 |
| 29 | 实施在国防工业体系的企业组织一体化的过程中应用统一化企业信息系统的试验方案 | 工科技术部、经发部、航空航天部、控制系统局、财政部、信息通信总署、总统行政机关、科学院 | 2002—2004 | 提高国防工业体系一体化结构的管理效率并制定使之应用于国民生产的方案 | 35 |
| 30 | 把俄罗斯地区现有的和建设中的技术库接入计算机网络 | 工科技术部、教育部、财政部、控制系统局、航空航天部、科学院等 | 2002—2004 | 在俄罗斯地区发展技术库的信息基础设施,支持信息通信技术领域内的中小企业的活动 | 440 |
| 31 | 制定和实施作为联邦数据库组成部分的部门和地区间的科技活动试验方案 | 工科技术部、专利局、经发部、国防部、航空航天部、原子能部、法律部、信息和通信总署、安全局、控制系统局 | 2002—2004 | 盘点非物质资产,保护知识产权 | 200 |

续　表

| 序号 | 名称内容 | 实施责任人 | 实施期限 | 预期结果 | 预算规模 |
|---|---|---|---|---|---|
| 32 | 保障信息通信技术领域内的俄罗斯商品、服务及知识产品在国际市场的推广,监测信息通信技术的市场趋势发展 | 俄经济发展部、俄罗斯科学院及相关联邦执行权力机关 | 2002—2010 | 建立俄罗斯商品和服务在国际市场的支持系统 | 45 |
| 33 | 制定并实施信息通信技术领域内的国际合作和对外经济活动的协作方案,包括在加入世贸组织的过程中 | 俄经济发展部、俄通信部及相关执行权力机关 | 2002—2010 | 预先制定协调多边和双边活动及成果交流的构想;为俄联邦外交和贸易代表处出版定期信息公报 | 246 |
| 34 | 完善和发展在高级职业教育框架内培养管理在企业活动、教育领域、大众传媒、国家管理等方面的信息资源和信息技术的专门人才的纲要 | 俄教育部、俄罗斯科学院及相关联邦执行权力机关 | 2002—2010 | 培养出在企业活动、教育领域、大众传媒、国家管理方面的高水平符合现代要求的信息资源和信息技术管理专门人才 | 6 650 |
| 35 | 完善和发展培养中级职业教育的信息通信技术方面的专门人才计划(主要在高等院校基地) | 俄教育部及相关联邦执行权力机关 | 2002—2010 | 培养出中级职业教育的符合现代要求的信息通信技术专门人才 | 4 203 |
| 36 | 发展培养在初级职业教育框架内的信息通信技术专门人才计划 | 俄教育部及相关联邦执行权力机关 | 2002—2010 | 培养出符合现代要求的信息通信技术专门人才 | 984 |
| 37 | 建立培训教师系统 | 俄罗斯教育部 | 2002—2010 | 为职业教育计划培养出信息通信技术方面的培训老师(被授予证书的) | 425 |

续　表

| 序号 | 名称内容 | 实施责任人 | 实施期限 | 预期结果 | 预算规模 |
|------|----------|-----------|----------|----------|----------|
| 38 | 为国家公务员和预算机构的工作人员使用信息通信技术进行国家管理的形式和方法完善教育培训组织系统 | 俄教育部及相关联邦执行权力机关 | 2002—2010 | 为国家公务员和预算机构的工作人员使用信息通信技术进行国家管理的形式和方法建立教学计划和专业教学中心；从2002年起每年培养出2万国家公务员和预算机构的工作人员 | 663 |
| 39 | 为应用信息通信技术的大众传媒建立紧急短期重新培训系统 | 俄罗斯教育部及相关联邦执行权力机关 | 2002—2010 | 为应用信息通信技术的大众传媒制定紧急短期重新培训计划并成立相关机构 | 131 |
| 40 | 为商业组织和其他公民培养和提高在信息通信技术领域的水平 | 俄罗斯教育部 | 2002—2010 | 为商业组织和其他公民在信息通信技术专业得到第二次高等教育和紧急短期培训出版教学材料和教科书 | 3 620 |
| 41 | 形成开放的科学技术数据库，发展国家科技信息系统 | 俄工业科学和技术部、控制系统局、俄航空航天局 | a. 2003—2004 b. 2005—2010 | a. 实现信息库试验方案。 b. 建立五个科学和科技信息库 | 4 250 |
| 42 | 建立俄罗斯图书馆、俄罗斯国家和城市档案目录汇编，协调保存的文件转入数据库的调度；保障数据库的公民共享；制定和实施把俄罗斯联邦总统档案文件转换成电子数据形式的方案 | 俄经济发展部、俄文化部、俄档案局、俄教育部、俄工业科学和技术部、俄罗斯联邦总统行政机关及相关组织 | a. 2002—2005 b. 2002—2010 | a. 在统一的国家信息系统框架内的俄罗斯图书馆和档案的汇编。 b. 建立文件数据库 | 95 |

续　表

| 序号 | 名称内容 | 实施责任人 | 实施期限 | 预期结果 | 预算规模 |
|---|---|---|---|---|---|
| 43 | 针对遴选组成能够协助实现《纲要》的行业联合会的研究体系 | 经济发展部及相关执行权力机关 | 2002—2003 | 通过在与行业联合会相互协作的基础上采用信息通信技术发展独立的大众传媒机制分析报告 | 3 |
| 44 | 为在竞标的基础上把信息通信技术应用到大众传媒的资金方案创造条件 | 俄罗斯经济发展部及相关联邦执行权力机关 | 2002—2003 | 竞标的方法和程序 | 3 |
| 45 | 促进在大众传媒中应用信息通信技术，为接入计算机网络的枢纽提供设备和程序保障 | 俄罗斯经济发展部及相关联邦执行权力机关 | 2002—2010 | 在大众传媒基地（主要是地区性的）建立5 000个接入计算机网络枢纽 | 600 |
| 46 | 分析远程通信基础设施和监测把国家权力机关和预算机构接入计算机网络过程的机构的状况 | 通信和信息化部、经发部、俄教育部及相关联邦执行权力机关 | 2002—2010 | 建立国家权力机关接入计算机网络过程的监测系统；远程通信基础设施和国家权力机关和预算机构接入计算机网络的发展状况年度分析报告 | 60 |
| 47 | 为发展远程通信基础设施和把国家权力机关及预算机构接入计算机网络的资金措施方案创造条件 | 俄经济发展部、俄通信部、俄金融部 | 2002—2003 | 制定出资金措施方案的原则、条件和机制 | 3 |
| 48 | 为将不同级别的预算机构和教育机构接入计算机网络的枢纽研制出各个类型的配置 | 俄教育部、俄经济发展部、俄通信和信息化部 | 2002—2003 | 实施为保障预算机构（包括教育机构）接入互联网的试验方案 | 170 |

| 序号 | 名称内容 | 实施责任人 | 实施期限 | 预期结果 | 预算规模 |
|---|---|---|---|---|---|
| 49 | 把预算机构接入计算机网络（建立接入枢纽） | 经发部、教育部、通信信息化部及相关联邦机关 | 2002—2006 | 在预算机构内建立接入计算机网络枢纽 | 19 912 |
| 50 | 制定和实施接入公开信息系统的社会接入点建设计划，包括在预算机构及教育机构内 | 经济发展部、俄教育部、俄通信和信息化部及相关联邦权力机关 | a. 2002—2006 b. 2004 | a. 建立接入公开信息系统的社会接入点；制定进一步发展社会接入点的措施体系。b. 社会接入点系统 | 4 370 |
| 51 | 制定实施为满足联邦国家需要的产品采购建立电子商务的第一系统 | 经发部、通信部、工科技术部、通信信息总署、控制系统局 | 2002—2005 | 为满足联邦国家需要的产品采购建立电子商务的第一系统；分析这一系统发展的成果和建议 | 460 |
| 52 | 建立统一的关于商品和服务的数据库 | 工科技术部、通信信息化部、经发部 | 2002—2003 | 统一的关于商品和服务的数据库 | 5 |
| 53 | 建立信息市场中心系统 | 通信信息化部、经发部、控制系统局 | 2002—2006 | 信息市场中心系统 | 275 |
| 54 | 制定和建立一体化电子商务信息基础设施的试验方案 | 通信部、经发部、通信信息总署、控制系统局 | 2002—2004 | 实现一体化电子商务信息基础设施 | 95 |
| 55 | 建立电子商务联邦中心 | 经发部、通信部、通信和信息总署 | 2002—2003 | 全套组织技术文件 | 4 |
| 56 | 研究分析在电子商务机制内以使用邮政通信为目的的邮政通信基础设施 | 俄通信和信息化部 | 2002—2003 | 科技报告，在电子商务机制内使用邮政通信潜力的综合建议 | 1 |
| 57 | 制定建立生活商品的生产、技术及服务信息支持系统 | 工业科学和技术部、通信信息化部 | 2002—2003 | 生活商品生产的信息支持系统 | 38 |
| 58 | 每年进行一次信息通信技术发展及其在俄罗斯经济中的应用问题的科学实践会议 | 经发部、通信和信息化部、科学院及相关执行机关 | 2002—2010 | 确定信息通信技术的关键问题及其前景 | 175 |

续 表

| 序号 | 名称内容 | 实施责任人 | 实施期限 | 预期结果 | 预算规模 |
|---|---|---|---|---|---|
| 59 | 分析信息通信技术的发展趋势及其在社会经济领域的应用 | 经济发展部、俄通信和信息化部 | 2002—2010 | 推荐国际社会在信息通信技术的发展及其在社会经济领域的应用方面所采用的方法和程序 | 43 |
| 60 | 分析在国家权力机关和国家经济领域使用信息通信技术、信息资源的效率以及国家权力机关技术保障水平 | 通信和信息化部、经发部、联邦通信和信息总署及相关执行权力机关 | 2002—2010 | 在使用信息通信技术和信息资源领域包括在联邦国家权力机关内的事务状况每年一度的分析报告 | 24 |
| 61 | 研究在使用信息通信技术时公民及管理单位可能遇到的障碍和威胁；在社会经济领域内使用信息通信技术时采用由规范的法律系统监控的跟踪服务系统 | 俄经济发展部、俄通信和信息化部及相关联邦执行权力机关 | 2002—2010 | 暴露在信息通信技术范围内的违反法律情况；减少在信息通信技术领域的行政障碍并反对行政垄断 | 36 |
| 62 | 《纲要》的科技分析 | 经发部、通信部 | 2002—2010 | 定期的信息分析材料汇编 | 92 |
| 63 | 通过互联网组织对普及信息通信技术必要的标准问题的讨论；分析、普及应用在独立的组织活动信息通信技术的不同标准 | 俄经济发展部、俄通信和信息化部 | 2002—2003 | 在遴选信息通信技术标准时在保障国家、公民和管理单位利益的前提下结合国际技术手段制定出优化方法 | 8 |
| 64 | 组织在社会经济领域内发展应用信息通信技术方面俄罗斯与国际组织的合作，包括联合国工作组、八国集团、欧盟、世贸组织、国际复兴开发银行、亚太经合组织、联合国贸易和发展会议 | 俄经济发展部、俄通信和信息化部及相关联邦执行权力机关 | 2002—2010 | 总结在信息通信技术领域俄罗斯的和国际的经验；保障在国际合作框架内方法的一致和活动的协调；为与经济先进国家交换应用信息通信技术的信息建立全球环境 | 6 |

续　表

| 序号 | 名称内容 | 实施责任人 | 实施期限 | 预期结果 | 预算规模 |
|---|---|---|---|---|---|
| 65 | 《纲要》的同步信息 | 俄通信和信息化部、俄经济发展部 | 2002—2010 | 吸引社会对《纲要》的关注，保障地区和地方权力机关、企业界、科学文化和教育界对纲要的支持 | 193 |
| 66 | 为公开《纲要》的实施过程在互联网上建立电子页面 | 俄经济发展部、俄通信和信息化部 | 2002—2010 | 《纲要》在互联网上俄文和英文的有效的电子页面，页面包括《纲要》实施成果并保障《纲要》国家发包人与公民的互动 | 10 |
| 67 | 分析《纲要》措施在大众传媒上公开的信息 | 俄经济发展部 | 2002—2010 | 关于纲要实施进程的定期分析报告，并分析大众传媒对《纲要》的总体反应 | 7 |
| 68 | 每年组织竞赛活动，包括"信息通信技术领域最佳高等院校""信息通信技术领域最佳地区""信息通信技术领域最佳国家机关" | 经发部、通信和信息化部、《纲要》专家委员会、俄罗斯科学院及相关联邦执行权力机关 | 2002—2010 | 促进信息通信技术的应用和发展 | 87 |

这 68 个专项计划中，涉及电子政务的项目有 24 项。这些项目主要集中在完善信息化法律法规体系，建立、健全信息化管理和协调机构，利用信息通信技术保障公共管理部门活动的公开性，以及利用信息通信技术改变公共管理部门的业务流程等方面。俄罗斯联邦政府希望通过这些项目的建设，扩大公共管理部门向公民提供的信息数量和信息服务种类，建立公众对这些活动进行监督的机制，并通过政府机构上网、制定统一的信息存储和公文流转的标准、实施各部门的信息化建设计划，以及建立跨部门和地方性的信息系统和数据库，来提高这些机构的工作效率，保障公众能够切实拥有获取信息并享受政府提供的其他信息服务的权利。

### 三、俄罗斯网络空间安全战略构想

根据 2012 年世界经济论坛发布的《全球信息技术发展报告》的评估，俄罗斯信息技术发展在 142 个经济体中排名 56（中国排名 51）[1]；而根据世界电信联盟（ITU）在 2013 年发布的《信息社会测度》报告，2012 年俄罗斯在 157 个经济体中排名 40（中国排名 78）[2]。从两个报告的评估结果分析，俄罗斯社会信息化基础已迈入信息社会发展水平。社会信息化应用基本普及，互联网渗透到社会各个领域，由此也引发了网络空间安全性问题。2012 年 12 月底，卡巴斯基实验室发布的年度电子信息安全公告称：俄计算机用户面临来自互联网的风险水平 2011 年为 55.9％，2012 年为 58.6％，连续两年高居全球首位[3]。2013 年 1 月，普京签署总统令，责令俄联邦安全局建立国家计算机信息安全机制用来监测、防范和消除计算机信息隐患，具体内容包括评估国家信息安全形势、保障重要信息基础设施的安全、对计算机安全事故进行鉴定、建立电脑攻击资料库等。俄罗斯副总理罗戈津宣布，俄国防部已于 2013 年 3 月前完成组建网络司令部的研究，并将于 2013 年底正式组建，同时将建立专门应对网络战争的兵种，不断吸纳优秀的地方编程人员。同年 8 月，俄联邦安全局在网上公布了《俄联邦关键网络基础设施安全》草案及相关修正案，拟于 2015 年 1 月 1 日由俄联邦总统签署后实施。

2013 年 6 月中旬（《华盛顿邮报》已报道了"棱镜"相关新闻），美国总统奥巴马与普京在八国集团峰会上会晤时，商定使用军事热线来分享网络安全信息，并建立关于应对网络信息技术威胁的工作组，定期举行会晤，评

---

[1]　资料来源：https：//www.weforum.org/reports/global-information-technology-report-2012。

[2]　资料来源：https：//www.itu.int/en/ITU-D/Statistics/Documents/publications/mis2013/MIS2013_without_Annex_4.pdf。

[3]　资料来源：https：//world.chinadaily.com.cn/2013-08/21/content_16909988.htm。

估、研究及解决遇到问题的风险,增强双边互信。俄罗斯媒体认为,两国达成的协议对共同防范网络攻击威胁意义重大①。

据《人民日报》报道,俄罗斯政治研究中心专家奥列格·杰米多夫在接受《人民日报》记者采访时表示,近年来发生在世界各国的网络入侵及"棱镜门"事件,让俄政府认识到网络安全的重要性以及本国在保护网络数据中存在的隐患,因此俄罗斯加快了完善网络安全所需的立法及行政程序②。同时,俄罗斯也注重联合发展中国家和发达国家加强网络安全合作并提出国际准则,虽然各方之间存在利益冲突,但也取得了一些进展。这说明各国对网络安全合作存在一定共识。杰米多夫认为,如果能将合作机制从双边扩展至多边,这将对俄罗斯及世界各国的网络安全环境产生极大的促进作用。

显然,随着互联网应用向社会各个领域渗透,网络空间的安全已上升到国家安全战略最重要的层次,俄罗斯也意识到国家安全战略必须要纳入网络空间这一领域。原计划于 2015 年 1 月 1 日由俄联邦总统签署后开始实施《俄联邦关键网络基础设施安全》草案及相关修正案,直到 2017 年 7 月,经过俄罗斯国家杜马第三次审议,最终通过了《俄罗斯联邦关键信息基础设施安全法》,于 2018 年 1 月 1 日生效③。

然而,据"E 安全"2018 年 2 月 4 日讯,俄罗斯 2018 年 1 月 1 日生效的《关键信息基础设施安全法》由于没有附则,尚未充分发挥作用。尤其是就解决网络攻击保护工作准备的期限问题,俄罗斯联邦技术和出口管制局(FSTEC)暂未与市场参与方达成一致意见。俄罗斯联邦工商局警告称,频繁的"基础设施安全检查"会干扰企业的活动④。

目前,《俄罗斯联邦关键信息基础设施安全法》主要确立了关键信息基

---

① 资料来源:http://world.people.com.cn/n/2013/0821/c1002-22636064.html。
② 《人民日报》,2013 年 8 月 21 日。
③ 资料来源:http://www.infseclaw.net/news/html/1294.html。
④ 资料来源:https://www.easyaq.com/news/1304859060.shtml。

础设施安全保障的基本原则,当信息和电信网络、运输管理自动化系统、通信、能源、银行、燃料和能源综合体、核电、国防、火箭与太空、冶金等领域计算机遭遇网络攻击时,能更好起到法律保护作用。但俄罗斯的网络安全专家也指出,该法案的执行要求修改现行法规、编制近 20 份新标准文件。有些项目仍处于准备阶段,其中包括一些分类、保护和控制关键信息基础设施对象安全要求的文件有待完善。

面对网络空间发展新形势,俄罗斯积极调整发展战略,在安全治理和推进网络空间国际秩序构建方面主要有以下几个特点:(1)政府积极介入互联网治理,主张"网络主权"以应对西方提出的"互联网自由",从国家战略高度设计、规划,推进法律制度建设。(2)政府通过多手段、多渠道,构建具体、严密的互联网治理体系。强化"自主可控"意识,通过立法,确保互联网治理的合法性和强制性,设立监管机构、技术平台,扶植本土互联网及通信产业发展,掌控关键网络资源和技术。(3)加强对外国互联网公司的管理,在利用国外先进经验及技术手段的同时促进本土互联网产业发展。用法律手段、市场监管对在俄罗斯境内运营的外国互联网企业进行严格监管,尤其是在数据存储、信息传输、运营服务等方面进行干预。(4)俄罗斯政府在全球互联网治理舞台上主动发声,设置议题,积极争取、营造有利于自身发展的国际政治舆论环境。一方面积极加强自己的网络信息安全队伍建设,另一方面主动出击,寻求与美国在网络战等方面达成合作①。

## 第五节 中国网络空间发展战略

20 世纪 70 年代末,中国社会经历了一场巨大的变革,经济建设成为社会发展的核心任务。在那个百废待兴的年代,学习国外先进的发展经验成

---

① 赫晓伟、陈侠、杨彦超:《俄罗斯互联网治理工作评析》,《当代世界》2014 年第 6 期。

为社会热点。那时,网络空间还是一种科幻场景,信息技术对于中国而言就是"高科技"。尽管在学术领域,我们也有电子、半导体等技术研究,甚至中国科学院也在研究电子计算机和芯片技术。但在社会应用领域,就是传统的电信业务发展还是相当落后。以电话社会普及率为例,到 20 世纪 80 年代,发达国家已基本普及应用,但中国大陆社会普及率非常低。据《中国统计年鉴》数据,1980 年电话总的用户数仅 214 万户,其中家庭电话用户没有统计;1985 年,总用户数为 312 万户,其中家庭用户仅 20 461 户;1990 年,总用户数为 685 万户,其中家庭用户仅 30.7 万户;1995 年,总用户数为 4 070 万户,其中家庭用户仅 551.4 万户①。而那时中国大陆有 3 亿多家庭,可见电话在那个时期,在家庭中还是很罕见的。直到互联网诞生了,中国大陆的电话也没有普及。因此,我们的网络空间发展还包含有基础性的电信通信发展。从这个意义分析,中国网络空间发展大致可分三个阶段:第一阶段,以学习、引进先进技术为主的社会信息化基础建设与发展,这是中国网络空间发展的初期,时间约为 20 世纪 70 年代末至 21 世纪初。第二阶段,以信息产业重建、孵化、推进互联网产业为重点的技术消化与产业创新发展,这一阶段因我国各地区的发展不平衡与第一阶段有些重叠。从我国信息化发展先进地区(如北、上、广、深等城市)分析,时间大致为 20 世纪 90 年代末至 2014 年左右。第三阶段,以提升信息安全,构建网络空间新秩序为目标的全面发展阶段。2014 年我国成立"中央网络安全和信息化领导小组"后,明确提出要将我国建设成为网络强国的战略目标,这标志中国网络空间发展进入一个新时代。

## 一、中国网络空间发展初期

1980 年 10 月,中国科学院研究员陈春先到美国考察波士顿"128 号公路"及加利福尼亚的"硅谷"时,重点了解了"技术扩散区"和产、学、研密切

---

① 《1999 年中国统计年鉴》,http://www.stats.gov.cn/yearbook/indexC.htm。

联系的市场体制,回国后建议建设中国的"硅谷"。他给北京市科协的一份报告中,提出在北京城北的一个小村庄"中关村"建立"技术扩散区",因为中关村及周边有中国科学院、北京大学、清华大学等国内顶级高校和科研单位,与美国加州斯坦福之硅谷有相似之处。这一建议得到了北京市科协的支持,"电子一条街"中关村很快成为中国学习国外先进技术、理念,积极推进改革创新发展的典型案例,引起社会广泛关注(包括争议)。1983 年 1 月,这一现象还引发了中央领导的关注,在胡耀邦等领导的支持下,中关村科技园区这一改革创新事物诞生了①。

20 世纪 80 年代初到 20 世纪末,中国的改革开放都是以这样一种形式诞生和推进的。尤其是在社会信息化发展过程中,不仅是科学技术需要大量"补习"基础性的学习,同时学术前沿也介绍国外涉及信息化的先进发展理念,从而使我国网络空间建设的初期是以推进社会信息化建设为主线,学习、引进国际先进技术,积极在沿海发达地区,加快社会信息化基础建设与发展。尽管我国在总体发展水平上与发达国家和地区的差距巨大,但我国推进的策略并非是整体同步发展,而是先在北京、上海、广州和深圳等社会发展条件相对较好的地区率先建设,跟紧世界的发展潮流。

在社会意识层面,推进社会信息化成为全社会关注的焦点,社会学界对日本人讨论的"社会信息化"以及美国人提出的知识经济都非常关注,这些学术领域的前沿研究与我国当时推进的改革开放政策有机结合,使我国的发展包含了多层次的内容。一方面要补上因历史的原因造成的科学技术落后局面;另一方面,还要跟紧国际发展潮流和前沿技术,尤其是信息技术及社会信息化发展领域,抓住发展机遇是当时的主要目标,实现的路径是改革开放,引进世界先进技术。

1982 年 5 月 4 日,第五届全国人民代表大会常务委员会第二十三次会

---

① 李岚清:《突围——国门初开的岁月》,中央文献出版社 2008 年版,第 376—379 页。

议通过《国务院机构改革方案》,决定将第四机械工业部、国家广播电视工业总局、国家电子计算机工业总局合并,组建"电子工业部"。这成为中国信息化建设第一个机制性改革。1986年12月,"首届中国信息化问题学术讨论会"在北京召开。会后出版了论文集,书中收录了许多国内信息化评估的研究报告。如邹家潭、刘红和郭沪玲等人的论文[①],主要以日本的RITE为基模,根据国内指标数据的可采集性为依据,建立综合指数的指标体系,在不同时段,对国家、地区和城市等开展信息化评估研究,推动了高校、研究智库、国家统计局、国家信息中心等机构都关注社会信息化发展水平。这是社会学界跟紧世界发展潮流,推动社会信息化发展,为社会发展理念升级,促进信息技术应用的积极响应。

当国门打开,令人感觉差距最大的"快与慢"就是信息的转递。当国人走出国门,时刻都能感受到信息流的冲击。社会信息化建设成为我们"四个现代"建设的一条重要发展路径。由于我国在电信事业的发展欠账太多,与当时世界发达地区的差距巨大。当时,发达国家的固定电话基本普及到家庭,而我国即便是像上海这样的大城市,家庭安装固定电话不仅需要一笔较大的初装费用,还需要排队等候。比较美国,1981年IBM就开始生产供家庭使用的个人电脑(PC),到20世纪90年代,PC也基本普及,而我们的高校,也只有一些重点和规模较大的地方院校才有计算机房。这些机器基本是从美国进口的,价格昂贵,不仅有专用的房子,还配有空调。尽管在80年代初,各高校数学系已开设了计算机编程语言课程,但学生们很少接触到计算机。

改革开放经过百废待兴10多年的恢复期后,从1990年至2002年我国邮政电信业务得到高速发展,这一阶段(表2-8)主要是技术与服务内容的发展。1990年全国有53 629所邮政服务网点,平均每所邮政所服务的

---

① 中国科技促进发展中心编:《信息化——历史的使命》,电子工业出版社1987年版,第176—180页。

人数为 2.13 万,到 2002 年网点增加到 76 358 个,而平均服务的人数下降
到 1.7 万。12 年来邮政业务总量增加了近 10 倍,年均增长率达 21%,而
电信业务总量增加了近 50 倍,年均增长率高达 37%。2002 年中国电信业
务总量已占 GDP 总量的 5.02%,与 1990 年相比这一比例已增长了 7.5
倍,而这 12 年中国 GDP 也在高速增长着。

表 2-8　1990—2002 年中国邮政、电信业务发展与 GDP 比较

| 单位<br><br>年份 | 邮政所<br><br>(处) | 服务人数<br><br>(万) | 邮政业务<br>总量<br>(亿元) | 邮政占 GDP<br>的比例<br>(%) | 电信业务<br>总量<br>(亿元) | 电信占 GDP<br>的比例<br>(%) | 移动电话<br>普及率<br>(%) |
|---|---|---|---|---|---|---|---|
| 1990 | 53 629 | 2.13 | 45.95 | 0.25 | 109.59 | 0.59 | |
| 1991 | 54 006 | 2.14 | 52.75 | 0.24 | 151.63 | 0.70 | |
| 1992 | 54 891 | 2.13 | 64.36 | 0.24 | 226.57 | 0.85 | |
| 1993 | 57 005 | 2.08 | 80.26 | 0.23 | 382.45 | 1.11 | |
| 1994 | 60 447 | 1.98 | 95.89 | 0.21 | 592.30 | 1.27 | |
| 1995 | 61 898 | 1.96 | 113.34 | 0.20 | 875.51 | 1.52 | |
| 1996 | 72 496 | 1.69 | 133.29 | 0.20 | 1 208.75 | 1.81 | |
| 1997 | 79 273 | 1.56 | 144.34 | 0.20 | 1 628.95 | 2.23 | |
| 1998 | 102 225 | 1.22 | 166.28 | 0.22 | 2 264.94 | 2.94 | 1.89 |
| 1999 | 66 649 | 1.87 | 198.44 | 0.25 | 3 132.38 | 3.89 | 3.50 |
| 2000 | 58 437 | 2.17 | 232.80 | 0.26 | 4 559.90 | 5.17 | 6.77 |
| 2001 | 57 136 | 2.20 | 457.42 | 0.48 | 4 098.84 | 4.28 | 11.20 |
| 2002 | 76 358 | 1.70 | 494.69 | 0.48 | 5 201.12 | 5.02 | 16.10 |

从统计数据看,20 世纪 80 年代到 20 世纪末,尽管中国电信事业有了
巨大的发展,但社会信息化发展水平不高,在信息通信领域,从产业到应用
与发达国家和地区差距较大,许多基础设施设备需要从国外进口,社会应
用还处在相当低的发展水平,基本以学习国外先进技术为主,基础教育的
知识更新也面临较大的挑战,社会上下都在补习基础性电子计算机知识和
技能(有一个全民学习计算机应用的高潮)。

从社会管理看,就 IT 产业而言,几乎没有我国自己的技术创新机会。但学术前沿研究已预期到信息技术必将成为 21 世纪强大的发展动力,世界都在兴起加快信息基础设施的建设,政府也意识到即将来临的 21 世纪一定是信息社会。1997 年党的"十五大"提出了"大力推进国民经济和社会信息化"。1998 年,在九届全国人大一次会议上,通过了国务院机构改革方案,成立了全新的管理部门——信息产业部。至此,可以说社会信息化建设的第一波高潮在全国推开。例如,上海率先成立了"信息港"办公室,开启了城市信息化建设的高潮。这一波推动,使得北、上、广、深等城市的社会信息化有飞速发展,初步形成京津、长三角和珠江三角洲地区以城市为单元构建的我国三大信息产业集聚高地,通过引进国际先进技术和企业,用开放的市场引领 ICT 产业的高速发展。

从核心技术看,经过 20 多年(1978—2000 年)的发展追赶,在信息技术领域我国已基本了解世界先进水平的发展状况。在国家战略发展层面,一些具有远见的科技领军人物(如倪光南院士),早在 2000 年就提出要研发具有自主知识产权的核心技术。其中对网络空间而言,最重要的基础性技术有计算机操作系统、计算机的 CPU 以及芯片等。今天,这些技术成为我国产业发展的"卡脖子"瓶颈,成为美国打压"华为""中兴"的工具。但在 2001 年,我们已研发出"方舟 1 号"等具有自主知识产权的技术。当时已有用方舟 CPU + Linux 操作系统,做成瘦客户机 NC①,从理论上演绎,这是创新自成一派的理想路径。随后几年,方舟 CPU、永中 Office 等一系列系统应用也相继开发出来。似乎可以说,早在 10 多年前我国就有能力造出计算机的芯片和一些软件应用系统,但实际应用不尽如人意。因为市场淘汰了这一理想做法。2004 年,我国信息产业主管部门提出了建设"信息强

---

① Thin client computing,瘦客户机产品是指不包括硬驱和 PC 其他部件的设备。全部应用或"胖"应用保留在企业的服务器中,只有少量的"瘦"代码运行在用户的桌面系统上,并对服务器进行存取。

国"的发展目标,意图就是要在核心技术领域有所突破,成为世界的强国。可现实发展证明这一道路非常艰难,其主要原因是社会经济发展的要素否决了这一自主技术发展的理想道路。

## 二、中国网络空间成长期的发展

我国在积极推进社会信息化建设 20 多年后,信息技术所涉及的相关产业,从产出数量和用户规模等指标已发展成为世界大国。我国发展的方式是跟随世界先进技术,用开放市场引进先进的生产技术,但我们自己对产业的核心技术并不完全掌控。2004 年,信息产业部提出,要将我国从信息大国建设成为信息强国的战略目标。

表 2-9 1990—2005 年中国电信业务主要指标

| 指标<br>年份 单位 | 固定电话<br>万户 | 主线普及率<br>% | 移动电话<br>万户 | 移动渗透率<br>% |
|---|---|---|---|---|
| 1990 | 685.03 | 0.60 | 1.83 | 0.002 |
| 1995 | 4 070.6 | 3.36 | 362.94 | 0.30 |
| 1998 | 8 742.1 | 7.0 | 2 386.29 | 1.91 |
| 2000 | 14 482.9 | 11.4 | 8 453.3 | 6.67 |
| 2005 | 35 044.5 | 26.8 | 39 340.6 | 30.1 |

表 2-9 反映了我国电信业务发展情况。2006 年,国内固定电话主线用户达到 36 778.6 万户,主线普及率 27.97%[①]。自此以后,由于手机日益普及,导致固定电话主线用户数量下降,反映我国固定电话发展(社会普及率)到达最高峰值的是 2005 年。从发展落后到社会普及,我们的发展用了仅仅十来年。也就是说,在经济全球化的推动下,我国社会信息化建设也从洼地开始起步,差不多用 10 年的时间,赶上了美国电信业近百年的发展。

---

① 2006 年末全国总人口为 13.14 亿。数据来源:《2006 年国民经济和社会发展统计公报》,http://www.stats.gov.cn/tjsj/tjgb/ndtjgb/qgndtjgb/200702/t20070228_30021.html。

从产业层面分析,表 2-10 和表 2-11 是从国民经济统计的视角来反映这一变化。在 2003 年以前,我国社会经济统计将邮电通信业作为一个行业领域,随着信息产业的发展和管理部门的重组,这一传统的统计归类方法被拆分成新的指标,形成一个以信息传输、计算机服务和软件业为组合的国民经济新分类,它与所谓的信息产业还有所不同。但核心是将原有的通信业这一栏目扩展,成为技术创新引发出的新产业——信息服务业。

表 2-10　1991—2003 年国内邮电通信业增加值　　单位:亿元,%

| 年　份 | 1991 | 1992 | 1993 | 1994 | 1995 | 1996 | 1997 |
|---|---|---|---|---|---|---|---|
| 邮电通信业 | 148.0 | 193.8 | 299.7 | 481.6 | 676.7 | 867.4 | 1 107.6 |
| GDP | 21 826.2 | 26 937.3 | 35 260.0 | 48 108.5 | 59 810.5 | 70 142.5 | 78 060.8 |
| 产业比重 | 0.68 | 0.72 | 0.85 | 1.00 | 1.13 | 1.24 | 1.42 |
| 年　份 | 1998 | 1999 | 2000 | 2001 | 2002 | 2003 | |
| 邮电通信业 | 1 235.1 | 1 402.2 | 1 995.3 | 2 370.4 | 2 714.8 | 3 212.8 | |
| GDP | 83 024.8 | 88 479.2 | 98 000.5 | 108 068.2 | 119 095.7 | 135 174.0 | |
| 产业比重 | 1.49 | 1.58 | 2.04 | 2.19 | 2.28 | 2.38 | |

表 2-11　2004—2013 年国内信息传输、计算机服务和软件业增加值

单位:亿元

| 年　份 | 2004 | 2005 | 2006 | 2007 | 2008 |
|---|---|---|---|---|---|
| 增加值 | 4 236.3 | 4 768.0 | 5 683.5 | 6 705.6 | 7 859.7 |
| GDP | 159 586.7 | 185 808.6 | 217 522.7 | 267 763.7 | 316 228.8 |
| % | 2.65 | 2.57 | 2.61 | 2.50 | 2.49 |
| 年　份 | 2009 | 2010 | 2011 | 2012 | 2013 |
| 增加值 | 8 163.8 | 8 950.8 | 10 181.5 | 11 799.5 | 13 549.4 |
| GDP | 343 464.7 | 408 903.0 | 484 123.5 | 534 123.0 | 588 018.8 |
| % | 2.38 | 2.19 | 2.10 | 2.21 | 2.30 |

从统计数量分析,可以明显看到我国信息技术领域的产业发展,不仅产业增加值在国民经济中的比重增加,更重要的是从 1991 年到 2013 年,是我国改革开放 30 多年经济高速发展的黄金时期,国民经济总量快速增长,而从表 2-10 可以看到邮电通信业的发展占总体经济的比重不断增加,透射出社会发展实际的加速增长,即表明我国对应的产业发展速度远远高出总体经济的平均增长速度。事实上,到 2004 年我国已是信息产业领域的生产大国。除了我国自身的市场规模,如电信终端用户(固定电话和手机)、互联网宽带用户等规模在世界上数一数二。到 2003 年底,我国的电子信息产品出口额为 1 410 亿美元,接近我国当年外贸出口的 1/3。2014 年我国的电子信息产品出口额为 7 897 亿美元[①],占外贸出口总额的 33.7%(2014 年我国出口总额为 23 423 亿美元[②]),总体上也就是 1/3 的水平。

产业规模虽然得到快速的发展,但这种发展的基础是建立在初级的劳动力加工制造层面。2004 年,信息产业部的朱师君作为当时"信息强国课题组"成员在接受媒体采访时认为,我国从信息大国到信息强国存在五个方面的差距:"一是核心技术和产品不足,在集成电路、计算机、微电子、通信设备等领域,我们还不能掌握关键的核心技术;二是电子信息企业综合实力不强,在某些领域还有与国外拉大差距的势头;三是行业比例失调,信息总量少,分配不合理,利用效率低;四是电子商务发展滞后;五是信息技术应用有待提高,信息应用的诸多方面存在着管理缺位等现象。"[③]

但产业的发展拉动了我国网络空间的应用发展,除了在电子信息产品的生产和加工成为世界的大国,我国在互联网领域的应用和发展也成为世界大国。截至 2015 年 12 月,中国网民规模达 6.88 亿,全年共计新增网民 3 951 万人。互联网普及率为 50.3%,较 2014 年底提升了 2.4 个百分点。

---

① 资料来源:http://www.miit.gov.cn/n1146312/n1146904/n1648373/c3337253/content.html。
② 资料来源:http://data.stats.gov.cn/easyquery.htm? cn＝C01。
③ 《从信息大国到信息强国》,《人民政协报》2004 年 8 月 31 日。

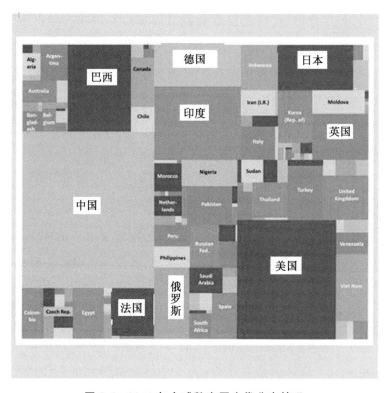

**图 2-6　2012 年全球数字原生代分布情况**

截至 2015 年 12 月，中国手机网民规模达 6.20 亿，较 2014 年底增加 6 303
万人。网民中使用手机上网的人群占比由 2014 年的 85.8％提升至 90.1％①。
2013 年，世界电信联盟在其年度发展报告中提出了一个新概念"数字原生
代"②（图 2-6），并对 2012 年全球的分布状况作了一个测算，世界各地的数
字原生代数量用正方形内区域的面积表示，可以看到中国是面积最大的地
区，其次为美国。如果考虑到增长的趋势，从 2013 年到 2015 年，这 3 年
我们的净增量有 5 000 万，如果预计未来"十三五"发展期，净增量还可增

_____

① 资料来源：http://www.cnnic.cn/hlwfzyj/hlwxzbg/201601/P020160122469130059846.pdf。
② 数字原生代人群定义为年龄在 15—24 岁之间、具有五年或更多上网经验的网络化青年，
*Measuring the Information Society* 2013，http：//www.itu.int/pub/D-IND-ICTOI-2013。

加 7 000 万①。从发展看,我国在网络空间中数字原生代的数量将超过欧美的总和,不仅是从现有的网民规模成为全球之最,而且从发展的新生力量分析,我国也远高于欧美发达地区。

因此,中国网络空间的发展是由产业拉动社会应用,我国的着力点是通过产业带动社会经济,再通过社会经济来影响社会应用。但存在的问题如付玉辉在 2012 年所说的,依据我国社会发展现实,即无论是从产业产品(电子设备制造业)还是网络用户终端(如移动用户、网民规模)都已是世界大国,但支撑信息强国的核心要素是专业技术和专业人才②。中国需要从社会信息化发展的成果中提升发展品质,要将产业的规模优势提升或扩展到社会科技创新、品牌创优的产业竞争力优势上。

## 三、中国网络空间信息安全战略的变化

从我国社会信息化的发展过程看,信息强国的目标是依据我国发展过程中存在的短板而提出来的,主要是为了解决产业发展中的核心技术、专业人才队伍等问题,为尽快赶上世界发达国家,形成自己的产业优势而制定战略目标。但这一目标仅仅是相对产业而言,与网络空间的关系也仅仅是技术性关联。事实上,在 2004 年,信息安全与这一目标还没有直接关系,当时的信息安全更多的是从社会应用的视角来考虑的。产业方面,更多的是从市场竞争力和社会生产的附加值来考虑产业核心竞争能力的强弱。从发展的结果分析,2018 年 1 月,中国互联网络信息中心在京发布第 41 次《中国互联网络发展状况统计报告》③。截至 2017 年 12 月 31 日,我国网民规模达 7.72 亿,普及率达到 55.8%,超过全球平均水平(51.7%)4.1 个

---

① 数据是根据 2010 年人口普查统计结果估算,http://www.stats.gov.cn/tjsj/pcsj/rkpc/6rp/indexch.htm。

② 付玉辉:《1990—2050:中国信息强国之路的关键段落》,《中国传媒科技》2012 年第 12 期。

③ 资料来源:http://cnnic.cn/gywm/xwzx/rdxw/201801/t20180131_70188.htm。

百分点,超过亚洲平均水平(46.7%)9.1个百分点。网络空间基础资源保有量稳步增长,资源应用水平显著提升。我国手机网民占比达97.5%,移动网络促进万物互联。移动支付使用不断深入,互联网理财用户规模增长明显。网络娱乐用户规模持续高速增长,文化娱乐产业进入全面繁荣期。六成网民使用线上政务服务,政务新媒体助力政务服务智能化。数字经济繁荣发展,电子商务持续快速增长。腾讯、阿里巴巴等互联网企业已跻身于世界前十强互联网企业,形成了互联网模式不断创新、线上线下服务融合加速以及公共服务线上化步伐加快,成为我国网络空间秩序发展的推动力。

然而,斯诺登事件揭开了深一层面的安全战略问题。国家安全有新的战略布局,产业和社会经济的发展也随之有所调整(如组织机构变化)。随着互联网向社会各个层面的深入渗透,对于没有掌控核心技术的人来讲,这个世界是一个陌生的世界。因为工业化发展体系,将工业技术与市场利益用一套系统标准来绑定,网络空间的形成可以认为是这一游戏规则的最高境界。丹尼尔·贝尔提出的"后工业社会"也揭示了网络空间发展生存的基本模式,即知识→技术→标准→专利→经济效益等所形成的市场价值链,这是现代产业发展的本质属性,即掌控技术,必然也会在市场中掌控利益。然而,美国利用了其先发技术优势,还获取了更多的政治优势。

事实上,我国对自己的发展有清醒的认识,尽管我国的信息技术在自主掌控上并不强,但我国在推进社会信息化的过程中,一直非常重视信息安全问题。从社会的立法层面分析,当计算机系统刚刚进入社会各领域的应用时,我国已从技术层面的安全,开展立法保护工作。1994年2月,我国出台了《计算机信息系统安全保护条例》①,这是由国务院发布的保护条例。两年后,当互联网在我国发展的初期阶段,国务院又发布了《计算机信

---

① 资料来源:http://www.gov.cn/flfg/2005-08/06/content_20928.htm。

息网络国际联网管理暂行规定》。1997 年,国务院对规定进一步修正,并在这一年年底批准了由公安部发布的《计算机信息网络国际联网安全保护管理办法》。互联网的快速发展,不仅推动了社会信息化的全面发展,各领域的社会化应用也层出不穷。到 2000 年 12 月,全国人大常委会关注社会信息化发展,在第九届全国人民代表大会常务委员会第十九次会议上通过了《关于维护互联网安全的决定》①。在国家大力倡导和积极推动下,我国经济建设和各项事业中积极利用互联网应用发展,使人们的生产、工作、学习和生活方式都发生深刻的变化。为加快我国国民经济、科学技术的发展和社会服务信息化进程,2005 年,国务院新闻办公室和信息产业部联合颁布了《互联网新闻信息服务管理规定》②。2006 年 5 月,国务院针对信息网络传播的内容发布了《信息网络传播权保护条例》③。2010 年 4 月,第十一届全国人大常务委员会第十三次会议对 1988 年 9 月颁布的《中华人民共和国保守国家秘密法》进行了修订,由时任国家主席胡锦涛签发修订的《保守国家秘密法》。2011 年,中国、俄罗斯、塔吉克斯坦和乌兹别克斯坦向联合国大会(第六十六届会议)联合提交了《信息安全国际行为准则》(2015 年 1 月,又提交了更新版)④。2012 年 12 月,在第十一届全国人民代表大会常务委员会第三十次会议上通过了《全国人大常委会关于加强网络信息保护的决定》⑤。2013 年 6 月,我国工业和信息化部第二次部务会议审议通过了《电信和互联网用户个人信息保护规定》。2016 年 11 月,第十二届全国人民代表大会常务委员会第二十四次会议通过了《网络安全法》。

从我国涉及信息安全领域的立法和政策规章等制定过程,可以感受到社会发展与信息安全问题的同步变化。20 世纪末是我国开展社会信息化

① 资料来源:http://news.xinhuanet.com/it/2006-04/30/content_4495376.htm。

② 资料来源:http://www.gov.cn/flfg/2005-09/29/content_73270.h。

③ 资料来源:http://www.gov.cn/zwgk/2006-05/29/content_294000.htm。

④ 资料来源:http://www.mfa.gov.cn/chn//pds/ziliao/tytj/t858317.htm。

⑤ 资料来源:http://www.gov.cn/jrzg/2012-12/28/content_2301231.htm。

建设的起步阶段,由于信息技术的底子薄,我国推进社会信息化建设是跟进发达国家的步伐,从学习、模仿,再到创新。从发展领域看,这一过程先是来自计算机领域的系统发展与安全。从行业看,我国也制定了规范的行业标准,如《计算机信息系统安全保护等级划分准则》(GB 17859-1999),《信息系统安全等级保护实施指南》《信息系统安全保护等级定级指南》(GB/T 22240-2008),《信息系统安全等级保护基本要求》(GB/T 22239-2008),《信息系统通用安全技术要求》(GB/T 20271-2006),《信息系统等级保护安全设计技术要求》《信息系统安全等级保护测评要求》《信息系统安全等级保护测评过程指南》《信息系统安全管理要求》(GB/T 20269-2006),《信息系统安全工程管理要求》(GB/T 20282-2006)等。这基本上与国际发展保持平行。从产业到社会应用,信息安全自身的发展与我国社会信息化发展基本相容。进一步比较,1994—2000年,我国的信息安全是以计算机系统安全为重点,注重与国际接轨(如联入互联网)。进入新千年后,这一问题就提升到我国自身的网络建设问题,尤其是自2005年以后,网络内容是一个关注的重点。而到了2011年,我国信息安全的视角已扩展到全球,我国外交部联合国际上与我国达成共识的国家,共同向联合国提交涉及信息安全问题的议案。分析立法修正的细节,可以看到我国对信息安全问题的认识也在逐步提升。如1997年对1996年有关计算机信息网络国际联网管理暂行规定的修订,将原来的经济信息化领导小组修改为国务院信息化领导小组。这不是一个简单修订,而是国家层面对信息技术发展战略的重大调整。又如,2010年第十一届人大常务委员会第十三次会议对1988年9月颁布的《保守国家秘密法》的修订,也反映了网络技术发展需要对原有相关法律法规在技术层面的跟进。2017年6月1日实施的《网络安全法》更是进一步从网络空间治理的全方位,保护信息安全。

因此,回顾我国网络空间的发展过程,可以看到信息安全问题随着社会信息化应用发展深入而不断产生和翻新。在自身产业发展中,我国的策略也是从跟进、学习到创新。对互联网的管制，也经历了由无约束开放、学习跟进、接轨、模仿，到有约束条件接入、加强管制等过程的转变。这是一个发展的过程，也是一个学习改进的过程。由于网络技术的发展，原有的信息安全不断地被技术修复、改进，提升了社会应用的效果。但这并不意味着安全就不会出现问题，因为新的技术会带来新的问题。这是一个更新的动态过程，只要有发展，信息安全始终是一个重要问题。这也是进入信息社会所必须要面对和解决的问题。从现有技术发展水平判断，这一问题具有长期性。

今天，我们看到世界的秩序被那些掌控技术的人玩弄，经济利益也基本被那些掌控技术的群体所瓜分。从社会发展的历史经验分析，这是一种暂时的现象，不会长久持续。因为现代产业的发展模式（如工业化）已成为世界的发展共识，绝对掌控技术的程度随时间衰减。因此，附加在技术之上的非市场因素仅有短暂的效用，技术发展的本质必然是回归市场发展。中国经济发展所取得巨大的成功也可以说明这一点。在社会信息化领域，我国充分利用了后发优势，依靠自身市场资源，成功推进了社会信息化发展，互联网经济也取得了巨大的成就。这是技术落后者发展的最佳案例，我国互联网经济所取得的成功充分反映了现代产业发展的基本规律，我国的华为就是这一规律的最佳注释。

# 第三章  数字秩序与网络空间秩序

今天数据已成为社会发展建设的重要资源,网络空间蕴藏的数据已成为社会生产创新变革的力量之源,数据科学也成为点石成金的工具,是支撑或挖掘网络空间这一资源的引擎。当现实社会的生产、生活都以数字化方式映射、存储和交互,网络空间不仅是实现社会深化服务的新空间,更重要的是,它还能将社会性潜在的能量也激发出来,推动社会生产与生活的进步。正如 N.尼葛洛庞帝所描述的"数字化生存",人类社会的发展已进入数字化的活动空间,不仅从事信息传播、交流、学习、工作等活动,而且个体生活也密切地融入这一空间,社会秩序的构建也必然会深入网络空间。

## 第一节  信息技术与数字秩序

作为由技术打造的全新空间,网络空间秩序的构建很难脱离技术。显而易见,现代网络技术使得数据科学、数字技术对社会各个层面都产生重大的影响。从社会生活到社会生产,数字化的网络空间与社会现实交融的场景,随着技术进步已进入无处不在的境地。这种趋势已显示出技术对社会的影响不再是一个单纯的效率问题,它在社会建设的诸多领域都产生了更加深刻的效用。例如,阿里巴巴不仅是一个电子商务企业,在社会经济领域,马云已将它打造成一种社会化的生态圈,几乎在向社会生产的各个领域渗透。它不仅提供服务,甚至改变了许多人的消费习惯和行为,还生造出一个"双 11"购物狂欢节,成为这个时代社会文化生活的新标签。这种神话般的商业帝国构建是如何做到的,它背后依靠了哪些力量,对构建网络空间秩序有什么启示,这是本章要讨论的问题。

马云的成功已不能用单纯的技术进步来解释,更何况马云是互联网企业领导者中最没有 IT 技能的人(比较马化腾、李彦宏、扎克伯格等)。然而,"阿里"不仅是电商平台中的巨无霸,更重要的是它已成为行业领域的领导者,一个集研究、金融、娱乐等多行业的实践者。20 来年的发展,就成长为一个全球知名的顶级企业。在 2017 年年底,MKM Partners 的券商认为,在未来三年,阿里集团有可能成为世界首个市值超万亿美元的企业(实际最多是第三个)①。为什么人们会有这样的认识和预期,除了互联网平台,阿里似乎并没有自己看得见的产品。

## 一、数字技术与数字秩序

2002 年,河南省测绘工程院的王金鑫在处理 GIS 空间数据中发现网络空间存在大量"质量差"的数据,他将这些数据称为"数字污染"。对此,来自美国的同行 M. F.古德柴尔德(M. F. Goodchild)早在 1997 年就已发现网络数据存在的问题,并认为从事 GIS 产品的公司,如果其产品的数据质量不好会导致公司在用户中失去信誉②。但王金鑫对这一问题的认识并非简单地从技术上来改进数据的质量,而是将这一问题提高到网络空间数据治理的高度,他提出了网络空间需要构建一套具有标准化的"数字秩序"。对此,他认为:"这里'秩序'的意思是规律性及其表现,数字秩序就是数字地球(或数字世界)存在、发展与演化的规律性及其表现。数字秩序包含数字理论规律与数字技术规律两大方面,它们相互作用、相互依存,不能

---

① 资料来源:http://www.sohu.com/a/213753559_100088233。

② M. F. Goodchild and G. J. Hunter(1997),"A simple positional accuracy measure for linear features",*International Journal of Geographical Information Systems*,11(3):299—306.

截然分开。"①显然王金鑫尽管将问题的认识提的很高,但对具体的解决方案,还是从数据科学的视角出发,用技术的手段来构建。但非常有意思的是,他在宏观层面还提出了数字秩序与自然生态秩序和社会经济秩序的关系问题,这似乎超出了一般科学研究的范畴。

2007 年,戴维·温伯格也对网络空间海量数据对社会产生的影响进行了分析。他从"数字秩序"的视角阐述了"新数字秩序的革命"②。他将信息技术的智能效果归纳为数字化所形成的秩序,人们利用这种由数字构建的秩序可完成一系列原本依靠人力所无法完成的工作。例如,海量资料堆积(如亿万张照片)所形成的目录体系在执行目录搜索、查找和编辑等工作时仍是一个繁重的工作,而且人们在使用时通过人力的检索还是低效的(时间长),而计算机的智能搜索能力让这一切变得简单,温伯格认为这是"数字秩序"带来的革命性变化。

比较以上两种观点,王金鑫与温伯格分别是从不同的认识层面来阐述"数字秩序"。前者是从数字技术出发,通过实践观测网络空间应用实际,提出了网络空间数字生态的生存、创建和发展过程,并从数字技术的发展趋势,演绎出网络空间即便是从技术层面的需求分析,也需要构建一种"数字生态文明"。王金鑫在论证其观点时,略微引用了社会人文的一般发展理念,其主要理论基础,还是如古德柴尔德等研究者提供的专业技术分析。而温伯格完全是从社会学的范畴,对数字技术的功能性从机械的效率提升到智能性,再通过人类自身处理信息的能力与机器处理信息的能力进行比较,演绎出机器在处理信息时所衍生出的一种机械性智能的服务能力——"数字秩序"。这两个"数字秩序"在本质上反映了网络空间中数据这一事物的两面。王金鑫所指的数字秩序,更多的是反映网络空间中数据的标准

---

① 王金鑫:《论数字秩序》,《测绘通报》2002 年第 3 期。
② [美]戴维·温伯格:《新数字秩序的革命》,张岩译,中信出版社 2008 年版,第 123 页。

化问题。从技术要求分析,数据本身质量的好坏与采集数据的手段、网络空间运营的规范有密切关系。而温伯格所指的数字秩序,是反映网络空间在标准化规范下机器所具有的"智慧"能力,这一能力犹如人类在处理知识分类(也可以认为是信息分类)中所制定的分类秩序。只不过依靠人自己处理这种分类秩序的效率和能力(通常说法是手工劳作)与机器利用规则来处理网络空间中数据的能力,这两者比较起来其差别已不在一个层面。犹如工业革命前后的社会生产效率的差距,从简单的机械效率比较,是手工与机器生产的差距。这就可以理解,为什么有人也将信息技术革命提升到工业革命的高度①。这就是数字技术在数据科学的催化下已发育成长为一种具有机械智能的"数字秩序"。

但是,尽管对数字秩序有两种程度的认识,其本质仍然停留在技术层面的分析,目标还是聚集在效率上。这一秩序与社会秩序的概念有巨大差异,如果只看到阿里巴巴的成功,很难全部将其归结于技术的成功。当然这并非否认技术对阿里巴巴成功的作用,我们想要知道的是还有什么其他因素帮助了马云。

## 二、数字秩序的内在能量

为了界定数字秩序,温伯格给出了秩序的三个层次。他把自然形成的结构、组织定义为第一层秩序,例如图书馆的书柜、家具的位置摆放。柜子的抽屉内所放置的图书卡片目录(以此目录,书名和位置对应,可以找到馆藏的书籍),这是第二层秩序,这一秩序是人根据知识组织图谱制定的分类系统。如果有太多的书(温伯格用照片替代书作说明),可能需要借助计算机的机械智能来制定一种分类秩序,这就是温伯格定义的数字秩序。这种秩序可无限拓展,而检索只需要机器的智能叶片转动一下就可以即刻定

①　2016 年的世界经济论坛已提到"第四次工业革命"。

位。智能叶片是数字秩序的关键属性,从应用检索端,计算机可根据照片的标签就将对应位置提供给照片需求者(犹如我们今天用百度来了解知识)。这种具有智能检索能力的体系,被温伯格定义为第三层秩序,也被称为比特秩序。

温伯格分析"数字秩序"的属性是从其物理性质开始的。首先,用比特构建的"标签"不受被标签物的物理形态限制。这在第二类秩序中是一个问题,如果被标签物品是一些照片(或图片),对于这类大量对象的结构化编目(分类编序)的"目录卡片"有可能在物理量上超越了对象,从而使得编目失去了原本为了提高检索效率而构建秩序的意义。其次,作为一种数字化标签,其内容已不仅是一套目录体系,信息技术已可以将这一体系映射到一个更广泛的知识体系。例如,数字标签所映射的内容不仅可以反映对象的物理位置,甚至可以反映对象的关联内容,本质上可以是一个"数字图书馆"。第三,温伯格论著的原文是"*Everything is Miscellaneous:The Power of the New Digital Disorder*",这与中文名《新数字秩序的革命》在字面意义上是有差距的。但从论著的内容可以知道温伯格实际是为"数字秩序"的属性增加一个标签,从"智能叶片"到"混乱是一种效能",其本意是在描述"比特构建的数字标签"具有强大的智能性功能,只不过温伯格更多的是从"图情学科"的视角来描述这些功能的社会效应。有人对温伯格的数字秩序总结出如下特点:(1)组织的对象是虚拟的比特;(2)信息和知识以虚拟形式存储;(3)表现出多维、自由秩序,能够满足各种个性化需要;(4)保持了自然秩序的完整信息;(5)建立秩序比利用秩序困难,因为这是一种非专业化的、简单的、自由的、用户参与的秩序;(6)超越了分类体系,没有事先设计的秩序,根据需要重新组合形成新秩序;(7)无序是一种新秩序①。这是一种直观的文字理解和解释,显然无序并非是一种新秩序。只不过温伯

---

① 文庭孝、刘璇:《戴维·温伯格的"新秩序理论"及对知识组织的启示》,《图书馆》2013年第3期。

格认为计算机这类机器所具备的智能已创造出一种数字秩序,这种由智能叶片所构建的秩序具有强大的能力,这种能力可以将海量的无序信息(数据)有序化,甚至在人看来,这个世界的一切都是无序的,但机器所生成的"比特秩序"可以将这一切有序化。简单而言,计算机的机械性智能将网络空间那些海量、无序的数据有序化,形成了网络空间的数字秩序。当信息(数据)通过编码形成有序的数据资源库,机械僵化的数据就有可能被激活,这种能力被温伯格界定为机器智能(智能叶片),这是温伯格说的数字秩序的内在能量。犹如我们发明了机械(包括机械能),生产的自动化就得以实现所类似。

## 三、智能技术与数字秩序的关系

那么这种由机器生成的秩序有什么样的能力。温伯格并没有揭示出智能叶片具有学习的功能。2016 年 3 月 15 日,当 AlphaGo 以 4∶1 战胜了韩国的李世石后①,全世界都了解到机器(计算机)具有学习的能力。正是这种能力打败了围棋世界的顶级高手,尽管造机器的那些人(包括给计算机建模人员),就是全部加在一起,也根本无法与李世石这个围棋高手对弈,但他们建造的机器可以打败这个世界的任何高手。这是机器通过自身的学习所获得的全新能力。

机器学习的这个能力是依赖数字秩序来构建的,其最基本的原则是,机器通过学习已有对局的棋谱,计算出对弈中每一手的胜率,从中选择最高胜率的下法。听上去是如此简单的策略,似乎任何人都可以学会。但真正的问题是如何算出胜率,这必然有一个秩序问题,机器就是依靠自己规范的秩序,来比较胜率,再按照一套既定的程式给出对弈的每一手下法。

可以认为,温伯格所说的"数字秩序"是对这种机器智能表象的一种描

---

① 资料来源:http://www.iqiyi.com/v_19rrku31ns.html。

述,从图书的人工编码,归纳出机器的自动编码,形成机器可以辨识的秩序,成为系统自动分类检索的动力。将这种动力进一步深化,即将分类检索的结果与人设定的结果进行比对,形成动态系统的反馈,并且机器可以根据这一反馈结果再次修改执行的指令。在系统控制理论,这些是自适应系统造就的优化问题,现代数学对动态方程的研究,已形成运筹优化的模型,机器学习再次将强大的信息控制技术应用到复杂网络,其强大的功能用人类的对弈游戏体现出来。

从图灵到吴文俊[1],科学在不断探索机械智能的形成方式和模型。当计算机通过排序、逻辑运算、结果比对、反馈等过程,形成了机器学习进化的方式(例如,IBM's question answering system,Watson[2])。"数字秩序"就不是简单的自动排序能力,它赋予机器学习的能力,机器可将数据自动地编码入库,人们设计的运行程序能够通过机器机械的系统比对和反馈,找到系统最优的一类结果。数字秩序就进化为机器学习,伴随神经网络理论的工具,机器学习进化到深度学习。今天的人工智能就是由机器智能,再加人们科学的程序(来自神经网络理论研制的计算机程序)所形成的。

100年前,IBM在制造可以计算的机器。100年后的今天,IBM又在制造可以学习进化的机器。这是科学的发展,但更重要的是机器在人的引导下可以学习进化,并算出人力难以触及的新目标,这是数字秩序可以拓展的新空间。

值得注意的是如果数字秩序是表达数字技术智能的一种能力,那么我们的分析就不应该仅仅停留在技术层面。而温伯格也提到了"混乱是一种效能",这显然与其"秩序"的界定相矛盾。是什么问题导致了温伯格表述上出现的混乱。要解决这一问题,从数学研究的经验来看,就必须拓展我

---

[1] 中国著名数学家,获2000年度国家最高科学技术奖,其主要成就表现在拓扑学和数学机械化两个领域。

[2] 资料来源:https://en.wikipedia.org/wiki/Watson_(computer)。

们思考问题的边界。即数字秩序这种具有智能的技术在社会秩序中的作用。混乱不可能是一种效能,但智能的技术在社会应用中可能会产生超越技术能力的效用。这种效用对社会秩序可能也有一定作用,或许这是温伯格想要表达的意思。

## 第二节　数字秩序的社会效应

秩序,有条理、不混乱。而社会通常是指包括人在内的一种活动空间,这些活动涉及价值、利益和目标。有定义社会,指由一定的经济基础和上层建筑构成的整体。秩序和社会形成的过程是漫长的,其内在的机理是人们探索复杂系统性的核心问题。如"蚁群组织的活动",就是一种生物"秩序与社会"的原始反映。蚁群是生物活性的一类代表,成为人们研究自然秩序起源的原始参照物。美国学者 S.A.考夫曼就是通过研究这种生物自组织的进化,提出了"秩序的起源"①这一假说,这在一定程度上佐证了达尔文进化论中"自然选择"法则的部分内容。生物的自组织行为与群体信息交流系统是促进生物进化的系统动力,也是构成生物自组织秩序的基础。考夫曼从生物基因对群体(网络)的调控来分析其对进化的影响,这是自然秩序对生物进化影响的重要例证。从技术研究路径分析,人们就是从仿生这一思路开启,研究出一种可以优化系统的算法。最基本的例子,如蚁群算法,具有遗传、进化从而表现出"智慧"(路径优化)的能力。所以,复杂系统的分析,也常常模拟这种蚁群算法,寻找优化路径,形成解决方案。但我们在这里更重要的任务是关注秩序的形成对社会产生的影响。

---

① S. A. Kauffman, *The Origins of Order：Self Organization and Selection in Evolution*, Oxford University Press, 26.

## 一、秩序与组织的关系

生物自组织中显现出"智慧"的现象,成为人类学习的一种模板,是我们解决自身复杂性问题一条途径。梅拉妮·米歇尔[①]在论述这种复杂性时,就大量引用了这类来自生物界的模型。她通过对这些生物活动的观察,总结归纳出许多复杂系统的解决方案。例如,米歇尔所推崇的 J. H. 霍兰德(John H. Holland)所创建的"遗传算法",就融入了生物进化的模型。所谓的遗传算法在早期也被称为"进化计算",对计算机而言是一个迭代程序,这个程序可表述如下[②]:

> (1)生成候选方案的初始群体。生成初始群体最简单的办法就是随机生成大量个体,在这里个体是程序(字符串)。(2)计算当前群体中各个个体的适应度。(3)选择一定数量适应度最高的个体作为下一代的父母。(4)将选出的父母进行配对。用父母进行重组产生后代,伴有一定的随机突变概率,后代加入形成新一代群体。选出的父母不断产生后代,直到新的群体数量达到上限(即与初始群体数量一样)。新的群体成为当前群体。(5)转到第二步。

上述对程序的描述,可以看到数学与生物过程的结合,程序的迭代如同生物的进化。从现有人工智能的应用成果看,计算机用 0、1 生成的系统可以非常有效地模拟出如生物进化般的效率。但人类的组织和秩序比一般生物的问题要复杂。所以,社会秩序问题也就相应变得复杂,从理论构建的视角,要清晰阐述社会秩序构建的基础性理论存在一定的困难。无论用什么方法,理论的构建在社会学者的眼中总缺少严密的规范。根本原因是不同视角有不同的观点,这与人类思维产生的主观性也密切相关。显然,

---

① Melanie Mitchell,波特兰州立大学计算机科学教授,圣塔菲研究所(Santa Fe Institute)客座教授。

② [美]梅拉妮·米歇尔:《复杂》,唐璐译,湖南科学技术出版社 2011 年版,第 162 页。

蚁群的规则和组织秩序与人类比较起来，那是简单的犹如计算机的 0、1。但从系统优化的结果来分析，组织秩序所要达成的目标，两者基本类似。蚁群社会有分工、有层级（蚁后、工蚁），但终极目标是追求群体的繁衍（也是群体生物的优化目标），具体目标就是提升找寻食物的效率，它们的梦想应该是蚁群的不断繁衍壮大。

但蚁群组织与人类社会组织最大的不同是对个体的价值认定，这种差异最大程度在"秩序"这一维度中表现出来。要挖掘这种差异，需要从组织秩序的基本原则或理论构建来分析。

R. M.昂格尔在《现代社会中的法律》论著中，分析了现代社会的秩序问题，因为这是法律构建的基础性问题。昂格尔认为：社会秩序构建的经典理论，存在一定的理论缺陷。尽管这还不能说是现代社会法律构建的充分性论证，但这的确是现代社会中法律秩序产生的基础。也就是说，理论体系尽管不完备，但这些经典社会理论仍然是构建社会秩序的基础。这个基础就是社会秩序构建的两个必要条件："经典社会理论讨论社会秩序的舞台是由两种思想传统之间的斗争所建立的。一种传统可以称为工具主义理论或个人利益理论，另一种传统则是合法性理论或共识理论。"[1]当然，这两种理论不能充分覆盖社会理论的整个空间，昂格尔也指出了这两个理论所存在的缺陷。但从社会秩序构建的核心要素分析，以上两个工具或理论可以说是社会秩序构建的主导动力，也许还存在一些其他动力和要素（如在经济学领域中的个体偏好）。如果进入生态层面，具有这样两大工具的理论是可以构建出具有智能的秩序，如蚁群组织的等级和分工可能由该生物的自然属性所决定（蚁群自组织达成的共识，来自生物的自然分类），而蚁群的"算法"是有组织的信号传感系统，除了自然属性决定的活动方式，个体在有组织的活动中也自然学会这一方法（形成有效的路径和行

---

[1]　［美］R.M.昂格尔：《现代社会中的法律》，吴玉章、周汉华译，译林出版社 2001 年版，第 23 页。

动准则），使蚁群自身的利益最大化。

回到理论，对工具主义理论（个人利益理论），昂格尔所说的缺陷，首先是指以这一理论基础构建的社会秩序在处理（解释）群体与个体的关系中存在一些分歧。即社会秩序、群体利益和个体（私人）利益这三者之间存在不调和性；其次，工具主义理论与社会秩序在具体到个体"对人们对于规则在社会中的地位的看法生产矛盾的暗示"①，这不仅引发社会理论构建上的缺陷，还会产生个体之间的冲突；第三是来自道德或政治层面的缺陷，工具理性是难以解决个体、群体在这一层面所产生的冲突的。

对共识理论（合法性），昂格尔所说的缺陷，是指以这一理论基础构建的社会秩序存在一种"共识与规则"互动的动态矛盾。这一问题的核心是说当群体的共识增强必然会减少对规则需求的依赖。反之，当规则的增多自然也反映出群体共识的弱化。这本质上是个体与群体之间联系紧密度的一种反映。因为社会秩序是规范、调节和平息个体与群体等之间产生的冲突，当"共识的范围、具体化、强度和一致性越广，规则就变得越无必要"②。在这种共识下，秩序就成为一种内在的社会属性，不需要规则来强制。简而言之，高度的共识可以达成高度的效率，但会导致规则的失位、空缺或缺失，从而引发社会、群体之间和个体之间的矛盾；为了修复、补充或弥补这些社会现象，就会不断产生新的规则，这些新规则的产生必然会解析、减弱甚至瓦解既有的共识，这是理论构建难以回避的障碍。

现在就容易理解人类与其他生物的区别。生物可以说就是以单一的效率为标杆，运用简单信号系统（或算法）来调整其群体的"行为"。而人类虽然依据的准则仅多了一条"共识"（或合法性），根据昂格尔的分析，我们可以认识到人类社会的复杂性，从而也可以判断人类社会秩序的复杂性

---

① ［美］R. M. 昂格尔：《现代社会中的法律》，吴玉章、周汉华译，译林出版社 2001 年版，第 26 页。
② ［美］R. M. 昂格尔：《现代社会中的法律》，吴玉章、周汉华译，译林出版社 2001 年版，第 29 页。

（或智慧性）与其他生物无法比较。我们有必要将人类从生物界单独列出，以示这一种区别。

## 二、人类的社会秩序与组织

弗朗西斯·福山在其《政治秩序的起源》①中大量引用 J. 卢梭、T. 霍布斯等人的研究成果，其用意是要梳理人类社会构建秩序的基础性要素。从部落到国家、从惯例产权到现代产权，这些形成人类社会政治秩序的主体或核心是如何炼成的。比较考夫曼和福山的论述，就可以明显感受到人类与其他生物的区别，这也是自然秩序与人类的社会秩序的区别，它们产生的根源和复杂性都有很大的不同，尽管宏观的目标具有一定的相似性，但组织的过程和形成的社会结构和结果有本质区别。

事实上，人类社会最大的问题是个体与群体的关系问题，卢梭在《论人类不平等的起源和基础》中提到，人类之中存在两种类型的不平等："一种我（卢梭）称之为自然或生理上的不平等，因为这种不平等是自然确立的，包括年龄、健康、体力、智力或精神素质方面的不平等；另一种可以称之为伦理或政治的不平等，因为它依赖于某种契约，是经过人们的同意而建立，或者至少说是许可的不平等。后一种不平等包括某些人享有的有损于其他人的各种特权，比如比其他人更加富裕、更加尊贵、更有权势，或者甚至是让其他人服从自己的特权。"②福山总结了卢梭的观点，认为：人类不平等起源于冶金、农业、私人财产的发展。尤其是政治不平等起源于农业的兴起。值得注意的是，卢梭还认为：谁第一个将土地圈起来，胆敢说"这是我的"③，

---

① ［美］弗朗西斯·福山：《政治秩序的起源——从前人类时代到法国大革命》，毛俊杰译，广西师范大学出版社 2012 年版。

② ［法］让·雅克·卢梭：《论人类不平等的起源和基础》，黄小彦译，译林出版社 2013 年版，第 21 页。

③ ［美］弗朗西斯·福山：《政治秩序的起源——从前人类时代到法国大革命》，毛俊杰译，广西师范大学出版社 2012 年版，第 31、32、54、79 页。

并且能够找到一些十分天真的人相信他，谁就是文明社会真正的奠基者。……假如（有人出来反对，并打破这种私有权的形成），那么，人类可以避免多少罪恶、战争、谋杀、苦难和暴行啊！①

卢梭认为"国家源自自愿的社会契约"，这是卢梭从霍布斯的"利维坦"降临所演绎出的结论。霍布斯认为：从人的本性的角度分析，我们发现导致冲突的原因主要有三个：首先是竞争，其次是猜疑，再次是荣誉。第一种原因是为了获取利益，第二种原因是为了安全，第三种是为了名誉②。卢梭进一步归纳了霍布斯的观点，指出"为保护自然的自由和财产，社会契约便成为必要"。而社会契约要解决的根本问题是"创建一种能以全部共同的力量来维护和保障每个结合者的人身和财产的结合形式，使每一个在这种形式下与全体相联合的人服从的只不过是他本人，而且同以往一样的自由"③。显然，这一问题得到保障就犹如在自然界中形成了一种强力场来保障自然秩序。

这基本可以看出，从部落到国家、从惯例产权到现代产权的发展过程是基于以下两方面的事实：一是人类发展的进化提升了社会文明的发展（人类智慧提升了发展效率，导致私有产权产生）；二是由于人类个体发展的不平等导致国家、产权等社会契约的产生（达成社会共识的基础），是人类有别于其他生物的最大特征。

另外，人类个体对群体的反作用远远大于其他生物所对应的作用，这是人类自身独有的"智慧"所形成的社会属性，是人类显著区别于其他生物的唯一标志。也许天外星球也存在具有生物属性的物质，但相对人类而言，关键一点是，那些生物是否具有智慧。而且，就秩序而言，与人类的比

---

① ［法］让·雅克·卢梭：《论人类不平等的起源和基础》，黄小彦译，译林出版社 2013 年版，第 52 页。
② ［英］霍布斯：《利维坦》，刘胜军、胡婷婷译，中国社会科学出版社 2007 年版，第 197 页。
③ ［法］让·雅克·卢梭：《社会契约论》，李平沤译，商务印书馆 2011 年版，第 18 页。

较,核心就是"智慧"的比较。据英国《新科学家》周刊网站 2018 年 6 月 26 日报道,牛津大学的三位哲学家对现有的科学文献进行研究,得出了这样一个结论:"人类是宇宙中唯一的智慧生命",人类可能真的是孤独的①。

所以,人类个体的智慧改变了个体与群体之间生物层级的关系,从而形成了复杂的社会秩序和组织关系。

## 三、数字秩序的社会效应

温伯格在界定数字秩序之前对"秩序"进行了宏观性梳理,给出了从"图书情报"整体的空间来划分的秩序概念(如我们审视一个图书馆)。这样,秩序就可以分为三类。但从他的解释和说明,可以看出其"秩序"的界定是狭义的。这与上文提到的霍兰所说的秩序,在概念上不对等。因为霍兰认为,社会的复杂性是人们的适应性造就的,而人们所适应的内容,就是社会的"隐秩序"②。显然,无论是考夫曼、温伯格还是霍兰,他们界定的秩序,是以自然为主体的研究,这一秩序与昂格尔、福山、卢梭或霍布斯眼中(主要聚焦在人文社会)的秩序有明显不同。这意味着,涉及不同内容主体的秩序,有不同意义。因此,我们延拓了温伯格的思路,将他界定的三类秩序在广义上进行扩展,形成以下三类:

第一类:自然形成的秩序,如天地星辰、河川山脉的自然分布和相互作用等,也可称为自然秩序。

第二类:由人的活动所形成(界定)的秩序,这种秩序也可以认为是人们(或社会)达成共识、规范、规则等所形成的秩序,即泛指在社会现实中人类(群体)因自身的活动所界定、默认或达成的原则和律法。这比温伯格所定义的编码秩序要广泛,例如,社会秩序就是一种典型代表。

---

① 《人类是宇宙中唯一智慧生命?》,《参考消息·科技前沿》2018 年 7 月 1 日。
② [美]约翰·H.霍兰:《隐秩序——适应性造就复杂性》,周晓牧、韩晖译,上海科技教育出版社 2019 年版,序言。

第三类：应该是一种"剩余类"，通常称之为"其他"。可能是数字智能技术所形成的秩序，即数字秩序就是这类秩序的一个代表。可以将温伯格所说的"数字秩序"理解为这种秩序的一个案例。

现在我们说存在的三类秩序可以简单地理解为：第一类是由自然决定的秩序（有人也称为上帝决定的秩序），如有许多已被人认识到的自然规律——"万有引力"；第二类指由人（包括人类和社会）决定的秩序（下文简称社会秩序），无论是图书情报的知识图谱，还是社会准则和规范，这些来自人类社会所确定的秩序，都属于第二类秩序，简单地讲就是人定的秩序；第三类是不属于前两种秩序的秩序，如温伯格说的"数字秩序"，也是一种"机器决定的秩序"（IBM 就是这种机器制造商之一），这种既不是自然决定，也不是人决定的秩序，就归在了最后一类。关于第三类秩序的存在性问题，也可以从伊利亚·普里戈金《确定性的终结》中所阐述的"自然的统一性和自然的多样性"[①]得到一些佐证。或许"数字秩序"就是一种新自然法则。这说明秩序的分类有可能是动态的。例如，在科学的探索中，有些物理理论是依据人观测的结果，这些结果与真实的自然不一定吻合，即物理定律，可能更多成分属于第二类秩序。

比较自然秩序、社会秩序和数字秩序，这三类秩序产生的效用应该有各自的特点。自然秩序最铁；"人定胜天"的效用相当有限。第二类秩序最复杂，从人类社会发展的历史来看，社会秩序所表现出的结果已超越了福山的认知，这充分反映出第二类秩序的复杂性（J. H. 霍兰德认为，是人的适应性造就了复杂性）。现在，我们来关注新一类秩序——数字秩序（第三类秩序）。

根据温伯格的微观分析，数字秩序在社会应用中至少存在以下两种效应：

---

① ［比］伊利亚·普里戈金：《确定性的终结——时间、混沌与新自然法则》，湛敏译，上海世纪出版集团 2009 年版，第 42—44 页。

（1）叠加效应，所谓的叠加效应是指，通常数字秩序是由计算机系统产生的，不同系统产生的数字秩序经过有效合成可以生成一个效用更强的"新秩序"。这在一定程度上也应验了普里戈金的"新自然法则"一说，如温伯格所说的数字秩序，其本质是来自机械智能的能力增强了这一秩序的能力，从而体现出叠加的效应。

（2）替代效应，所谓替代效应，是指作为第三类的数字秩序，在社会应用中产生了替代其他类秩序的能力。例如，可能产生了替代第二类秩序的能力，温伯格在其论著中特别强调的事例也是对第二类秩序的替代作用。

反映叠加效应的案例很多，在舍恩伯格所列举的案例中普遍反映了叠加效应的优势[1]。当你的社会身份、网上言论和生活中某些场景被叠加在一起时，你的生活基本状况可能就一览无遗了。如果再加上一些网上消费、金融信息和运动轨迹信息，你就有可能处在一种"危机时刻"，这是现代人担心信息安全的最大问题——个人隐私保护，欧盟为此出台了"一般数据保护法"[2]，如何保护个人数据，如"删除权"问题，对在线数据的控制已成为数字秩序中的一个重要问题[3]。另外，现今的"网络反腐"，如杨达才[4]等人的落网也反映了叠加效应也具有社会正义的威力，从某种程度上也可强化第二类秩序。

替代效应较为复杂，所谓的替代效应是指系统产生的数字秩序，在功能上与社会对应秩序所形成的效应产生同等功效，从而在社会实际应用中替代了社会活动（秩序）的某种结果。例如，有人预测阿里巴巴会成为世界上首家市值超万亿美元的企业。之所以有这样的预期，是因为阿里所做的

---

① ［英］维克多·迈尔·舍恩伯格：《大数据时代——生活、工作与思维的大变革》，盛杨燕、周涛译，浙江人民出版社 2013 年版，第 77、79、116、173、186 页。

② 资料来源：https://www.eugdpr.org/，GDPR：General Data Protection Regulation。

③ Kate Connolly，"Right to Erasure Protects People's Freedom to Forget the Past，Says Expert"，*the Guardian*，4.4. 2013，王滢波译：《国外社会科学文摘》2013 年第 5 期。

④ 资料来源：http://baike.baidu.com/view/3341638.htm。

事情已经超越了普通企业的作为,从某种意义上说,阿里是一个电子商务的管理平台。这超越了那些单一的电子商务企业,阿里的经营业务从贸易的领域看,全面向各个层次渗透。可以说,在具体的业务上替代了社会管理的某些功能,阿里似乎已成为一个商业帝国的管理机构,其市值可以超越沃尔玛①,尽管沃尔玛已连续 6 年称霸世界 500 强,但从成长性分析,迟早要被阿里这样的企业超越。2014 年 9 月 19 日,阿里巴巴在纽约证券交易所上市,据美国《华尔街日报》报道,阿里巴巴集团首次公开募股的承销商们行使了超额配售权,使之正式以融资额 250 亿美元的规模成为有史以来最大的 IPO②。

从自然到社会再加上人类科技创新所得到的技术智能,我们将秩序在总体上分解成三类。简而言之,自然形成的规律是第一类秩序;来自人类智慧规范的属于第二类秩序;其他秩序就列为第三类。数字秩序或技术智能形成的秩序就是第三类秩序。今天我们可以看到一个最典型的例子是:谷歌的 AlphaGo 战胜人类棋手后,其 DeepMind 团队又推出了"AlphaGo Zero",这一技术智能通过三天的机器学习就战胜了其前一个版本"Alpha-Go",成绩是 100∶0。可以说是绝对优势。下围棋就是一种智能秩序,两位棋手的对弈,双方依次弈棋,比较的就是两位棋手的智慧。从过程看,行棋是一个秩序问题,位置、先后在有限的空间中做出判断。而结果(输、赢)就是一个客观评价。今天,人类棋手都输给了"AlphaGo",所以"AlphaGo Zero"的强大就不用多说了③,这是人类用智慧打造出的技术智能所生成的第三类秩序(既不是上帝创造的,任何人类个体也无法创造)。温伯格所说的"Messiness as a Virtue"应该是指这一种力量。

---

① 2018 年,沃尔玛称霸财富世界 500 强,http://finance.ifeng.com/a/20180721/16396917_0.shtml。

② 资料来源:http://tech.sina.com.cn/i/2014-09-22/08029631356.shtml。

③ 资料来源:https://tech.sina.com.cn/it/2017-10-20/doc-ifymzqpq2619021.shtml。

# 第三节　网络空间技术与秩序

阿里巴巴、腾讯或者国外的谷歌、脸书等互联网企业,在全球的影响力已超越了传统的跨国公司。社会对这些企业的认知,似乎也超越了商业层面的界囿,更多的是从社会责任的多元视角,来审视这些企业的作为,并对这些企业寄予了超出商业局限的厚望。产生这种现象的一个重要原因是数字技术构建的数字秩序,已越来越明显地在替代人们在社会活动中达成的社会共识。但人们对数字秩序的认识仍处在初级阶段(或技术层面)。今天,数据科学已可以帮助人们完成智力的飞跃(如"阿尔法"打败世界顶级专业棋手[①])。我们完全可以认为这是科技的进步,但我们更应该思考这种科技进步对社会发展甚至包括社会秩序的冲击。即一方面人们需要技术挖掘数据的内在价值;另一方面,人们又担心网络安全、个人信息滥用而导致的危机事件给社会生活所造成不必要的伤害。从个体到群体乃至国家和民族,都在关注网络空间秩序如何维护、技术构建的秩序与社会秩序如何平衡。也就是说,数字秩序与网络空间秩序有什么样的关系,社会需要什么样的力量来推进发展,平衡不同类别秩序的关系。

## 一、网络空间技术与标准

网络空间按字面意义解释,是指用计算机联网而形成的信息交流空间[②],通常这一概念所对应的典型代表,就是指互联网。前文已介绍过互联网研发的过程,本节我们聚焦互联网构建的基本技术。从整个网络的设计

---

① "阿尔法"约战柯洁,聂卫平认为柯洁可能下不过,不比更好,http://tech.qq.com/a/20160628/001559.htm。

② 英文为 Cyberspace, The notional environment in which communication over computer networks occurs。资料来源:http://www.oxforddictionaries.com/us/definition/american_english/cyberspace。

分析,互联网是由两类技术属性的设备构建的,一类是硬件,另一类是软件,这两部分并非是完全隔离的整体。在互联网络的基础设备中,普遍存在软硬结合的单元(也可称设备),一般也称为系统。其次,从互联网络构建的结构看,大致可以分解成这样几个层次:最底层是物理层,也称为物理网络。有定义为:TCP 厂把计算机硬件介质连接成的网络称为物理网络(physics web)。TCP 是指 Transmission Control Protocol,即传输控制协议,是一种面向连接的、可靠的、基于字节流的传输层通信协议,由 IETF 的 RFC 793 定义。在简化的计算机网络 OSI 模型中,它完成第四层传输层所指定的功能,用户数据报协议(UDP)是同一层内另一个重要的传输协议①。在物理网络层之上的是数据链路层(网络接口协议),数据链路层是 OSI 参考模型中的第二层,介于物理层和网络层之间。数据链路层在物理层提供的服务的基础上向网络层提供服务,其最基本的服务是将源机网络层来的数据可靠地传输到相邻节点的目标机网络层②。第三层是控制报文、IP、地址解析和逆向地址解析等协议层,也简称为网络层,网络层是 OSI 模型中的第三层。网络层提供路由和寻址的功能,使两终端系统能够互连且决定最佳路径,并具有一定的拥塞控制和流量控制的能力。TCP/IP 协议体系中的网络层功能由 IP 协议规定和实现,故又称 IP 层。网络层介于运输层和数据链路层之间,它在数据链路层提供的两个相邻端点之间的数据帧的传送功能上,进一步管理网络中的数据通信,将数据设法从源端经过若干个中间节点传送到目的端,从而向运输层提供最基本的端到端的数据传送服务③。第四层是传输控制和用户数据报协议,称为传送层(Transport Layer),是 OSI 模型中最重要的一层。传输协议同时进行流量

---

① 资料来源:https://baike.sogou.com/v59210953.htm?fromTitle=物理网络;https://baike.sogou.com/v108745564.htm?fromTitle=TCP。

② 资料来源:https://baike.sogou.com/v16970.htm;jsessionid=D31758C711ECDE5A96D7F3F75B05C86A。

③ 资料来源:https://baike.sogou.com/v16964.htm?fromTitle=网络层。

控制或是基于接收方可接收数据的快慢程度规定适当的发送速率①。在这些层级之上统称为应用层②。在以上的网络系统中，OSI(Open System Interconnect)开放式系统互联，一般都叫 OSI 参考模型，是国际标准化组织在1985 年确定的网络互联模型。OSI 参考模型定义了开放系统的层次结构、层次之间的相互关系及各层所包含的可能的服务。OSI 参考模型并不是一个标准，而是一个在制定标准时所使用的概念性框架，其作为一个框架来协调和组织各层协议的制定。

自 1753 年以来，人们利用科技将信息传输的设想变成了现实。但从电报、电话、广播、电视到网络，这一切是在科技的发展中逐步完成的，回顾这一发展历程，网络是信息传输最为全面的解决方案，为了提升网络对信息的传输的效率，对需要传输的"报文"要经过分组、打包(数据包)、转换成数据链路(帧)，再通过物理设备形成"比特流"，由网络设备(中继器)及线路(光缆)，传输这些信号和介质，再通过对应设备，还原传输"报文"。这整个过程可以说几乎涉及现代科学技术的各个领域，不仅是现代科技的升级，背后更是产业和社会生产的换代。这也造就出一个全新的社会生产资料——标准，这既是工业化生产模式，也是市场分割、筑高市场进入门槛的工具。

从网络应用看，信息传输需要多个层级的设备来完成，图 3-1 是网络基础理论所涉及的层级，对于不同应用，有不同的分类，这些层级交错在网络空间的构建中，从硬件到软件，任何一个系统都涉及这些复杂的层级。

网络层级的连接涉及标准问题，图 3-2 是对 OSI 模型的解读。科学研究推动了技术进步，从而使我们实现了人类理想的信息革命。当科学使命完成后，紧接着是社会经济的发展目标，这也是现代市场经济的规范行为，将研发的科技成果，通过市场的运营，转化为社会生产性收入。这是研发

---

① 资料来源：https://baike.sogou.com/v66628853.htm。
② 修文群、赵宏建：《宽带城域网建设与管理》，科学出版社龙门书局 2001 年版，第 37 页。

| 7. 应用层 | 应用层（各种应用层协议） | 5. 应用层 |
| 6. 表示层 | | 4. 运输层 |
| 5. 会话层 | 运输层（TCP 或 UDP） | 3. 网络层 |
| 4. 运输层 | | 2. 数据链路层 |
| 3. 网络层 | 网际层 IP | 1. 物理层 |
| 2. 数据链路层 | 网络接口层 | |
| 1. 物理层 | | |
| （a）OSI 的七层协议体系结构 | （b）TCP/IP 的四层协议体系结构 | （c）五层协议的体系结构 |

**图 3-1　不同体系视角的网络结构分层**

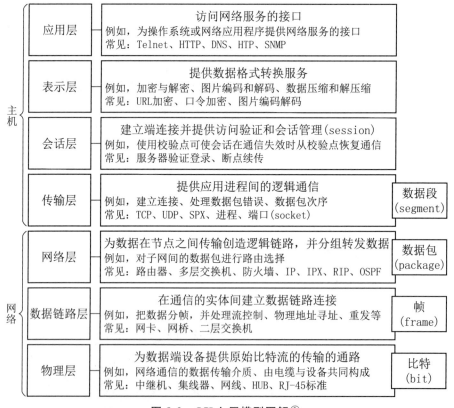

**图 3-2　OSI 七层模型图解①**

---

① 资料来源：https://www.jianshu.com/p/9b9438dff7a2。

投入获取高额市场的回报的模式,也是市场经济可持续发展的核心动力。回到现实,在网络空间,美国早已锤炼成一个高手,用市场化的手段,获取自身在科学研究领域投入的回报是美国发展制胜的法宝。

所谓的技术标准,背后就是技术专利。据《北京青年报》2018 年 5 月的报道:"5G 标准是如何制定的",5G 标准由诸多技术组成,编码是非常基础的技术。在 5G 相关标准中,世界各大阵营一度曾就信道编码标准争辩激烈。据报道"国际移动通信标准化组织 3GPP 工作组在韩国釜山召开了 5G 第一阶段标准制定的最后一场会议。据悉,本次会议将确定 3GPP R15 标准的全部内容,预计 6 月在美国召开的全体会议上,3GPP 将宣布 5G 第一阶段的确定标准"。而 5G 仅仅是网络应用的一个终端产品,我国经过 20 多年的发展,初步获取了参与竞争的权利,从这一案例的背后,就可看到技术标准与技术专利之间的内在关联。

从新华网转载《北京青年报》的内容,可以了解到"3GPP 是目前正在开发 5G 通信标准技术的组织,有超过 550 家公司作为会员公司参与。它由 16 个工作组组成,负责制定终端、基站和系统端到端技术的标准规范。从命名上可以看出,该组织成立于 3G 时代,1998 年,多个电信标准组织伙伴签署了《第三代伙伴计划协议》,并制定了 3G 时代全球适用技术规范和技术报告。此后,3GPP 一直延续到 4G 时代,再到 5G 时代"。3GPP 会议关键是专利权的话语权争夺,5G 的标准之争,也是 5G 话语权之争,是最终获批的核心专利数之争。"3GPP 研究统一的相关标准,经国际电信联盟认可、颁布后,就成为国际 5G 领域内的唯一标准。随后,全球各厂商都要按照该标准来进行设备生产、组网、终端接入。不过,标准下的专利权却掌握在少数厂商手中,因此其他公司都需要向拥有核心专利的厂商获取专利许可,有的采用专利交叉许可的方式,有的采用花钱购买的方式。专利交叉许可就是双方相互开放一些价值相等的专利技术的使用权和相关产品的销售权,来实现共享。通常,大型企业之间会采用专利交叉许可的方式,有的还会基于专利组合的价值差对对方进行一部分经济补偿;小企业就只能采用购买的方式获取专利许可了。"①

根据我国工业和信息化部的业务统计报告,近三年来我国生产的智能手机数量达 42 亿部,而我国生产的每一部(安卓系统)手机都要支付给高通公司专利费用,一部 3 000 元的手机需要支付的专利费用在 68—150 元之间,平均价应该在百元左右。事实上,苹果手机的专利费不会低于安卓系统的手机。保守的估计,仅手机制造这一项,我国支出的专利费约有4 000 多亿元。平均每年的费用多达上千亿元。

网络空间的构建,是今天这个世界最庞大、最复杂的系统,其背后的技术标准和技术专利已融入整个产业链中,任何一个简单的应用都涉及许多技术标准和专利保护。下表 3-1 是来自国家知识产权局官方网站的资料,反映国外在我国申请专利的概况。

**表 3-1　国外专利受理年度状况②**

表　　号:专受表 10
制定机关:国家知识产权局
备案机关:国家统计局
备案文号:国统办函[2016]445 号
有效期至:2019 年 9 月

**1985 年 4 月—2016 年 12 月**

| 国家地区 | | 总累计 | 1985—2011 年 | 2012 年 | 2013 年 | 2014 年 | 2015 年 | 2016 年 |
|---|---|---|---|---|---|---|---|---|
| 合　　计 | | 1 916 070 | 1 165 791 | 138 498 | 142 501 | 150 627 | 159 054 | 159 599 |
| 日本 | JP | 655 510 | 417 991 | 49 678 | 48 537 | 47 547 | 46 606 | 45 151 |
| 美国 | US | 474 588 | 282 600 | 33 556 | 34 421 | 38 997 | 43 278 | 41 736 |
| 德国 | DE | 185 363 | 105 974 | 14 552 | 15 925 | 16 026 | 16 245 | 16 641 |
| 韩国 | KR | 165 307 | 93 647 | 10 793 | 12 916 | 13 994 | 16 397 | 17 560 |

---

①　资料来源:http://www.xinhuanet.com/tech/2018-05/28/c_1122896132.htm。
②　资料来源:http://www.sipo.gov.cn/docs/20180226104343714200.pdf,《2016 年专利统计年报》。

续　表

| 国家地区 | | 总累计 | 1985—2011 年 | 2012 年 | 2013 年 | 2014 年 | 2015 年 | 2016 年 |
|---|---|---|---|---|---|---|---|---|
| 法　国 | FR | 70 165 | 43 022 | 5 128 | 5 126 | 5 460 | 5 654 | 5 775 |
| 荷　兰 | NL | 55 437 | 39 244 | 3 035 | 2 888 | 3 324 | 3 395 | 3 551 |
| 瑞　士 | CH | 52 004 | 31 369 | 3 545 | 3 926 | 4 276 | 4 438 | 4 450 |
| 英　国 | GB | 38 369 | 24 822 | 2 273 | 2 455 | 2 674 | 3 032 | 3 113 |
| 瑞　典 | SE | 30 284 | 19 168 | 1 988 | 2 119 | 2 337 | 2 211 | 2 461 |
| 意大利 | IT | 28 555 | 18 019 | 2 020 | 1 992 | 1 978 | 2 116 | 2 430 |
| 芬　兰 | FI | 18 062 | 11 879 | 1 255 | 1 222 | 1 333 | 1 225 | 1 148 |
| 加拿大 | CA | 16 305 | 10 223 | 1 352 | 1 237 | 1 183 | 1 153 | 1 157 |
| 澳大利亚 | AU | 13 914 | 9 347 | 957 | 876 | 919 | 888 | 927 |
| 丹　麦 | DK | 12 471 | 7 438 | 884 | 1 061 | 1 025 | 1 012 | 1 051 |
| 奥地利 | AT | 9 799 | 4 903 | 759 | 951 | 1 062 | 1 070 | 1 054 |
| 比利时 | BE | 9 044 | 5 371 | 693 | 698 | 732 | 745 | 805 |
| 以色列 | IL | 8 013 | 4 198 | 686 | 669 | 764 | 777 | 919 |
| 新加坡 | SG | 7 609 | 3 604 | 651 | 680 | 696 | 875 | 1 103 |
| 西班牙 | ES | 6 909 | 4 275 | 548 | 533 | 497 | 515 | 541 |
| 开曼群岛 | KY | 12 535 | 2 059 | 805 | 699 | 1 764 | 3 416 | 3 792 |
| 20 国合计 | | 1 870 243 | 1 139 153 | 135 158 | 138 931 | 146 588 | 155 048 | 155 365 |
| 占总体比重 | | 97.61 | 97.72 | 97.59 | 97.49 | 97.32 | 97.48 | 97.35 |

这 20 个国家,除开曼群岛外,都是发达国家,在我国申请专利授权的项目,这些国家就占 97% 以上。从标准到专利,这一切的背后就是经济利益。

## 二、网络空间标准与秩序的关系

从社会秩序层面分析经济利益至多是一个效率问题,但网络空间所涉及的领域已渗透到社会各个层面,尤其是涉及国家安全领域的问题越来越严重,由此引发技术对国家安全的战略意义不断拉升。当年,英国在研发计算机时,就是因为战时需求。只不过因为技术不成熟,研发产品没有成为拉动社会生产效率的工具而被搁置。从现象分析,这还可以认为是浪费了国家财力的无用研究,英国人为了掩盖其失败的成果,用国家安全的招牌来覆盖真相,销毁研制出的机器。也许这些事情的细节包含一些国家机密,但从科学技术发展的视角看,计算机这一事物与国家安全并没有太多直接的关系。但间接的关系就难以分割,尤其是当互联网出现后,关联性、复杂性呈指数增长。网络空间的问题已不是单纯的技术问题,更多涉及社会层面的复杂问题。

根据 R. M.昂格尔的分析,社会秩序涉及另一个基础层面的问题是社会共识问题(合法性理论)。这比前一效率问题更加复杂,技术在这一层级已不是一个交易性问题,而是一种壁垒性问题。如"中兴事件"就是一个典型案例①。从经济利益分析,中兴近 10 多年努力奋斗的经济利益被这一事件一扫而净。显然,在这一层面的问题已不是利益的多少,而是生存与灭亡的关系。尽管从表面看是技术的壁垒,但本质是共识问题。网络空间从构建到应用已经历 20 多年的发展,网络技术和应用也发生了巨变。网络空间的秩序已从技术构建向社会构建转化。影响空间秩序的主导因素也从技术性因素向社会性因素转化,使得网络空间秩序构建的复杂性不断增加。

从技术的直接应用效果看,互联网在信息的传递、交流和展现有了革命性变化,这些变化不仅改变了人们的生产和生活方式,甚至对社会文化、政治和国家安全都产生了重大影响。因此,网络空间的秩序问题也将涉及社会发展的众多领域。从互联网技术构成和互联网渗透应用对社会现实产生的各种影响,网络空间秩序已发展成为一个内涵丰富的复杂的概念。有许多领域现实社会与网络空间已难以分割。如互联网引发的各类信息

---

① 《切肤之痛激发理性自强》,《人民日报》2018 年 4 月 19 日。

安全问题,将网络空间秩序和社会秩序搅和到一起。人们一方面享用技术带来的便利,同时也遭遇到麻烦或侵害,如百度对社会的作用,有服务,也有伤害。

但网络空间与现实社会还是有一些根本性的区别。最明显的特征是网络空间中的行为存在可追溯印迹的技术。也就是说网络再复杂也是人为制作或构建的一个空间,从技术上看是有序、可穷尽、可复制(存储)的。简而言之,网络空间秩序的基础是技术构建的,戴维·温伯格将这种由技术构建的秩序定义为"数字秩序",劳伦斯·莱斯格更直接地认为"代码就是法律"①。总之,无论是数字秩序,还是代码所塑造的网络空间法律,其基础是构建网络的技术。

但网络空间秩序在社会实践中所起到的实际效果是复杂的。即从现实社会发生的问题分析,技术所构建的秩序与社会秩序并非都运行或作用于同一个空间,尤其是当网络渗透到社会的各个领域,技术秩序(或数字秩序)在社会实践中所起的作用被人为地复杂化。犹如阿里巴巴在商业上获得了极大的成功,但也在世界范围内受到了猛烈的批评(如阿里巴巴在加入国际反假货联盟后受到广泛的质疑②)。但就秩序(有条理、不混乱)而言,其对立面是那些破坏秩序的行为。社会形成秩序的过程可能在进程上等价于社会发展的进程,其复杂性、艰难程度或许只能用人类自身发展的历史来解析。所以,从秩序的对立面入手看网络空间秩序是否可以简单分类。从扰乱秩序的行为分析,有的是利用网络技术实施有违条理、加重(大)混乱的行为,如网络黑客的破坏(修改)、攻击、盗取、监听、偷窥等非法和恶意行为。也有一些网络行为与网络技术无关,如信息安全中有关内容安全的问题,涉及社会共识不是技术。所以,与秩序对立的行为可能与技术相关,也可能与技术无关。基于这一特征,我们对网络空间秩序做如下

---

① [美]劳伦斯·莱斯格:《代码》,李旭等译,中信出版社 2004 年版,第 3 页。

② 资料来源:http://mt.sohu.com/20160516/n449646882.shtml。

划分：

（1）网络空间秩序的基础是技术，我们将那些构建在技术之上的秩序（如规则、标准、协议以及物理设施的接口或连接秩序等）定义为技术类秩序。

（2）那些不能明确是由技术构建的网络空间秩序，定义为非技术类秩序。

网络空间存在秩序，也需要秩序。将网络空间秩序分解成技术类和非技术类是为了便于我们在发展对策中分析。这里所谓的技术，是指网络建设和运行中纯技术性构建问题，与社会意识、文化等概念性认识或理念做分割。特别是随着网络空间活动与社会现实交互活动越来越密切，笼统地分析网络空间秩序也会变得困难。将技术类问题剥离出来，有助于我们对问题复杂性的认识。

网络空间秩序的维护，具体到实际的社会问题时通常与网络空间的技术性规范、网络运营涉及的法律、法规、准则、条例等相联系。也就是说，如果将网络空间秩序所包含具体的规范、准则或条例等组成一个集合空间，在形式上把这一空间分解为两类，一类称技术类秩序（集），另一类从集合运算来定义是前一类的余集（非技术类秩序），这两类的交集应该是一个空集。但正如 R. M. 昂格尔在其《现代社会中的法律》所论述的那样："秩序理论的弱点，远不仅仅是思想上的问题，而是对应着它所涉及的社会中的实际状况。社会越是远离理想，人们越是不能建构一种前后一致的秩序理论，因为，人们越来越不能具有这样一种前后一致的秩序。"①

另一方面，从逻辑的视角分析，我们界定的秩序，从集合论分析，有可能不属于策墨罗选择公理所界定的那类集合。1907 年，策墨罗给出了每个集合都可良序的证明，其基础就是这些集合必须满足他的选择公理②。

---

① ［美］R. M. 昂格尔：《现代社会中的法律》，吴玉章、周汉华译，译林出版社 2001 年版，第254 页。

② ［加］G. H. 穆尔：《策墨罗的集合论公理化工作的起因》，《哲学逻辑杂志》1978 年第 3 期。

而昂格尔明显否认了秩序集的良序性质。这也从一个侧面反映网络空间的秩序，即便是分解为简单的两类（技术类与非技术类），其内在的关系仍然是复杂的，就是从简单的数学理论来演绎，可能也不存在一个理想的良序集。

---

**资料 3.1　选择公理**

设 C 为一个由非空集合所组成的集合。那么，我们可以从每一个在 C 中的集合中，都选择一个元素和其所在的集合配成有序对来组成一个新的集合。

---

## 三、网络空间秩序构建与应用进化的关系

网络在发展的过程中并非都是按照人们理想的方向发展。1998 年 2 月，北卡罗来纳州的马卡维利、图肖特和以色列的阿纳莱泽找到了美国国防部计算机缓冲区的缺陷，进行长达一周的侵入式"网络冲浪"，不仅阅读、拷贝和删除计算机系统内的文件，还肆意安置了程序[①]。1999 年 3 月，一位来自贝尔格莱德的黑客开始用他的计算机自动地反复连接北约站点，占领带宽、拖垮系统，达到"轰炸"北约站点的目的。另一位黑客每天向北约电子邮件系统发送约 2 000 份电子邮件，投放了 5 种计算机病毒。1999 年 3 月 30 日，一群俄罗斯黑客加入战斗，他们在一个名为"黑客地带"的网站上声明对北约宣战。这个自称"俄罗斯黑客联盟"的组织号召全世界同行都加入网络战争，袭击北约成员国的网址，作为对南斯拉夫人民的声援。1 200 名黑客表态参战，对北约网络发动不间断攻击。他们分别袭击了北约总部及其主要成员国的一些电脑网络服务器，还破坏了美国领地波多黎各的几个网站，在网页上写下了反对北约轰炸的抗议口号[②]。1999 年 4 月，美国国防部副部长哈默在一个信息安全研讨会上，把以塞族黑客攻击北约

---

①　宝铠:《网络谍战》，军事谊文出版社 2000 年版，第 35 页。

②　资料来源：http://book.people.com.cn/GB/69399/107423/207171/13142024.html。

站点为代表,攻击与科索沃冲突有关的网络安全事件称为全球"第一次网络战争"。2009 年 7 月和 2010 年 4 月期间,伊朗大约 3 万个网络终端感染"震网"病毒,这些病毒攻击目标直指伊朗的核设施。这是利用互联网渗透技术开展破坏活动的一个全球知名案例①。这一攻击迫使伊朗暂时卸载首座核电站——布什尔核电站的核燃料,西方国家也悄悄对伊朗核计划进展预测作了重大修改。2013 年揭秘的美国"棱镜计划",是一项由美国国家安全局,自 2007 年起开始实施的绝密电子监听计划。该计划的正式名号为"US-984XN"。PRISM 计划能够对即时通信和存储资料进行深度监听。监听对象包括任何在美国以外地区的相关客户,或是任何与国外人士通信的美国公民。国家安全局在 PRISM 计划中可以获得的数据类型有:电子邮件、视频和语音交谈、影片、照片、VoIP 交谈内容、档案传输、登入通知,以及社交网络细节。例如,2012 年美国《总统每日简报》的综合情报文件,有 1 477 件使用了来自 PRISM 计划的资料②。

很明显,以上案例显示出网络空间秩序的构建,从形成的过程看可以划分为两个阶段:第一个阶段是在 20 世纪 60 年代到 1997 年,这是网络空间技术性构建的年代。人们对网络空间的秩序充满理想,用科学方法和精神来创建、规范网络系统的运行规则。对于技术构建的阶段,美国商务部就是在充分认识到网络空间为美国带来的经济价值③,积极借用市场化的手段,将网络空间构建的基础性技术秩序,融入全球经济的市场中,使网络空间最基础的原始性资源禀赋,大量被美国占有(当然这在客观上,也可以认为是美国科技创新所获得的经济成果),这是美国占据现今网络空间技术秩序高地的历史原因。

---

① 资料来源:http://bobao.360.cn/news/detail/828.html。

② 资料来源:http://news.ifeng.com/world/special/sndxiemi/content-4/detail_2013_06/13/26366771_0.shtml。

③ 美国商务部 1998 年发布《浮现中的数字经济》,至少连续 6 年发布数字经济年度报告。

　　然而,随着互联网的普及应用,一些违背、破坏秩序的事件也逐渐增多。另一方面,那些网络空间的构建者或使用者,他们一边用技术的构建来规范网络空间的技术秩序,一边又用理想社会的思想来描述网络空间的自由主张,用理想的愿望来诠释构建的新空间,似乎网络空间与现实社会完全不同,可以自由发展(如约翰·佩里·巴洛的《网络空间独立宣言》),这种思潮助长了网络无政府主义行为,网络黑客也不断蔓延。当网络应用向社会各领域渗透时,各类矛盾和冲突也在不断涌现。理想与现实反复的碰撞也促使人们思考、研究网络空间的安全性及其与社会已有秩序冲突矛盾的调解方式。直到斯诺登曝光美国国家安全局的"棱镜计划"后,世界又一次重新审视科技所构建的这个网络空间秩序。对技术构建的秩序产生严重的关切,网络空间安全(秩序)问题也被提升到一个新高度。

　　事实上,最早考虑网络空间安全问题的国家也是美国。1998 年,美国总统 W.克林顿签署的《关于保护美国关键基础设施的第 63 号总统令》中要求"采取所有必要的措施来迅速减弱关键基础设施——尤其是信息系统——在面临物理和信息攻击时的任何重大脆弱性"[①]。2003 年 2 月,小布什希望通过公私合作的伙伴关系来实现美国的"网络空间安全国家战略"[②]。显然,网络空间已不是一个纯科技构建的空间,它与社会现实息息相关,尤其是在"9·11"事件后,美国对国家安全的认识上升到一个新高度,网络空间也成为反恐战略的一个重要领域。2013 年,美国情报界在给参议院情报委员会的评估报告中,就将网络威胁当作对美国国家安全的全球威胁而列在了恐怖主义和大规模杀伤性武器之前。因此,当网络空间的技术性构建基本完成以后,随着社会应用的逐步普及,网络安全也从一个技术秩序构建的从属地位,慢慢地演变成社会大众关注的

---

　　①　资料来源:http://theory.people.com.cn/n/2015/0901/c387081-27537623.html。

　　②　资料来源:https://www.dhs.gov/sites/default/files/publications/csd-nationalstrategytosecure-cyberspace-2003.pdf。

焦点。

1999 年,劳伦斯·莱斯格写了一部《代码》①,讨论了网络空间技术构建的秩序对社会秩序的影响。实际就反映了技术构建秩序的过程中对社会所产生的影响力问题。其简单的逻辑线索是:代码→规制→法律。从社会秩序的构建而言,一个国家的规制或法律不可能由简单的技术来完成(如美国至少有两党在博弈)。但在网络空间,这种原本是不可能事件的事情居然就可以时常出现在人们的生活中。貌似强大的技术(秩序)在人们的生活中似乎扮演了一种恃强凌弱的角色。网络空间并非像其初创者所想象的那样成为人类发展的一个新自由空间。2016 年 6 月,蒂姆·伯纳斯·李(Tim Berners-Lee)对今天网络空间所表现出的行为深感失望,希望可以再造一个全新的互联网②。

我们从网络空间的发展过程中可以看到技术类构建秩序的局限性,即原本是以科学精神为支撑的逻辑构思,考虑问题采用了"简单""优化""实用"和"可扩展"等技术性指标。但网络空间的构造并非是"上帝创造的最优空间",人们总是认为技术是可以升级改造的,因此在技术构建的过程中,总是留有大量可扩展的空间。这是技术改进系统的基本方法。这种技术的不确定性也为另一类有违社会秩序的技术打开了方便之门。显然,对这种违规性技术的约束属于非技术类秩序。这就是网络空间治理的难度,一个崇尚技术秩序的空间如何用社会秩序等非技术类秩序来约束。这也是美国可以监控世界,而世界难以保持良序的技术根源。所以,网络空间的秩序已不是单纯的技术问题。当技术应用的程序变得越来越复杂,大众就越来越远离技术秩序的内核,更多需要依靠社会秩序的力量来维护自身的权益。

---

① 劳伦斯·莱斯格著作的中文译名,原文是 *Code and Other Laws of Cyberspace*。
② 《互联网之父欲再造互联网》,《参考消息·科技前沿》2016 年 6 月 10 日。

# 第四节　社会秩序与网络空间秩序

社会秩序，是反映人们社会生活空间的一种状态。国人的理想目标是天下大治。反映社会处在一种有序、平衡，适应社会生产力发展，并能促进社会生产，提升人们生活水平的发展环境。这也是人们向往的社会良序，实现善治的共识基础。反之，就是乱，表现出无序、混乱等。网络空间已成为现代社会空间的一部分，有人称之为第五空间①。从社会生产到社会生活，网络空间已成为人们越来越重要的空间。打造网络空间共同安全，不仅要将社会秩序引入网络空间中，还要平息网络空间自有秩序与社会秩序产生的冲突，解决技术秩序与非技术秩序之间的矛盾。

## 一、社会秩序自身存在的问题

昂格尔已从理论的构建分析了社会秩序存在的问题，即便再退一步分析，从人类社会发展的自然过程看，秩序与权利之间也存在许多问题。T. 霍布斯从人类社会的自然发展，演绎了社会秩序的起源。他认为自然法是一种由理性所发现的规则或者一般性法则。从人类社会的发展出发，霍布斯认为最基本的自然法则有两条，第一是人对自身自然权利的保护，第二是和平、自愿环境下的权利交流，即"当别人也愿意的情况下，为了和平和自卫的必要考虑，人们会愿意放弃这种对任何事情的权利，满足于他自己允许他人对自己自由一样多的对他人的自由"。② 按国人的话讲"己所不欲，勿施于人"。《圣经·新约·路加福音》第 6 章 31 节有经文："你们愿意

---

① 其他四个空间分别是领土、领海、领空和太空。

② ［英］霍布斯：《利维坦》，刘胜军、胡婷婷译，中国社会科学出版社 2007 年版，第 205 页。原文为：The second Law：*That a man be willing，when others are so too，as for Peace，and defence of himselfe he shall think it necessary，to lay down this right to all things，and be contented with so much liberty against other men，as he would allow other men against himselfe。*

人怎样待你们,你们也要怎样待人。"《马太福音》第 7 章 12 节,更明确"所以,无论何事,你们愿意人怎样待你们,你们也要怎样待人,因为这就是律法和先知的道理"。这两条自然法则也成为社会契约产生的基础,从而在社会中形成了权利的相互转移。这就引出第三条自然法则,那就是:人们必须履行所订立的契约,否则契约就是空洞无用的。而确保人必须履行自己所订立的契约,是社会秩序产生的必要条件。这也是霍布斯演绎国家产生的起因和分析其属性的基础。

基于这三条自然法则生成的社会秩序(国家)在具体的形态上还带有不同文化的特色,形成了今天世界这一格局。可以说,国家已发展成高度技术化的规则体系,全球经济相对独立的体系有 200 多个。政治体系从属性上划分,也有多种类型。总之,尽管数量是有限的,但要从这个有限集中选出一个良序可能难以完成。简而言之,从社会秩序的关系集中,很难选择一个有序类(符合策墨罗的选择公理)。最接近理想的模式,是市场经济中,用价值来衡量的秩序。显然,即便是市场经济也总是很难令人满意的。2018 年中美贸易战反映了有人对市场经济所形成的隐形秩序非常不满意。这种矛盾的调和不存在第三方力量,只能是利益冲突的双方自我协商。

网络空间已成为全球(或人类)共同发展的空间,构建网络空间的秩序,需要全球达成基本共识。这超越了一个国家的范畴,可以说比一个国家自身构建秩序还要复杂。而人们所分析的社会秩序,通常情况下多指在某一区域内的情况,这种区域一般就是指国家。霍布斯将国家用"利维坦"这个怪物来表示,本身就反映了国家内部的社会秩序构建非常复杂,他的矛盾心理是对这种社会秩序构建的疑惑。这一心理与卢梭在《论人类不平等的起源和基础》中的心理类似。他们对人类因个体的智慧而推动群体与个体关系发展的社会空间所取得的现代文明,表示高度的敬意,又将人类的一切罪恶又归结于人类的个体所具有的这种智慧。而比较其他生物生存的自然世界,因个体缺少像人类那样的智慧,群体内部的秩序,全凭个体的自然能力(如新、老狮王的交替,在人类看来就是暴力),来完成群体自然秩序的基本维护。这在卢梭看来,这种秩序既没有产生像人类社会这样的文明,但也很少有像人类社会中的"罪恶、战争、谋杀"等现象。因此,要构建一个范围更广的世界秩序,其难度更高。

从这些思想者的矛盾心理分析,他们一方面总结人类的伟大文明,演绎出反映社会本原发展的基本理论,又发现人类的许多问题也是由于个体的智慧而产生的。一个简单循环是:第一步,人类个体的智慧推动了社会生产力的发展,如冶金、农业和私有财产等发展;第二步,这些成果导致人类社会对霍布斯提到的三类自然法则表现出强烈需求;第三步,当这些自然法则形成并加速人类社会的发展,人类个体之间的不平等也就出现了。国家(机器),或者说社会秩序,在这一系列的关联反应之后,通常就被赋予了许多特权来平衡那些具有不同智慧的个体。其结果,形成一个在霍布斯看来像"利维坦"一样的庞然大物。这一自成体系的"巨物",如果放到国际社会中,也自然会形成一些并非是那么公允的结果。以网络空间而言,从构建者的利益出发,至少在经济利益上是有别于国家范围内的社会空间概念。这与我们提到的其他四个空间(领土、领海、领空、太空),更是有本质的区别。无论是以物理形态,还是以数据为对象的空间划分,简单地将其他空间的社会秩序移植到网络空间都会面临更复杂的问题。

## 二、全球化视野下社会秩序存在的问题

从社会现实看,无论是理论(如昂格尔论述社会秩序存在的理论)还是现实生活(我们界定今天自己的社会,仍处在一个社会主义初级阶段),不完善的地方有很多。但现代社会发展,可以得到世界多数共识的还是市场经济部分的秩序。这也是经济全球化作用的结果。据古巴官方媒体《格拉玛报》(共产党中央机关报)在 2018 年 7 月 14 日的报道,古巴新宪法草案

将通过"承认私有企业的地位",即明确认可私有制在古巴经济新模式中的合法性,尽管古巴宪法仍然决定"政治和社会体制的社会主义性质不会改变,国有经营模式仍将占主导地位",但同时还确认私有制的合法性。这是向世界展示开放的一种积极方式,也是社会发展在制度层面的调节[1],反映了古巴也将积极投入世界经济的大潮中。

从 1978 年以来,我国 40 年的改革开放政策,显示了社会秩序层面的修复与调节对社会发展的积极作用。但还没有哪一种理论可以论证社会秩序的最终版本。即便是弗朗西斯·福山也不能终结历史的发展。澳大利亚前总理陆克文在 2018 年 7 月发表的《中国的全球治理愿景》[2]中也表达了这一观点。这反映出社会秩序自身在社会发展中存在有动态、局部不稳定性的系统毛病,要想达成一种世界性共识,可以说是极其艰难的事业。即便是在社会经济领域,20 年前,美国作为互联网的构建者,积极推动经济全球化发展,但今天,"美国优先"的政策理念,又是美国率先挑起了"全球贸易之战",使得美国自身的盟友,如加拿大、日本、欧盟等,都对美国四处发起贸易摩擦不满[3]。

从以上社会发展实际分析,可以看到社会秩序的形成与社会发展密切相关,从共性分析,人类的三条自然法则是产生社会秩序的必要条件,但所有的充分性来自社会发展实际,不同地区、不同群体,有不同的特点。比较网络空间的秩序构建,从全球化视野下分析这类社会秩序,至少存在以下四个方面的问题:

第一,强弱稳定性问题。社会秩序在不同领域有不同表现,总体上是对人类行为的约束。这种约束从理论上看,来自两个方面因素促成,一是个人利益,二是群体共识。在社会实际中,个体和群体的复杂性导致了这

---

[1] 《古巴新宪法将承认私有制地位》,《参考消息·时事纵横》2018 年 7 月 16 日。
[2] 《中国的全球治理愿景》,《参考消息·海外视角》2018 年 7 月 16 日。
[3] 资料来源:http://paper.people.com.cn/rmrbhwb/html/2018-07/18/content_1868561.htm。

种约束力的实效是不同的。从社会运行的结果分析,大致可分为两类,一类是强约束,另一类是弱约束。如国家层面的法律和规范通常是一种强约束,而国际社会中的国际秩序,对不同群体有不同认识,这是一种典型的弱约束。社会秩序从强到弱并没有一条泾渭分明的界线,一切似乎与涉事的个体或群体有密切的关联,从而使得人们在认识社会秩序对自我约束的实际效用,产生巨大的差异,进一步也造成了社会秩序本身的稳定性和复杂性。从逻辑层面分析,如果将世界的秩序构成一个集合,显然,这一集合不满足策梅罗的选择公理。因此,在理论上就可以论证,社会秩序构成的集合,至少在数学上不是一个良序集。

第二,社会秩序形成的充分性问题。从现有的社会秩序理论来看,由于缺少可以得到全球(全体人类)共识支撑的统一整体理论,即人类自身对社会秩序的具体内容有不同表述。尽管从必要性看,人类构建的社会秩序有共同的基础(三大自然法则),但在社会实际中,对于具体规范的充分性论述,不同群体有不同的特征,即便是在经济全球化的带动下,仍然存在许多领域,有巨大的差异。这也是从全球化视野看,由于社会秩序构成的集合并非是一个良序集,所以可以形成基础共识的内容非常有限。

第三,复杂利益对形成共识的障碍。由于人类群体之间利益的复杂关系,从而导致人们达成共识的内容也缺少长期性和稳定性。因为支撑个体利益的工具主义理性认为,评价一个概念或者理论,应该着眼于其解释和预测现象的能力,而非其形容客观现实的准确度,即工具主义理性更注重提出的结果和评价是否能够与观察得到的现象相互符合,这对个体与群体的关系影响巨大。因为工具主义理性绑定了个体与群体的关系,当"集体利益的范围越广,内容越详细,它们决定个人将如何行动的权威越大,留给个人的效益判断的任务就越少"。另一方面,"作为工具主义表现的控制自然的观念也可以使人联想到控制其他人的观念。自然和他人都构成相对个体的外部世界。而且,工具主义经常被视为纯粹操作性的智力领域,因此,更容易设想一种集团道德意识,而不是集体的智力"①。但是,个人利益理论也承认不同个体的目的会发生冲突,而解决的方式又有两类途径,一是制度程序,二是市场经济。这就产生社会效率、社会公平与社会共识之间的矛盾。其中,最典型的问题是由个体利益导致的社会共识问题。

第四,权力偏好问题。个体差异会形成个体在社会发展环境中的差别回馈,尽管社会秩序在努力消弭人类的这种差距,但无法消除由此产生权力的副作用,并助长了人对权力偏好导致的不平等问题。正如人类的文明也是人类的不平等产生的土壤,这种基础性循环支撑了社会发展灰暗的另一面,尤其是当社会空间拓展到网络空间,传统区域的概念又一次被颠覆,这就加大了问题的复杂性。从市场经济来看,反垄断判例在一定程度上是对这种社会现象的遏制手段,但在网络经济中其效果已越来越让人怀疑了。同样是市场经济,欧盟对谷歌用反垄断判罚②,但美国没有,这就是利益关联导致的不同结果。

## 三、技术对网络空间秩序的影响

霍布斯用"利维坦"来形容国家,从某种意义分析,还可以理解为国家是强化社会秩序的工具。即无论社会秩序本身存在什么问题,国家是最有力的维持这一秩序的工具。

人类有别于其他生物,是源自个体的智慧,这是改变个体与群体自然秩序的核心要素,形成了人类特有的文明和社会秩序。但是,从现实社会存在分析,人类个体的智慧,其能力是有限的。典型的例子是,根据昂格尔(社会秩序问题)的分析,我们自己构建的社会秩序,也没有达到我们自己构建的社会科学所要求达到的完美高度。霍布斯认为,我们还需要利维坦来辅助自己,实现我们所需要秩序的构建。

---

① 〔美〕R. M.昂格尔:《现代社会中的法律》,吴玉章、周汉华译,译林出版社2001年版,第24页。
② 资料来源:https://new.qq.com/omn/20180720/20180720A0Q13Q.html。

当社会秩序进入网络空间,强弱稳定性、存在充分性、共识障碍和权力偏好等问题有可能被进一步放大,也有可能产生变异(如阿里巴巴,很难用传统的行业或企业来测度,从社会秩序层面分析,有点像商业领域"国中之国"的范式)。从网络空间发展的现实分析,技术仍是主导秩序、规范最有力的工具,即数字秩序所发挥的社会效应,对社会实际产生了巨大的作用。这种作用对网络空间秩序的影响也是巨大的(如世界顶级十大互联网企业对网络空间秩序的影响)。至少,今天的网络空间,谁掌握了网络技术,就可以说,谁拥有了技术属性的"利维坦"。

网络空间已从物理空间发展成一个社会空间,有人称之为第五空间,从结构看,可以分成地基网络(如由光缆构成的固网)、空基网络(如移动网)和天基网络(如卫星组网),也有人将这三个基础性网络组合,称为"星融网"。从应用终端看,以人为核心的智能(手机)终端和以物物相连的物联网,几乎可以将世界联成一体。今天,整个地球大约有 75 亿人,而自 2015 年以来,全球制造的智能手机约有 60 亿部(其中,中国生产的有 42 亿部)。预计到 2018 年年底,人类制造的智能手机可以超过 75 亿部。人人都可以有一部智能手机,人类的活动几乎可以同时"映射"到网络空间中,但网络空间秩序的构建,与其他四个空间构建秩序的方式,又有许多不同,难以简单移植。

从物理原理分析,网络是人依据科学规范构建的信息传输空间,网络自身的运行是遵循科学规范的准则,尽管已有人工智能技术,但网络空间信息传输和运行的规则仍然是依据人的设计和指令,网络本身的智能,还没有改变人类为网络制定秩序的能力,至少目前还没有这个能力。

这意味着,网络空间的秩序是人类社会秩序的延伸,体现的仍然是人自身的意志。只是在社会秩序构建的权力层级方面,由社会政治层面占统治地位的情况被技术领域有所侵犯,这一方面并没有改进社会秩序构建中原有的问题,由于有新势力的闯入,进一步使原有的问题复杂化。但是,在人类还没有达成共识的情况下，人类自身意志的冲突和矛盾，最终还是通过技术层面的交锋体现出来。而主导这一交锋的背景，就是涉及秩序强弱稳定性、存在充分性、共识障碍和权力偏好等问题。从局部来看，目前解决方案的路径，更依赖技术方案的强弱来决定。即至少是目前，我们仍然要依赖物理技术来解决一些社会问题。

## 四、欧盟《通用数据保护条例》对网络空间秩序的影响

2016 年 4 月，欧盟推出了《通用数据保护条例》(General Data Protection Regulation，GDPR)，2018 年 5 月 25 日，这一法案正式生效①。据《中国经营报》2018 年 6 月 3 日的报道，欧盟的这一法案是"史上最严数据保护法，颠覆既有商业模式"。有业内人士认为："GDPR 的重大影响力主要体现在两个方面：一是 GDPR 采用了类似于此前美国长臂管辖的法律模式，不仅仅限于欧盟企业，而是将执法边界延伸到了所有搜集欧盟公民信息的企业，对互联网产业相对发达的中美两国企业影响尤甚；二是 GDPR 对违法者设计了非常重大的法律责任，即根据 GDPR 的规定，被判违法的公司需要支付罚款，数额相当于其全球营业额的 4%，或最高 2 000 万欧元(如果营业额没那么高的话)。"②有业内人士评价，这部共 11 章 99 条法规，对欧盟个人信息保护及其监管达到了前所未有的高度。美国商务部长罗斯认为：这部"生效的欧洲通用数据保护条例(GDPR)使美国公司在保护消费者隐私方面的责任发生了重大变化。GDPR 的实施很可能会中断大西洋两岸的合作，并给贸易造成不必要的障碍"。这种不同评价只要结合各自所代表的利益就容易理解。

2018 年 7 月 4 日，我们访问了阿里在北京的研究院，通过交流，了解到

① 资料来源：http://eur-lex.europa.eu/legal-content/EN/TXT/PDF/?uri = CELEX：32016R0679。

② 资料来源：http://www.sina.com.cn/midpage/mobile/index.d.html?docID = hcmurvf6655231&url = tech.sina.cn/it/2018-06-03/detail-ihcmurvf6655231.d.html。

企业对 GDPR 的看法,总体上企业也认为是欧盟的保护主义占据主导位置,这类法规对于现在的互联网创新有影响。这是来自第三方企业的认识。

从网络空间来看,欧盟的 GDPR 可能开启了一个新的网络时代,这使得那些用技术代码无所不能的行为受到了一定程度的制约,至少是对互联网企业而言,经济制裁的力度非常巨大。在参与网络空间的活动中,有组织(包括政府机构)、企业和个人这三类基本群体。GDPR 详细界定了"处理"和"处理者"的属性,定义了"处理"指针对个人数据或个人数据集合的单一操作或一系列操作,诸如收集、记录、组织、建构、存储、自适应或修改、检索、咨询、使用、披露、传播或以其他方式应用,排列、组合、限制、删除或销毁,无论此操作是否采用自动化手段。"处理者"指代表控制者处理个人数据的自然人、法人、公共机构、行政机关或其他非法人组织。用规范严谨的法律条款来规范网络空间的行为,对构建网络空间的新秩序有重大意义。

总之,网络空间本质上是技术进步和创新所取得的成果,构建这一体系的主导力量是工业化所形成的产业体系。网络空间的秩序涉及两类秩序。一类是技术秩序,这是形成网络空间标准和规则的基础,技术秩序的背后是产业的经济利益所在,其决定要素与网络关键技术有关,但最根本的问题是涉及经济利益的分配,这也是工业化推进所形成的现有国际体系。另一类是非技术秩序,受社会秩序的影响,由于人类社会秩序所构成的集合并非是一个良序集,要构建国际共识与国际工业体系比较,还存在许多障碍。

## 第五节　数字秩序对秩序构建的影响

数字秩序是第三类秩序,是基于技术智能构建所形成的秩序或能力。今天,这种能力的应用正在逐步推进、提升,尤其是互联网企业的应用相对突出。以阿里巴巴集团的成功之道为例,马云凭借自己对互联网认识,只用了 20 多年的时间,仅仅依靠自身的理念和梦想,将一个三无(无资金、无技术、无品牌)企业——"阿里"打造成世界知名企业,成功实现自己"阿里巴巴式"的财富梦想,把现实塑造出童话般的效果,成为中国的首富①。如果从阿里巴巴集团的商业模式分析,从概念到实战都不是阿里的首创,作为电子商务服务平台,有许多竞争对手,那么,究竟是什么力量推动阿里巴巴的发展? 其内在的核心竞争力又是什么?

## 一、国内电子商务企业比较

以"阿里巴巴"和"京东商城"为例,这两家公司都经营电子商务。阿里巴巴在成为上市公司的时候,其公司价值曾达到 5 090 亿美元②,这是市场选择的定价结果。所以从公司的市场价值看,阿里巴巴远远高于后者。然而,它们在商业市场上的排序是一个有意思的问题,如果你从这两家公司的年营业收入看(2017 年数据),阿里巴巴不比京东高。事实上,阿里巴巴已改变了传统的商业统计模式。作为一个电商平台,其总体的年营业收入(以人民币计)高达万亿级数量,但这不是阿里巴巴自己的营业收入,它们两者的关系犹如中国商务部与中国国内的零售业总额,本质上是没有关联的。问题的核心在于阿里巴巴是一个商业公司,不是管理部门,但它利用网络空间的数字秩序为自己奠定了一个管理者身份,在维护电子商务市场的游戏规则同时也开拓了新市场,用网络服务为自己谋求到利益回报。这与其他电商有本质的区别。其主要原因是"京东商城"将传统的商业形式平移到网络空间,其数字技术所构建的"数字秩序"在叠加和替代两效应的程度上与阿里巴巴有结构性差异,从而导致它们在市场中地位上的结构性

---

① 根据福布斯 2020 全球亿万富豪榜显示,中国首富是阿里巴巴的创始人马云,拥有 388 亿美元的财富,换算成人民币就是 2 732 亿元。资料来源:https://www.sohu.com/a/386167410_100191017。

② 资料来源:http://www.businessinsider.com/mary-meeker-internet-trends-2018-full-slide-deck-2018-5;Mary Meeker 发布 2018《互联网趋势》。

差异。

　　所以，从公司对市场的影响力、公司价值等因素来考虑，阿里巴巴明显高出其他电子商务企业，成为行业的领导者。产生这一现象的原因是来自这些公司的服务内容。阿里巴巴所以能够成为领导者，原因是其提供的服务内容在替代社会秩序中的位置高于其他电商。阿里巴巴是以"服务中、小企业"的经营理念，它并非是在网上卖东西，而是管理网上的商业买卖（核心是信用管理），阿里巴巴充分利用数字技术（数字秩序）所构建的体系，建立了其网上"商业帝国"的独特地位[①]，这在客观上提升了它的社会实际地位，使它成为一个行业（信用）的"执行管理者"。而支撑起阿里巴巴执行管理者身份的基础就是网络空间中的数字秩序，这也是阿里巴巴可以轻易跨领域经营的重要基础（如阿里巴巴进军金融业、娱乐业、传统媒体甚至教育研究等）。

## 二、阿里巴巴的作为

　　2011 年 3 月，马云在"百湖交流"[②]中提出了公司的作为，他说"这家公司最大的乐趣不是比谁钱挣得多，而是看谁对社会的影响大、谁能够帮助完善整个社会，有多少家庭和工厂因为我们发生了变化，这种乐趣才是这家公司与众不同的地方"。马云用商业的口吻提出了公司治理的终极目标似乎更像是一个社会政治宣言，这与中国人历来强调"在商言商"的场景不同。或许马云是用一种更高的愿景来要求企业实现赢利的目标。

　　2011 年的阿里巴巴还不像今天这样强大，那时的阿里也有 2.3 万名员工，在国内也算是一个大的商业企业，马云总结了阿里对社会的贡献。尽

---

　　① 2012 年 3 月，为了让阿里巴巴的管理层更好理解什么是"生态系统"，马云请了 TNC（大自然保护协会）的张爽来讲课。课后有人问马云，"阿里是不是规则制定者……"《马云内部讲话Ⅱ》，红旗出版社 2013 年版，第 181 页。

　　② 《马云内部讲话Ⅱ》，红旗出版社 2013 年版，第 79—82 页。

管这个企业成立仅 10 多年,但这三条还是让人们看到了一些本质性不同点。马云的第一个贡献是阿里巴巴集团让商业信用值钱了;第二个贡献是让中国的消费者变聪明了;第三个贡献是让中国制造企业认识到(市场)除了制造外还需要服务好。如果我们认可马云的总结,那这三点都与市场秩序密切关联。有序的市场不一定是完美的,但一定能推动发展。从商业发展的历史经验来看,如果一个企业是市场秩序的建构者,那这个企业也会伴随这个市场同步壮大。

也许不是所有人同意马云的说法,但今天从"阿里"发展的业绩分析,马云的讲话并非是虚狂之言。从目标到贡献,可以看到阿里巴巴集团给社会带来了积极的影响。2019 年 5 月,联合国经社事务部可持续发展目标司司长(已转任公共机构和数字政府司司长)来上海社会科学院工作访问,其中有一次工作研讨中就提到了阿里的电子商务平台对弱势群体在可持续发展中的作用案例,这些案例已成为联合国经社事务部推动"2030 发展目标"的国际案例。马云虽然已从阿里巴巴的领导岗位退出,但他在联合国有三个很特殊的头衔:联合国"可持续发展目标"倡导者、联合国贸易发展会议青年创业和小企业特别顾问、联合国数字合作高级别小组联合主席。一个企业家在国际上做到如此影响力,马云可以说是国内第一人,这与他的经营之道有必然联系。

## 三、阿里巴巴的技术能力

据 2020 年 3 月《参考消息》报道,高新技术在这次新冠疫情的防疫中发挥巨大作用。报道列举了"阿里巴巴达摩院开发了一套人工智能系统,它能够通过分析 CT 影像检测出新冠肺炎患者。该系统可以分辨出新冠肺炎患者与普通肺炎患者之间的差异,准确率高达 96%"[1]。

---

① 《高新技术:发挥巨大作用》,《参考消息·观察中国》2020 年 3 月 20 日。

阿里巴巴的达摩院（Damo Academy）成立于 2017 年 10 月，这是马云要"致力于探索科技未知，以人类愿景为驱动力，开展基础科学和创新性技术研究"而成立的①。事实上阿里并非是一个以技术为核心的企业，在马云的语录中很少有技术性创新概念，但阿里的技术能力与企业的成长有密切关联。没有技术的保障，市场秩序的维护就是一种奢望。2019 年的"双 11"购物节，天猫的总成交额是 2 380.8 亿元。前 1 000 亿元交易只用了 64 分钟。这需要强大的后台服务能力。但这并非是阿里制胜之道的核心能力，因为京东也有类似的能力，在同样的购物节期间，京东也有 1 794 亿元的销售额，尽管这是 11 天的销售记录，从本质上看与阿里并没有什么差别。因为许多消费者早就选择好商品了，只是等待那一刻时间的到来②。

从运营层面分析，阿里的技术并没有比京东强多少，基本属于同一数量级，但两个企业在市场价值层面有巨大差异，资本市场对这两个企业的不同评价本质上是它们在市场秩序上能力的反映。显然，阿里的优势是他们通过技术来构筑市场秩序优势，他们为成千上万的中小企业和个体（包括弱势群体）服务，为市场建立（电子商务）商业信用提供了技术解决方案，不仅有效促进了电子商务的繁荣发展，还为自己奠定了行业领导者这样一个实际地位。当然，实际维护这一地位的要素不是具体到人，而是具体到构建这一服务体系的系统。这一系统的核心能力就是温伯格所说的"数字秩序"。

## 四、阿里巴巴的优势与不足

正如马云所总结的，阿里巴巴的优势是通过互联网给出了一套在国内做电子商务的解决方案。这一方案解决了市场交易中的信用问题，通过支付宝等工具，保障了交易双方的选择权，形成国内电子商务的交易模式。

---

① 资料来源：https://damo.alibaba.com/about/?lang=zh。
② 资料来源：https://baijiahao.baidu.com/s?id=1649962843717687909&wfr=spider&for=pc。

这一工具在事实上拓展了"天猫"的交易能力。这种能力正如前文所分析的,是由技术构筑的"数字秩序"所形成的。一个平台、一套交易模式和"支付宝"工具打造了阿里巴巴集团。

阿里巴巴也有不足,其最大的痛点是"假货问题"。2016年4月13日,阿里巴巴集团正式加入国际反假联盟(IACC),成为首个电商成员。IACC是全球反假冒侵权非营利性组织,总部设在华盛顿,旗下成员有各个领域里的国际知名品牌[①]。2016年4月29日,因阿里巴巴加入国际反假联盟,美国时尚品牌Michael Kors宣布退出这一组织。多家品牌还是对阿里巴巴的打假决心持怀疑态度,约24家品牌的IACC成员私下表达了对Michael Kors的支持。迫于压力,2016年5月14日,国际反假联盟暂停了阿里巴巴的会员资格[②]。

从主观来看,马云绝不会允许在网上买假货,但阿里是交易平台,买卖双方的交易内容,阿里的技术监管难以到位,这也是技术秩序所存在的缺陷(犹如今天网民看到网上的消息一样,"如果当真"你就输了)。人们之所以拒绝马云,也反映了第三类秩序所存在的问题(否则第三类可完全替代第二类)。今天,客户评价已成为交易中的一个重要环节,这是弥补技术监管缺陷的一个补充手段。也许阿里的人工智能有可能解决这一问题,但可以肯定的是技术秩序也需要有非技术秩序的维护。因此,马云的成功并非完全取决于技术的因素,而是他用技术构建的平台商业秩序,这一秩序的构建主要依赖"数字秩序",尽管不是完美的,但是非常有效。

## 五、阿里巴巴案例对秩序构建的启示

阿里的成果充分反映了一个基本原则:优质服务是构建秩序的最佳策略。从阿里发展的过程可以明显感受到这一结论。马云最初的想法是将

---

① 资料来源:http://www.techweb.com.cn/internet/2016-04-29/2325132.shtml。

② 资料来源:http://tech.163.com/16/0515/15/BN48CB9J000915BF.html。

"电话黄页"服务搬到网上,这是他的电子商务梦想开始的想法,所以一开始的项目叫"中国黄页",其后是"阿里国际站",接着外贸 B2B 网站开启了电子商务的服务①。

当电子商务的业务推进时,马云将"天下没有难做的生意"(阿里巴巴要把全世界的商人联合起来,让天下没有不好做的生意)作为自己追求的目标②。到 2012 年 3 月,马云将商业的发展与生态系统的概念联系起来,"新零售"成为其发展的新目标。到 2017 年 10 月成立达摩院,以及阿里云的"城市大脑"。阿里已从一个交易商贸平台的经营者变身为前沿科技的追随者。这一发展轨迹的内在动力,就是企业要提供"优质服务",这是构建平台商业秩序的坚实基础。

阿里发展的每一个阶段都出现问题,许多问题是优质服务放大镜下的产物,纠正这些问题,得到的就是令人满意的结果。这是提升技术秩序,开拓市场的法宝,也是阿里围猎市场的基本手段。

---

① 资料来源:https://www.sohu.com/a/253355904_100172012。
② 资料来源:https://www.guancha.cn/economy/2016_09_04_373365_2.shtml。

# 第四章 网络强国的属性与内在特征

　　建设网络强国已成为我国新时期发展一个最重要的战略目标。今天，我们已发展成为世界的网络大国。从大到强，是我们迈进信息社会，实现全面发展现代化的必由之路。习近平总书记在首届数字中国建设峰会的贺信中再一次强调，在当今世界，信息技术创新日新月异，数字化、网络化、智能化深入发展，在推动经济社会发展、促进国家治理体系和治理能力现代化、满足人民日益增长的美好生活需要方面发挥着越来越重要的作用①。因此，建设网络强国已成为支撑我们实现"中华崛起"的一块最重要的基石。2014年2月，在我国成立"中央网络安全和信息化领导小组"之际，习近平总书记对建设网络强国就已提出明确的要求：要有自己的技术，有过硬的技术；要有丰富全面的信息服务，繁荣发展的网络文化；要有良好的信息基础设施，形成实力雄厚的信息经济；要有高素质的网络安全和信息化人才队伍；要积极开展双边、多边的互联网国际交流合作②。网络强国显然不仅仅是安全问题，而是一种全面的提升，不但在技术或信息基础设施，在文化、经济、教育（如人才队伍建设）等领域都要形成支撑强国地位的发展水平。今天经济全球化和互联网已将地球连接成一个整体，所以网络强国还体现在我们要形成积极有效的国际交流，在双边、多边的国际交往中产生强大的国际影响力，打造具有广泛共识的命运共同体。从这一战略目标

---

① 资料来源：http://www.gov.cn/xinwen/2018-04/22/content_5284935.htm。
② 资料来源：http://politics.people.com.cn/n/2014/0227/c70731-24486583.html。

要求分析,网络空间发展不仅仅是网络技术问题,除了核心技术自主掌控这个硬道理,至少还涉及发展社会经济、激发社会创新能力、达成国际共识(网络空间治理基本准则)等,所以我们必须要弄清网络强国的内在属性,在这多个维度的空间中,选择一条最适合自身发展的强国之路。

## 第一节 网络空间发展与信息安全内涵的变化

互联网从构建到向全球各领域渗透与人类其他发展的各项进程比较,其扩展的速度史无前例。因此,尽管社会各领域在利用、使用、应用互联网时都在强调信息安全,但在网络构建和社会应用的现实中,安全问题不断出现。从技术到社会应用,在实际工作中,信息安全与网络空间在发展不同阶段、不同领域有着不同的要求。一方面,网络空间的扩张不断地引发社会问题,社会对信息安全的要求也发生了变化。另一方面,科学技术创新在社会应用实践中又产生了大量复杂的新问题。这些问题随着互联网在全球的扩张、渗透而引爆了新一轮更复杂的系统性问题。在网络空间中,这种问题的叠加、复合,犹如保罗·西利亚斯(Paul Cilliers)在其《复杂性与后现代主义——理解复杂系统》中论述的那样,流动着、变化着的复杂系统会产生出新的特征。从系统论的视角,这些新特征也可被称作涌现性质(emergent properties),是系统产生混沌(chaos)的基本根源。也就是说,互联网的产生、应用发展,不仅是人类创造出现新的信息传输工具,甚至也创造出网络的新学科(new science of networks[①]),给社会带来了大量的新问题,我们在关注发展的过程中,看到了许多甚至包括概念认识的变化。例如,我们在立项申请所表述的"信息安全"这一概念,现在更多的是表达"内容安全"这一内涵。这与立项之初所表达的概念不同。我们当时的想

---

[①] Barabási A L, *Linked：The New Science of Networks*，Massachusetts：Persus Publishing，2002.

法,在今天看来是涉及范围更广的网络空间安全,这包括内容安全,是一种更宏观、笼统的网络安全概念,这些变化是社会发展所遇到的新问题带来的。

## 一、网络空间发展与认识的变化

我们提出建设网络强国的战略目标缘起对网络空间安全的认识(早期就是指信息安全)。从事件看,是缘于"斯诺登事件"。在这一事件之前,我们对信息安全、网络安全和信息空间安全、网络空间安全(还包括虚拟空间、信息系统)等概念的认识并不十分清晰。这一现象也并非仅限于国内,就是国际社会和不同国家或地区,在产业领域、技术发展研究和国家发展战略等重要文件都反映了这些概念存在一种交叉融合的"概念圈"现象①。即无论是中文还是英文,涉及信息安全、网络安全和网络空间安全等概念,在学术、技术和政策领域的使用中有相互重叠的部分,概念之间相互关联度很高,但也形成了各自的特点。总体分析,以美国信息技术发展的过程看,大致有三个阶段,一是在互联网出现前(20 世纪 90 年代初之前),通常人们将这些安全概念更直接地定义在计算机上。当互联网出现后,信息安全和网络安全就交互出现。这一时期的特点是:在"9·11"事件之前,两种概念交替出现,有人偏好硬技术应用,常常用网络安全概念;有些人偏软应用,常常用信息安全概念,这些用法基本是出于自身习惯(可能与研究者的专业背景有关)。"9·11"事件之后,网络空间的概念占据了更重要的位置,尤其是 2007 年美国启动了"棱镜"项目后,网络空间安全成为国家安全的主战场。

从美国信息技术的发展过程分析,安全概念随着技术发展应用而不断拓展。早期,美国是以预防计算机犯罪为目的的计算机安全立法(包括计

---

① 详细论证参见王世伟等:《大数据与云环境下国家信息安全管理研究》,上海社会科学院出版社 2018 年版,第 21—53 页。

算机系统、局域网络），计算机安全的构建主要围绕社会经济建设开展。重点在两个方面：一是基于技术标准为核心的行业规范，这种规范在更多层面上是基于科学和效率的考虑；二是以阻止利用计算机及系统进行不当行为为目的技术手段（如加密技术）。总之，早期是以技术为主的单纯防护。20世纪90年代初，在提出"国家信息基础行动实施纲领"、建设国家"信息高速公路"，信息（information）安全就成为社会关注的新问题。当互联网将国家重要的基础设施也连在一起时，信息网络成为国家公共安全的一个神经网络，是社会运行、国家力量作用的中枢系统。美国很早就意识到这样的网络空间对国家安全的重要性，在2000年就提出了《国家信息系统防御计划》（*National Plan for Information Systems Protection*）。"9·11"事件后，美国通过国土安全新政和防恐袭击，将网络空间（Cyber）安全提升到新的高度，不是单纯的防御能力问题，而是要利用自身在网络空间的优势，形成先发制于人的能力。由此拉开了美国在网络空间中构建具有全球搜集战略情报和先发制人能力的新安全战略，并在全球以反恐的名义推进"网络威慑"政策。

我国的信息技术发展跟随着世界先进技术，在社会应用方面，以学习国外先进经验为主，结合自身社会发展需求，创新应用。尽管我国对安全非常重视，但社会应用和技术创新的主体是以学习先进为主，技术标准也是以对接国际标准为技术基准，由此，导致我国的安全体系构建也只能跟随在先进标准的身后。事实上，在信息技术领域，所谓的国际标准大多数是工业化体系建设的衍生品，现代工业体系的标准化建设客观上多数是美、欧等技术发达地区建立的。我国自改革开放以来，先是弥补失去发展的20年所产生的落后局面。到20世纪90年代，初步接近欧、美等发达地区早已成熟的电信基本水平，在基础电信还没有完全普及应用，就开始社会信息化的发展。因此，在技术领域，跟随学习是主流，尤其是信息产业和行业的标准建设是以欧、美的产业体系为标杆。国家安全，由于在核心技术上处于隔阂的位置,主要依赖物理隔离,自建体系(如内网建设)来增加安全感,但国家安全与信息技术分属不同部门、不同体系建设和管理。尤其是信息产业,我国是以市场吸引外资和先进技术企业落户国内,技术核心基本掌控在外资企业手中,这些行业的标准,基本是以国际标准和行业规范为依据的。

用开放的政策吸引外资来华发展是我国社会经济发展的主要策略。由于开放市场,保护投资者利益,我国在信息产业领域,通过引进外资、技术以及合作办企业等有效手段,推动了产业飞速发展。到 2004 年,我国已是信息产业领域的生产大国,无论是信息终端产品的产量还是网络用户,都发展成为世界之最。到 2008 年 6 月,根据中国互联网络信息中心的统计调查,我国网民的数量超过美国,成为全球第一。截至 2008 年底,我国网民的社会普及率也超过世界平均水平,成为名副其实的网络大国①。产业发展也带动了社会信息化创新应用,在"互联网 +"的推动下,我国的信息化应用在某些领域已超越许多世界发达国家的水平(例如,移动支付领域)。表 4-1 是我国发展阶段最重要的标志性会议,从党的"十五大"到"十九大",历次党代会对信息化在社会经济发展中的作用都有战略性定位。从这五届党代会的定位,我们可以感受到社会信息化发展的阶段特征和变化。

表 4-1　近五届党代会报告关于社会经济发展的重要论述

| 时间 | 届次 | 涉及国民经济和社会信息化相关论述 |
| --- | --- | --- |
| 1997 年 | 十五大 | 改造和提高传统产业,发展新兴产业和高技术产业,推进国民经济信息化。继续加强基础设施和基础工业,加大调整、改造加工工业的力度,振兴支柱产业,积极培育新的经济增长点。把开发新技术、新产品、新产业同开拓市场结合起来,把发展技术密集型产业和劳动密集型产业结合起来。鼓励和引导第三产业加快发展 |

①　中国互联网络信息中心:《第 23 次中国互联网络发展状况统计报告》。

| 时间 | 届次 | 涉及国民经济和社会信息化相关论述 |
|---|---|---|
| 2002 年 | 十六大 | 实现工业化仍然是我国现代化进程中艰巨的历史性任务。信息化是我国加快实现工业化和现代化的必然选择。坚持以信息化带动工业化，以工业化促进信息化，走出一条科技含量高、经济效益好、资源消耗低、环境污染少、人力资源优势得到充分发挥的新型工业化路子 |
| 2007 年 | 十七大 | 发展现代产业体系，大力推进信息化与工业化融合，促进工业由大变强，振兴装备制造业，淘汰落后生产能力；提升高新技术产业，发展信息、生物、新材料、航空航天、海洋等产业；发展现代服务业，提高服务业比重和水平；加强基础产业基础设施建设，加快发展现代能源产业和综合运输体系。确保产品质量和安全。鼓励发展具有国际竞争力的大企业集团 |
| 2012 年 | 十八大 | 坚持走中国特色新型工业化、信息化、城镇化、农业现代化道路，推动信息化和工业化深度融合、工业化和城镇化良性互动、城镇化和农业现代化相互协调，促进工业化、信息化、城镇化、农业现代化同步发展。<br>建设下一代信息基础设施，发展现代信息技术产业体系，健全信息安全保障体系，推进信息网络技术广泛运用 |
| 2017 年 | 十九大 | 必须坚持和完善我国社会主义基本经济制度和分配制度，毫不动摇巩固和发展公有制经济，毫不动摇鼓励、支持、引导非公有制经济发展，使市场在资源配置中起决定性作用，更好发挥政府作用，推动新型工业化、信息化、城镇化、农业现代化同步发展，主动参与和推动经济全球化进程，发展更高层次的开放型经济，不断壮大我国经济实力和综合国力 |

## 二、网络空间安全与认识的变化

从五届党代会对社会信息化发展的战略定位分析，前四届都是落实在产业领域，着力推动社会信息化应用。第五届尽管也提到推动新型工业化、信息化，但更多的是强调提升社会经济实力和综合国力，将信息技术发展纳入科学技术领域的整体发展，在党的"十九大"的报告中提出"加快建设创新型国家。创新是引领发展的第一动力，是建设现代化经济体系的战略支撑。要瞄准世界科技前沿，强化基础研究，实现前瞻性基础研究、引领性原创成果重大突破。加强应用基础研究，拓展实施国家重大科技项目，突出关键共性技术、前沿引领技术、现代工程技术、颠覆性技术创新,为建设科技强国、质量强国、航天强国、网络强国、交通强国、数字中国、智慧社会提供有力支撑。加强国家创新体系建设,强化战略科技力量。深化科技体制改革,建立以企业为主体、市场为导向、产学研深度融合的技术创新体系,加强对中小企业创新的支持,促进科技成果转化。倡导创新文化,强化知识产权创造、保护、运用。培养造就一大批具有国际水平的战略科技人才、科技领军人才、青年科技人才和高水平创新团队"[1]。

其次,党的"十九大"报告中特别强调了"坚持总体国家安全观。统筹发展和安全,增强忧患意识,做到居安思危,是我们党治国理政的一个重大原则。必须坚持国家利益至上,以人民安全为宗旨,以政治安全为根本,统筹外部安全和内部安全、国土安全和国民安全、传统安全和非传统安全、自身安全和共同安全,完善国家安全制度体系,加强国家安全能力建设,坚决维护国家主权、安全、发展利益"。

这是党代会首次提出非传统安全,其背景就是网络空间安全问题。从报告中专门的论述,可感受到这一问题在国家战略中的位置。显然网络空间安全是一个关系全局安全的重大问题,涉及社会发展各个领域,互联网给党的执政环境带来了重大影响。在党的"十九大"后召开的第四届世界互联网大会上,习近平总书记发信致贺,信中提到了"以信息技术为代表的新一轮科技和产业革命正在萌发,为经济社会发展注入了强劲动力,同时,互联网发展也给世界各国主权、安全、发展利益带来许多新的挑战。可以看到,随着互联网的快速发展和信息化的深入推进,互联网经济、信息经济已成为新的生产生活方式的引擎。借助互联网带来的便捷化沟通交流,人们的社会交往方式发生了根本性变化,泛在的、即时的、跨时空的交往方式开始占据主导。共同分享、广泛表达、高频互动等信息交流方式,使开放、

---

[1]　资料来源:http://cpc.people.com.cn/n1/2017/1028/c64094-29613660.html。

多样的思想舆论对人们产生了越来越大的影响。如何顺应和驾驭互联网时代人们的生产方式、社会交往方式和认知方式的深刻变化,成为中国共产党必须认真对待的重大挑战"①。

显然,美国在"9·11"事件后所采取的网络空间威慑政策改变了世界对互联网的认识,欧盟之所以推出《通用数据保护条例》(GDPR),可以认为就是从市场层面应对来自美国网络威慑的挑战,这也是自美国提出"One World,One Internet"后最有成效的针对性措施,依法约束网络空间的行为已成为世界的基本共识。

## 三、信息安全与网络空间安全的关系和变化

信息安全与网络安全,在概念形成的初期,是由不同人群描述一种"安全问题"而产生的概念。上海交通大学法学院寿步梳理了这些概念的内涵,并给出一个很好的总结②,图 4-1 是他总结国家重大战略性文件中的变化过程。

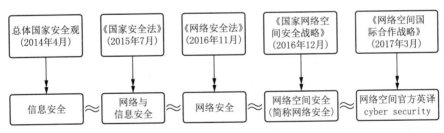

**图 4-1 官方文件中相关术语使用的演变过程**

在国内外相关立法和学术文献中,信息安全(Information Security)、网络安全(Network Security)、互联网安全(Internet Security)、网络与信息安全(Network and Information Security)、网络空间安全(Cybersecurity)等概

---

① 资料来源:http://theory.people.com.cn/n1/2017/1211/c40531-29697524.html。
② 寿步:《网络安全法若干基本概念辨析》,《科技与法律》2017 年第 4 期。

念都常见到。这与前文提到王世伟研究的"概念圈"结果基本一致,但从我国国家级战略性文件中的表述,反映了一种认识上的变化。图 4-2 表达了这些概念之间的拓扑关联。本质上,这些概念在具体的使用中与所处的语境和应用场景又有密切关联,如我们的研究,主要是从网络空间安全这一大概念出发,其原因是我们没有涉及具体的信息技术问题。

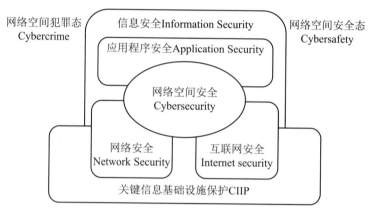

**图 4-2 网络空间安全与其他安全领域的关系**

《中华人民共和国网络安全法》对"网络"的定义是:指由计算机或者其他信息终端及相关设备组成的按照一定的规则和程序对信息进行收集、存储、传输、交换、处理的系统。除了互联网、移动端的社交媒体、工业互联网(如物联网)、智能家电(联网的智能机器)都是网络空间中的实体对象。所以,网络空间安全是最大范围的概况,前文所提到的信息安全,从严谨的意义上分析,应该是指网络空间安全。

网络空间安全所产生的这一变化,其根本原因是美国在网络空间中战略的调整。最主要的原因是美国倚仗互联网构建的基础性优势,实施网络威慑政策,这对基于现代科技构建的网络空间生态,产生极大的冲击,打破了科学构建网络空间秩序的平衡法则(如效率优先法则),驱使网络空间复杂化。

## 四、中国网络空间安全的目标

与美国不同,我国作为在信息技术领域一个后发国家,在社会发展与建设的许多方面也都落后于美国。我国的发展过程,经历了弥补失去的20年、跟进世界先进发展的脚步和学习超越世界先进发展水平这几个阶段。在信息技术领域,可能更加简单,就是跟进和学习。但我国对网络空间安全的认识从国家整体安全战略分析,经历了两个不同的发展时期。

"斯诺登事件"之前,我国对网络空间安全的认识,是随着社会信息化应用的深入而逐步加强。由于我国在信息技术领域处于落后位置,尽管对信息安全也非常重视,但这种认识在战略上存在一定的局限性,最关键的问题就是如何定位发展。我国的发展模式必然拘囿了我国在网络空间中的安全战略,即在网络空间领域的发展,我国是以学习美国为代表的先进技术为主,用开放的市场积极抓住发展的机遇。实践经验和结果反映了我国在战略上取得了成功。如联想集团通过合作,已发展成为世界先进的PC制造企业,华为也成为在信息通信领域的全球企业。另外,世界十大互联网企业,我国占据四席。作为一个网络大国,我国在信息通信领域终端产品的生产数量,也是世界第一。无论是用户还是生产,我国都已成为全球第一的规模,这与改革开放前的发展水平比较,可以说有天壤之别,这是我国发展模式成功的一面。但另一面,我国有太多的核心技术没有自主掌控,我国对网络空间复杂性的认识遇到了障碍。除了能力上的,更多的是网络空间组织机制、系统生态和要素构建,我国缺少在国际舞台上的话语权,这是由现代工业化体系衍生出的舞台,许多规则继承了工业化体系的专业技术模式,作为一个学习跟进者,必然要付出艰辛的努力和代价。

"斯诺登事件"之后,我国重新认识网络空间安全的系统性问题,提出了总体国家安全观的结构。对安全的认识将原有基于技术、系统、网络、应用和产业等专业性规范提升到更高一个层次,将网络空间主权的理念放进维护空间安全的准则中。这超越了技术的界面,涉及主权属性的网络规范行为和准则,这是一个社会共识问题,需要社会成员之间达成这种共识,通过共识来约束网络空间中的行为。即网络空间安全,不是一个技术性问题,是关系到社会自身的安全问题。它涉及"一个地球,一个网络"的共同安全问题,我国希望在"人类命运共同体"的共识基础上,构建一个具有全体成员共享安全的网络空间。

## 第二节　网络强国的标杆与基础

2016 年 5 月 16 日,国家信息中心发布了《全球信息社会发展报告2015》[①],报告对全球 126 个国家进行了评估,结果是:2015 年卢森堡的信息社会指数为 0.898 9,排名全球第一。芬兰、新加坡、瑞典、瑞士、丹麦、挪威、英国、奥地利、日本分别位列第二至第十位。全球信息社会发展程度最高的地区是欧洲,信息社会指数达到 0.689 9,全球信息社会最落后的地区是非洲,信息社会指数为 0.341 4。中国信息技术创新应用也取得显著成效,但信息社会发展仍然滞后于经济发展水平。2015 年中国信息社会指数为 0.435 1,位列全球第 88 位,与全球平均水平仍有一定差距。但是,卢森堡似乎还不能说是网络强国,至少不是我们心目中的强国,尽管其社会信息化发展水平很高,而网络强国在我们的理解中并非仅仅是信息化终端应用普及率水平。那么,什么是网络强国,网络强国的标杆是什么?

### 一、信息社会发展与国际评估比较

今天,我们都认为美国是世界头号网络强国。然而,从社会发展综合水平分析,国际社会对信息社会发展的评估又有其独特的判别方法,就如

①　资料来源:http://www.sic.gov.cn/archiver/SIC/UpFile/Files/Htmleditor/201505/2015051 5180517859.pdf。

我国国家信息中心所发布的评估报告那样,排名世界第一的是卢森堡,美国甚至还没有进入世界前 10 名[①]。在信息社会指数排名最高的 10 个国家中,有英国和日本(西方 7 国集团成员),还有北欧 4 国和新加坡、丹麦、奥地利等 10 个国家。除新加坡这个亚洲国家之外,其余 9 个都是经合组织成员国。

如果要评估世界的网络强国,显然卢森堡不是世界最强之国。那么网络强国与社会的发展有怎样的关系? 对此我们首先来了解国际社会是如何评价信息社会发展的。

从互联网 20 多年的发展历程看,发挥持续影响力的国际评估到目前为止至少有三个,分别是世界经济论坛(WEF)、国际电信联盟(ITU)和经济学人(EIU)主旨的评估。由于这三个评估报告并非每年都发布评估结果,我们收集了自 2006 年以来相关结果,为了比较分析,我们从这三个评估报告中选取了到 2015 年年底以前最新的 5 次结果(排名),并从最靠前的经济体中选择了 20 个样本。需要说明的是我们对那些规模较小的国家和地区(如人口不足百万)没有纳入样本,即样本在各评估排名中不一定进入前 20。当然,在比较的 20 个国家和地区中人口数量的规模也有巨大差异,但总体上,这些区域至少是具有全球城市的规模。这从局部而言,还是具有一定的可比性。这些样本国和地区分别是芬兰、新加坡、瑞典、荷兰、挪威、瑞士、英国、丹麦、美国、韩国、加拿大、德国、中国香港特区、以色列、澳大利亚、奥地利、新西兰、日本、法国、比利时。5 次评估具体排名见表 4-2。

如果认可排名反映社会发展综合水平的量化方法,为比较各种评估下的综合情况,我们构建了一个合成这些综合评价的比较方法。以排名为依据,按名次所对应数据为评价值,即名次所对应的位次就是合成的综合评价值,我们定义为累计积分,如排名第一的就是 1,其合成综合评价值就是 1;

---

① 在报告中,美国列 15 位。

表 4-2　三大评估最近五次结果

| 经济体 | WEF 14 | WEF 13 | WEF 12 | WEF 11 | WEF 10 | ITU 14 | ITU 13 | ITU 12 | ITU 11 | ITU 10 | EIU 10 | EIU 09 | EIU 08 | EIU 07 | EIU 06 |
|---|---|---|---|---|---|---|---|---|---|---|---|---|---|---|---|
| 芬　兰 | 1 | 1 | 3 | 3 | 6 | 8 | 8 | 5 | 5 | 12 | 4 | 10 | 13 | 10 | 7 |
| 新加坡 | 2 | 2 | 2 | 2 | 2 | 16 | 15 | 14 | 19 | 15 | 8 | 7 | 2 | 4 | 10 |
| 瑞　典 | 3 | 3 | 1 | 1 | 1 | 3 | 3 | 2 | 2 | 2 | 1 | 2 | 3 | 3 | 4 |
| 荷　兰 | 4 | 4 | 6 | 11 | 9 | 7 | 5 | 7 | 9 | 5 | 5 | 3 | 7 | 8 | 6 |
| 挪　威 | 5 | 5 | 7 | 9 | 10 | 6 | 6 | 6 | 11 | 8 | 6 | 4 | 11 | 12 | 11 |
| 瑞　士 | 6 | 6 | 5 | 4 | 4 | 13 | 13 | 12 | 8 | 9 | 19 | 12 | 9 | 5 | 3 |
| 英　国 | 9 | 7 | 10 | 15 | 13 | 5 | 7 | 11 | 10 | 10 | 14 | 13 | 8 | 7 | 5 |
| 丹　麦 | 13 | 8 | 4 | 7 | 3 | 1 | 2 | 3 | 4 | 3 | 2 | 1 | 5 | 1 | 1 |
| 美　国 | 7 | 9 | 8 | 5 | 5 | 14 | 14 | 16 | 17 | 17 | 3 | 5 | 1 | 2 | 2 |
| 韩　国 | 10 | 11 | 12 | 10 | 15 | 2 | 1 | 1 | 1 | 1 | 13 | 19 | 15 | 16 | 18 |
| 加拿大 | 17 | 12 | 9 | 8 | 7 | 23 | 25 | 20 | 26 | 20 | 11 | 9 | 12 | 13 | 9 |
| 德　国 | 12 | 13 | 16 | 13 | 14 | 17 | 18 | 17 | 15 | 13 | 18 | 17 | 14 | 19 | 12 |
| 中国香港特区 | 8 | 14 | 13 | 12 | 8 | 9 | 11 | 10 | 6 | 6 | 7 | 8 | 2 | 4 | 10 |
| 以色列 | 15 | 15 | 20 | 22 | 28 | 29 | 27 | 26 | 20 | 23 | 26 | 27 | 24 | 23 | 22 |
| 澳大利亚 | 18 | 18 | 17 | 17 | 16 | 12 | 12 | 15 | 14 | 14 | 9 | 6 | 4 | 9 | 8 |
| 奥地利 | 22 | 19 | 19 | 21 | 20 | 24 | 23 | 21 | 16 | 21 | 15 | 14 | 10 | 11 | 14 |
| 新西兰 | 20 | 20 | 14 | 18 | 19 | 19 | 19 | 18 | 12 | 16 | 10 | 11 | 16 | 14 | 14 |
| 日　本 | 16 | 21 | 18 | 19 | 21 | 11 | 10 | 8 | 13 | 11 | 16 | 22 | 18 | 18 | 21 |
| 法　国 | 25 | 26 | 23 | 20 | 18 | 18 | 16 | 19 | 18 | 18 | 20 | 15 | 22 | 22 | 19 |
| 比利时 | 27 | 24 | 22 | 23 | 22 | 25 | 26 | 23 | 22 | 22 | 21 | 20 | 20 | 20 | 17 |

注：本表中 WEF14 表示 2014 年世界经济论坛评估结果；ITU13 表示 2013 年国际电信联盟评估结果；EIU08 表示 2008 年《经济学人》评估结果，其余类似。

排名第七的就是 7,其合成综合评价值是 7。显然名次高者分值低,名次靠后者分值就高,发展水平反而低[1],这是一种依序列排名合成法,依此法将上表中 15 个结果求和后得到下表 4-3。

**表 4-3　三大评估综合评价五次结果累积**

| 经济体 | 累积分 | 经济体 | 累积分 | 经济体 | 累积分 | 经济体 | 累积分 |
|---|---|---|---|---|---|---|---|
| 瑞　典 | 34 | 新加坡 | 120 | 韩　国 | 145 | 日　本 | 243 |
| 丹　麦 | 58 | 美　国 | 125 | 澳大利亚 | 189 | 奥地利 | 270 |
| 芬　兰 | 96 | 中国香港特区 | 128 | 加拿大 | 221 | 法　国 | 299 |
| 荷　兰 | 96 | 瑞　士 | 128 | 德　国 | 228 | 比利时 | 334 |
| 挪　威 | 117 | 英　国 | 144 | 新西兰 | 240 | 以色列 | 347 |

从区域分布看,这 20 个经济体在欧洲有 11 个、亚洲有 5 个、北美有 2 个、大洋洲有 2 个。非洲和南美都没有。其中有 18 个是经合组织成员国(除了中国香港特区和新加坡)。在西方 7 国集团中有 6 个位列其中。11 个欧洲国家中有 9 个是欧盟成员国,而其余 2 个分别是挪威和瑞士,这两个国家没有加入欧盟的原因并非是社会发展水平问题,更多的是本国发展的先进性使得民众不愿加入欧盟。例如,从信息社会综合发展水平看,挪威和瑞士这两个国家已进入世界前 10,社会经济的发展水平也明显高出欧盟的平均水平,这是它们不加入欧盟的重要因素之一。而亚洲 5 个经济体中,有 3 个国家是经合组织成员国,这也是一种发展高水平的标志(有人称经合组织是一个"富人俱乐部")。除此之外,中国香港特区和新加坡被称为"亚洲四小龙",在 20 世纪后半叶也得到快速发展。它们也赶上了信息技术所推动的社会发展浪潮,社会发展综合水平得到显著提升,成为信息社会发展的典范。将以上情况总结形成如下表 4-4。

---

① 普华永道在其《机遇之都 6》中也采用这一方法,资料来源:http://www.pwccn.com/home/chi/cities_of_opportunity_6_chi.html。

表 4-4　经济体属性分布

| 经济体 | 综合评价 | 北欧四国 | 7国集团 | 经合组织成员国 | 欧盟成员国 |
|---|---|---|---|---|---|
| 瑞　典 | 1 | ✓ | | ✓ | ✓ |
| 丹　麦 | 2 | ✓ | | ✓ | ✓ |
| 芬　兰 | 3 | ✓ | | ✓ | ✓ |
| 荷　兰 | 4 | | | ✓ | ✓ |
| 挪　威 | 5 | ✓ | | ✓ | |
| 新加坡 | 6 | | | | |
| 美　国 | 7 | | ✓ | ✓ | |
| 中国香港特区 | 8 | | | | |
| 瑞　士 | 9 | | | ✓ | |
| 英　国 | 10 | | ✓ | ✓ | ✓ |
| 韩　国 | 11 | | | ✓ | |
| 澳大利亚 | 12 | | | ✓ | |
| 加拿大 | 13 | | ✓ | ✓ | |
| 德　国 | 14 | | ✓ | ✓ | ✓ |
| 新西兰 | 15 | | | ✓ | |
| 日　本 | 16 | | ✓ | ✓ | |
| 奥地利 | 17 | | | ✓ | ✓ |
| 法　国 | 18 | | ✓ | ✓ | ✓ |
| 比利时 | 19 | | | ✓ | ✓ |
| 以色列 | 20 | | | ✓ | |
| 合　计 | | 4(4) | 6(7) | 18(34) | 9(28) |

　　北欧、西方7国、经合组织、欧盟等成员是信息社会发展最快的代表，其特点也就是我们常说的"发达国家或地区"。从评估总体情况比较结果，可以明显得出这样的结论,信息社会发展水平本质上是社会经济发展综合

水平的体现。尽管对具体的评估对象而言,各个经济体之间有可能产生一些差异,但在总体上基本一致。这些结果与我国国家信息中心发布的最新结果在总体上基本保持一致。可以认为,人们对信息社会发展评价的认识是基本一致的。这是对一个国家或地区社会综合发展的一种评价。从指标分析,人们更多的是依赖于现代信息技术应用的社会普及程度来衡量社会总体发展水平的高低。

## 二、评估指标体系的相关性分析

总体情况是反映一个国家或地区的宏观性评价,而且可以明显地观察到评价位列前茅的国家和地区与网络强国之间还不能简单地画等号。那么,网络强国的要素需要从哪些方面来解读,或者说评价的基础是什么。为了进一步分析这些问题,我们需要深入指标体系的层级内进一步开展分析。

我们的目的是寻找网络强国的支撑要素,一个完整的指标体系通常分三四个层次,即综合发展总体水平是由多级指标评价合成的。上节是分析总体结果,现进一步分析比较这三个指标体系的二级指标与总体的相关性,目的是了解以信息社会为核心的发展评价中,最重要的要素有哪些。首先从这三大评估的指标体系构建的基本情况入手,具体结构见表4-5。

表4-5　三大指标体系的基本构成

| 评估体系 | 指标层级 | 指标分布 | 评价变量 | 权重分配策略 | 评估数量 |
|---|---|---|---|---|---|
| WEF | 四级 | 4—10—53 | 53 个 | 系统分权 | 148 个经济体 |
| ITU | 三级 | 3—11 | 11 个 | 系统分权 | 166 个经济体 |
| EIU | 三级 | 6—39 | 39 个 | 经验分权 | 70 个经济体 |

从层级上看,WEF 的指数有四级,即对网络准备度指数的评估是分解到环境、准备、使用、影响力这 4 个二级分指数,每个分指数评估又分解到

2—3 个评价柱（pillar），而每一个评价柱又分解成几个四级指标，从而形成一个总体评价。ITU 和 EIU 在层级上只有三级，比 WEF 少一层。但就方法论而言，EIU 与 WEF 更具相似性，ITU 的特点是基于电信统计指标，以量化分析为主，而 EIU 与 WEF 都有定性指标，在评估中考虑发展环境和政府的推进政策等因素。这三个评估体系所评价侧重的视角是不同的。在具体方法细节上也存在很大差异，指标的复杂程度也不同，评估指标数据的客观性也不相同，但评价的结果在总体上基本保持相容性。首先我们来分析这些指标体系的基本结构。

（1）国际电信联盟测度信息社会的评价指标体系[①]

国际电信联盟（ITU）测度信息社会指标体系是经过了长期研究后形成的，早期 ITU 有 3 套不同的评估指标：第一套是接入指数（DAI），以评估世界各经济体在互联网应用方面的接入水平，这一套指标体系从接入的基础设施、用户接入的承受度、经济体普遍的知识素养、接入质量和应用普及率等 5 个方面 8 项指标，评估互联网应用的发展水平；第二套是被喻为国际"电信奥林匹克"竞赛的评价标准[②]的数字化机会指数（DOI），这套指标是从一个国家或地区的网络覆盖与网民接入的承受度、接入方式、网络基础设施和网络的接入品质（如宽带和移动宽带上网）等 4 个方面的 11 项指标来反映国家或地区的数字经济发展水平和机遇；第三套是 ITU 与 Orbicom[③] 合作研制的测度经济体的信息化状态指标（MID），主要通过对经济体的信息化密度（网络、技能）和信息化应用力度（支撑、强度）等 20 项指标来反映该经济体的信息化发展水平。

---

① 李农：《中国城市信息化发展与评估》，上海交通大学出版社 2009 年版。

② 资料来源：http://it.sohu.com/20061205/n246819019.shtml。

③ Orbicom 是联合国教科文组织全球通信讲席教授网，是教科文组织的一个专业网络，与联合国经济和社会理事会互为咨询关系。该网络包括通信领域的 26 个席位和来自 73 个国家的通信研究、信息和通信技术发展、新闻、媒体、公关、通信法律和其他领域的 250 多个准会员。该网络创建于 1994 年，旨在通过多学科渠道促进全球通信发展。

表 4-6　国际电联(ITU)测度信息社会指标体系

| | 评估参考值 | 分指标权重 | 总指标权重 |
|---|---|---|---|
| **信息接入** | | | |
| 1. 每百人固定电话主线数 | 60 | 20(％) | |
| 2. 每百人移动用户数 | 120 | 20(％) | |
| 3. 每个网民拥有的国际带宽 | 962 216(比特) | 20(％) | 40 |
| 4. 家庭拥有计算机比例 | 100 | 20(％) | |
| 5. 家庭接入互联网比例 | 100 | 20(％) | |
| **信息使用** | | | |
| 6. 使用互联网比例(网民比例) | 100 | 33(％) | |
| 7. 每百人固定宽带用户数 | 60 | 33(％) | 40 |
| 8. 每百人移动宽带用户数 | 100 | 33(％) | |
| **信息技能** | | | |
| 9. 成人识字率 | 100 | 33(％) | |
| 10. 中等教育毛入学率 | 100 | 33(％) | 20 |
| 11. 高等教育毛入学率 | 100 | 33(％) | |

　　这几套指标体系在经过数年的实践最后形成了测度信息社会的评价指标体系①如表 4-6 所示,共有 11 个三级指标和 3 个二级指标,这 3 个二级指标分别是:接入指数(ICT access)、使用指数(ICT use)和技能指数(ICT skills)。为了便于表述,我们定义这 3 个二级指标分别为 ITU1、ITU2 和 ITU3,供下文的统计分析使用。

　　(2)世界经济论坛网络就绪度评价指标体系

　　世界经济论坛(WEF)在 2002 年由哈佛大学国际发展中心研制了一套关于互联网发展和应用的评价指标体系。目的是对世界经济体的信息与通信技术的应用现状和发展潜力进行综合评估。每年以《全球信息技术年度报告》的形式对外公布其评估结果,其评估指标体系被称为"网络化准备

---

① 资料来源: http://www.itu.int/en/ITU-D/Regional-Presence/Europe/Pages/Events/2015/MIS_2015_report_launch/Measuring-the-Information-Society-Report-2015.aspx。

指数"(Networked Readiness Index,简称 NRI)。早期这套指标体系由两部分组成:第一部分是网络应用,主要有网民、电话和电脑等 5 个指标;第二部分是网络支撑因素,主要通过网络接入、网络政策、网络化社会和网络化经济等 4 个方面反映信息基础设施、硬件软件和支撑服务、信息通信政策、贸易与经济环境、网络化教育、信息通信产业发展机会、社会资源水平、电子商务、电子政务和基础设施建设等领域发展水平,共有 60 个评价指标。经过几年的评估实践,WEF 指标体系演化成如图 4-3 所示①的结构。

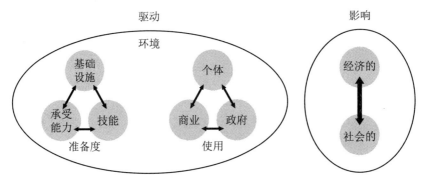

**图 4-3　网络就绪度评价指标体系结构**

表 4-7 是网络就绪度指数的指标体系,网络准备度指数被分解到 4 个方面,即环境分指数(Environment subindex)、准备分指数(Readiness subindex)、使用分指数(Usage subindex)、影响力分指数(Impact subindex)。同样为了便于统计分析,我们定义这 4 个二级分指数为:WEF1、WEF2、WEF3、WEF4。评价计算权重采用系统平均分权方法,即二级指标在加权总指数时是平均权重,每个指标占 25％的权重,三级指标在不同的二级子类中有不同数量,指数的计算中也采用平均权重(如有 2 个分指标就各占 50％;有 3 个就各占 33.3％)。以此类推到 4 级指标,按系统分层,每一层

---

① 资料来源:http://reports.weforum.org/global-information-technology-report-2015,*The Global Information Technology Report 2015*。

级各分系统均按平均加权方法计算。显然,对于每个具体评价指标由于在各子系统中的数量不同。因此,对于总体指数而言,这样的加权在总指数计算中,权重是不同的。但对每一层级而言,权重是平分的,即总体评价的基本思路是分层平权测度系统的综合评价指数。

表 4-7　网络就绪度评价指标体系结构

| 序号 | 二级指标 | 三级指标 | 四级指标 |
|---|---|---|---|
| 1 | 环境分指数 | 政策规范环境 | 9 项指标 |
| | | 商业和创新环境 | 9 项指标 |
| 2 | 准备度分指数 | 基础设施 | 4 项指标 |
| | | 承受能力 | 3 项指标 |
| | | 技能 | 4 项指标 |
| 3 | 使用分指数 | 个体使用 | 7 项指标 |
| | | 商业使用 | 6 项指标 |
| | | 政府使用 | 3 项指标 |
| 4 | 影响分指数 | 经济的影响 | 4 项指标 |
| | | 社会的影响 | 4 项指标 |

（3）经济学人电子就绪度评估指标体系

自 2000 年起,经济学人联合会(Economist Intelligence Unit)与 IBM 商学院联合推出了一种被称为 E-Readiness 的评估。主要针对世界上重要的经济体,评估其信息通信技术发展的基础建设,以及政府、企业和消费者使用信息技术的能力所取得的成就。2007 年,经济体的个数达到了 69 个,由于经济体的选择是以经济的规模来衡量的,所以几乎包括了发达国家和重要的发展中国家。该项评估主要通讨对各经济体在联通与技术基础设施、商业环境、社会与文化环境、法律环境、政府政策与愿景和消费及商业应用等 6 个方面共 100 多项评价指标的定量与定性分析,利用综合评估模型测算出每一个经济体的综合指数。2010 年,《经济学人》称其评估为数字经济排名,其副标题是超越 e-Readiness 评估。EIU 的指标体系①如表 4-8 所示。

表 4-8　经济学人(e-Readiness)评估指标体系

| 序　号 | 分　　类 | 权　　重 |
|---|---|---|
| 1 | 网络连接与科技基础设施 | 20％ |
| 2 | 商业环境 | 15％ |
| 3 | 社会与文化环境 | 15％ |
| 4 | 法律环境 | 10％ |
| 5 | 政府政策与愿景 | 15％ |
| 6 | 消费者与商业接受度 | 25％ |

即这套指标有 6 个二级指标,分别是网络基础设施、商务环境、社会文化环境、法律环境、政府管理政策与愿景、消费和商业融合等。我们在下面的统计分析中分别定义这 6 个指标为 EIU1、EIU2、EIU3、EIU4、EIU5、EIU6。

为了挖掘早期 ITU 3 套指标体系的内在关系,从量化方法分析,指标数据在统计意义上相互关系可以从一个侧面给出某种诠释。为此,我们引用了多元分析中的典型相关分析法。典型相关分析方法(canonical correlation analysis)最早源于荷泰林(H. Hotelling)。由于典型相关分析涉及较大量的矩阵计算,其方法的应用在早期曾受到相当的限制,但随着计算机技术及其软件的迅速发展,弥补了应用典型相关分析中的困难,因此它的应用开始普及。主要思想是利用综合变量对之间的相关关系来反映两组指标之间的整体相关性的多元统计分析方法。它的基本原理是:为了从总体上把握两组指标之间的相关关系,分别在两组变量中提取有代表性的两个综合变量,分别为两个变量组中各变量的线性组合,利用这两个综合变量之间的相关关系来反映两组指标之间的整体相关性。

在计算中,考虑到数据分析结果的可比性以及对社会发展所具有的参

---

① 资料来源:http://www-935.ibm.com/services/us/gbs/bus/html/ibv-digitaleconomy2010.html。

考价值,我们选取了 28 个样本。这些样本不仅覆盖了上述 20 个发展先进的地区,还将那些具有重要性的国家也纳入分析样本。如中国、俄罗斯、意大利、西班牙、爱沙尼亚、爱尔兰、阿拉伯联合酋长国和马来西亚等。所谓的重要性也取决于两个方面,一是相对而言的大国以及相比较中国发展而言的重要性,二是在区域发展中具有一定的先进性。我们没有选取非洲和南美等区域的国家,主要原因是这些区域的信息技术应用相对落后,而它们跟随先进的发展成果总体上不如亚洲国家或地区。除此以外,还有一些国家并非被这三个评估体系所覆盖,因为 EIU 只选取了 69 个经济体,有许多国家或地区没有被收入评估对象中。

由于 ITU 3 套指标体系中所涉及的二级指标最多有 6 个,从多元统计分析对样本数据的基本要求出发,相关性分析的样本数据序列需要一定的长度,即样本数据组数不能太少。为此,我们对 3 套指标分别选取了 5 年的评估数据,并尽可能以最新的评估为样本数据。所以我们确定了以下的样本,即 ITU 选了 2009 年至 2013 年,WEF 选取了 2010 年至 2014 年,EIU 选取了 2006 年至 2010 年等评估指标数据①。需要说明的是,由于《经济学人》自 2012 年以后没有发布评估报告,因此指标数据的收集截至 2010 年年底。

利用 SPSS11 工具,得到 3 套指标总体情况分析(总指数),其相关关系如表 4-9 所示。

表 4-9　总指数相关系数

| 总指数 | ITU | WEF | EIU |
|---|---|---|---|
| ITU | 1 | 0.768** | 0.765** |
| WEF | 0.768** | 1 | 0.669** |
| EIU | 0.765** | 0.669** | 1 |

① 指标数据是指评估报告中所反映的原始数据,通常比报告的年份要早,例如,ITU2015 年发布的报告是 2014 年度评估结果,而这一结果所采用的评价指标原始数据是 2013 年底截止的统计数据(或调查数据),本报告所分析的指标数据是指统计原始数据,即 2013 年的指标数据实际是来自 2015 年发布的评估报告。

如果将总指数看成是二级指标的线性组合(加权和),采用数值标准化处理后,用多元方法的典型相关性分析,得到如表 4-10 的结果。

表 4-10　典型相关系数

| 典型相关系数 | ITU | WEF | EIU |
|---|---|---|---|
| ITU | 1 | 0.893** | 0.855** |
| WEF | 0.893** | 1 | 0.828** |
| EIU | 0.855** | 0.828** | 1 |

从总体情况分析,这 3 套指标的相关性反映出 ITU 的评价具有公共基础性特征,即两两组合相关性都表现出对 ITU 具有更高的强度。

典型相关性是为了进一步深入的扩展分析,我们将这 3 套指标两两组合后,得到了以下对应的典型相关系数,容易观察到二级指标与自身总指数相关情况在不同组合中略有差异。具体结果见表 4-11。

表 4-11　两两组合典型相关系数比较

| 两两组合 | 总体相关系数 | 最大相关指标 | 对应自相关系数 |
|---|---|---|---|
| ITU&WEF | 0.893 | ITU2；WEF3 | 0.975；0.995 |
| ITU&EIU | 0.855 | ITU2；EIU1 | 0.936；0.979 |
| WEF&EIU | 0.828 | WEF4；EIU1 | 0.975；0.935 |

根据以上统计模型分析,得出以下结论:(1)通过典型分析的线性组合,最大相关性的二级指标与总体的相关度都大于 0.935,反映出这一二级指标在总体评价中的重要性。从排序的分析,几乎可以替代总体情况。(2)ITU 和 EIU 都集中在同一个二级指标,表现出不同体系评价的这些二级指标所反映总体情况的稳定性。(3)WEF 在与不同体系的相关性分析中有不同结果,进一步展开分析数据,在与 ITU 的相关性分析中 WEF3 的自相关系数是 0.995,WEF4 的自相关系数是 0.781,是 4 个二级指标中最低的一个。在与 EIU 的相关性分析中 WEF4 的自相关系数是 0.975,WEF3

的自相关系数是 0.786,是 4 个二级指标中次大的一个。这反映了 WEF 的评估体系中 WEF3 和 WEF4 这 2 个二级指标在与不同体系比较时所表现的重要性不同。产生这一偏差的另一个可能性是自 2012 年后,世界经济论坛对指标体系有较大的改进。在这以前的指标体系没有考虑最后一部分的作用,即从 2002 年到 2011 年,指标体系仅有前三部分,第 4 个二级指标是 2012 年后增加的,在相关性计算中,指标序列减少也会影响到最后的结果。

## 三、信息社会发展的标杆与网络空间发展的关系

标杆是引领事物发展的旗帜。2004 年,我国就提出要建设信息强国。其中,最核心的目标是在信息技术领域,要摆脱跟随发展的模式,使我国不仅在产业规模,还在核心技术领域自主可控,摆脱对发达国家的依赖。这是产业领域的发展与安全,这一目标比较国际评估对社会发展综合水平的评价有本质区别,例如,2015 年我们评价卢森堡排名第一,这与信息产业没有任何关系。那么,国际评估中的关键因素是什么,对应的指标在什么方向。量化分析指标就可以找到这个方向。

进一步利用系统分析的方法,从评估体系的次级(二级)层面来挖掘关键(标杆性)要素。系统动力学认为,社会系统复杂性是多因素形成的,但其发展中存在主导因素,人们在构建评估体系时就已对所认识的对象进行系统的分解[①]。因此,二级指标是对综合评价总体的一种系统分解,我们用统计方法,归纳出人们数字化评估的指标相关性,得到具有统计数据支撑的关键要素。根据上节的相关性分析,这 3 套评价体系两两相关性最密切的二级指标分别是 EIU1、ITU2 和 WEF3 及 WEF4。我们再以此为对象,来观察统计分析的评价结果,具体见表 4-12—表 4-15。

---

① 王其藩:《高级系统动力学》,清华大学出版社 1995 年版,第 56 页。

表 4-12　经济学人关键二级指标（EIU1）五年评估结果排名

| 地区代码 | EIU1 10 | EIU1 09 | EIU1 08 | EIU1 07 | EIU1 06 | 合计 | 排名 |
|---|---|---|---|---|---|---|---|
| A1 | 7.45 | 9.00 | 9.00 | 7.80 | 7.80 | 41.05 | 15 |
| A2 | 9.18 | 9.25 | 9.40 | 8.10 | 7.80 | 43.73 | 4 |
| A3 | 9.15 | 9.35 | 9.70 | 8.60 | 8.00 | 44.80 | 3 |
| A4 | 8.50 | 9.35 | 9.35 | 8.30 | 8.20 | 43.70 | 5 |
| A5 | 8.75 | 9.35 | 9.35 | 7.30 | 7.70 | 42.45 | 8 |
| A6 | 7.45 | 8.65 | 9.00 | 9.60 | 8.50 | 43.20 | 7 |
| A7 | 8.00 | 9.00 | 8.65 | 8.30 | 7.90 | 41.85 | 10 |
| A8 | 9.65 | 9.85 | 9.85 | 8.40 | 8.70 | 46.45 | 1 |
| A9 | 9.55 | 9.00 | 9.00 | 8.10 | 7.85 | 43.50 | 6 |
| A10 | 9.20 | 8.75 | 8.75 | 7.10 | 7.40 | 41.20 | 13 |
| B1 | 8.65 | 8.40 | 8.40 | 7.90 | 7.75 | 41.10 | 14 |
| B2 | 6.50 | 8.20 | 7.85 | 7.10 | 7.20 | 36.85 | 19 |
| B3 | 9.18 | 8.95 | 9.10 | 8.50 | 8.10 | 43.83 | 2 |
| B4 | 6.90 | 7.40 | 7.05 | 8.00 | 7.35 | 36.70 | 20 |
| B5 | 8.70 | 8.85 | 8.70 | 8.10 | 7.80 | 42.15 | 9 |
| B6 | 8.05 | 9.40 | 9.05 | 7.90 | 7.40 | 41.80 | 11 |
| B7 | 8.50 | 8.35 | 8.35 | 7.30 | 7.45 | 39.95 | 16 |
| B8 | 8.60 | 9.05 | 9.05 | 7.50 | 7.10 | 41.30 | 12 |
| B9 | 8.80 | 8.15 | 8.15 | 6.90 | 6.70 | 38.70 | 18 |
| B10 | 7.25 | 8.35 | 8.35 | 8.00 | 7.25 | 39.20 | 17 |
| C1 | 8.20 | 6.25 | 6.25 | 6.00 | 6.60 | 33.30 | 24 |
| C2 | 6.35 | 6.45 | 6.45 | 5.20 | 5.00 | 29.45 | 25 |
| C3 | 6.75 | 7.65 | 7.50 | 6.80 | 6.60 | 35.30 | 22 |
| C4 | 6.05 | 6.60 | 6.45 | 5.30 | 4.45 | 28.85 | 26 |
| C5 | 7.05 | 7.25 | 7.25 | 6.70 | 6.70 | 34.95 | 23 |
| C6 | 6.35 | 7.90 | 7.90 | 6.90 | 6.50 | 35.55 | 21 |
| C7 | 2.70 | 2.85 | 2.85 | 3.90 | 3.45 | 15.75 | 28 |
| C8 | 4.75 | 4.90 | 3.70 | 3.50 | 2.60 | 19.45 | 27 |

表 4-13　国际电信联盟关键二级指标(ITU2)五年评估结果排名

| 地区代码 | ITU2 13 | ITU2 12 | ITU2 11 | ITU2 10 | ITU2 09 | 合计 | 排名 |
|---|---|---|---|---|---|---|---|
| A1 | 8.10 | 7.50 | 7.10 | 5.30 | 4.80 | 32.8 | 5 |
| A2 | 7.30 | 7.10 | 6.00 | 5.60 | 4.80 | 30.8 | 9 |
| A3 | 8.30 | 8.20 | 7.60 | 5.90 | 5.20 | 35.2 | 2 |
| A4 | 7.30 | 7.00 | 6.40 | 5.70 | 5.10 | 31.5 | 7 |
| A5 | 8.10 | 7.70 | 6.60 | 5.60 | 4.70 | 32.7 | 6 |
| A6 | 6.50 | 6.20 | 6.40 | 5.30 | 4.80 | 29.2 | 11 |
| A7 | 7.20 | 6.50 | 6.40 | 5.30 | 4.50 | 29.9 | 10 |
| A8 | 8.20 | 7.80 | 6.90 | 5.80 | 5.10 | 33.8 | 4 |
| A9 | 6.80 | 6.40 | 5.90 | 4.70 | 4.20 | 28 | 14 |
| A10 | 8.20 | 8.20 | 7.90 | 6.90 | 5.80 | 37 | 1 |
| B1 | 6.40 | 5.80 | 4.90 | 4.30 | 4.00 | 25.4 | 18 |
| B2 | 6.10 | 5.80 | 5.70 | 4.80 | 4.20 | 26.6 | 16 |
| B3 | 6.60 | 6.00 | 6.50 | 5.10 | 4.70 | 28.9 | 12 |
| B4 | 5.90 | 5.00 | 5.70 | 4.40 | 3.70 | 24.7 | 20 |
| B5 | 7.50 | 6.70 | 6.60 | 5.50 | 4.70 | 31 | 8 |
| B6 | 6.00 | 5.60 | 5.90 | 4.50 | 4.30 | 26.3 | 17 |
| B7 | 6.70 | 6.10 | 6.40 | 5.10 | 4.40 | 28.7 | 13 |
| B8 | 7.50 | 7.50 | 7.10 | 6.30 | 5.90 | 34.3 | 3 |
| B9 | 6.60 | 6.10 | 5.70 | 4.70 | 4.00 | 27.1 | 15 |
| B10 | 5.80 | 5.10 | 5.20 | 4.30 | 3.80 | 24.2 | 21 |
| C1 | 6.50 | 5.50 | 4.10 | 3.70 | 3.40 | 23.2 | 23 |
| C2 | 5.20 | 3.90 | 5.10 | 3.90 | 2.80 | 20.9 | 25 |
| C3 | 6.10 | 5.80 | 5.20 | 4.40 | 3.70 | 25.2 | 19 |
| C4 | 3.10 | 2.90 | 3.20 | 2.40 | 2.20 | 13.8 | 26 |
| C5 | 5.50 | 5.00 | 5.40 | 4.30 | 3.50 | 23.7 | 22 |
| C6 | 4.90 | 4.60 | 5.00 | 4.20 | 3.60 | 22.3 | 24 |
| C7 | 4.30 | 3.90 | 2.60 | 1.30 | 1.00 | 13.1 | 27 |
| C8 | 2.70 | 2.20 | 1.70 | 1.10 | 0.80 | 8.5 | 28 |

表 4-14　世界经济论坛关键二级指标（WEF3）五年评估结果排名

| 地区代码 | WEF3 14 | WEF3 13 | WEF3 12 | WEF3 11 | WEF3 10 | 合计 | 排名 |
|---|---|---|---|---|---|---|---|
| A1 | 6.00 | 6.00 | 5.70 | 5.10 | 4.75 | 27.55 | 4 |
| A2 | 5.90 | 5.90 | 5.60 | 5.40 | 5.19 | 27.99 | 3 |
| A3 | 6.10 | 6.00 | 5.90 | 5.40 | 5.13 | 28.53 | 2 |
| A4 | 5.90 | 5.80 | 5.50 | 5.00 | 4.93 | 27.13 | 7 |
| A5 | 5.80 | 5.70 | 5.60 | 5.00 | 4.69 | 26.79 | 8 |
| A6 | 5.60 | 5.70 | 5.50 | 4.90 | 4.90 | 26.6 | 10 |
| A7 | 5.60 | 5.60 | 5.40 | 5.00 | 4.92 | 26.52 | 11 |
| A8 | 5.70 | 5.80 | 5.80 | 5.10 | 4.95 | 27.35 | 5 |
| A9 | 5.60 | 5.50 | 5.40 | 5.30 | 5.34 | 27.14 | 6 |
| A10 | 5.90 | 5.90 | 5.80 | 5.80 | 5.26 | 28.66 | 1 |
| B1 | 5.00 | 5.00 | 5.10 | 4.90 | 4.96 | 24.96 | 16 |
| B2 | 5.50 | 5.60 | 5.30 | 4.90 | 4.74 | 26.04 | 12 |
| B3 | 5.40 | 5.20 | 5.20 | 4.90 | 4.99 | 25.69 | 13 |
| B4 | 5.50 | 5.40 | 5.40 | 4.80 | 4.32 | 25.42 | 14 |
| B5 | 5.30 | 5.20 | 5.20 | 4.90 | 4.62 | 25.22 | 15 |
| B6 | 5.30 | 5.20 | 5.10 | 4.70 | 4.53 | 24.83 | 17 |
| B7 | 5.40 | 5.20 | 5.00 | 4.80 | 4.42 | 24.82 | 18 |
| B8 | 5.70 | 5.60 | 5.50 | 5.10 | 4.75 | 26.65 | 9 |
| B9 | 5.20 | 5.10 | 5.10 | 4.80 | 4.61 | 24.81 | 19 |
| B10 | 5.00 | 5.00 | 4.90 | 4.50 | 4.27 | 23.67 | 21 |
| C1 | 5.20 | 5.00 | 4.80 | 4.70 | 4.51 | 24.21 | 20 |
| C2 | 5.20 | 5.10 | 4.50 | 4.30 | 4.20 | 23.3 | 22 |
| C3 | 4.90 | 4.90 | 4.70 | 4.30 | 4.18 | 22.98 | 23 |
| C4 | 4.80 | 4.80 | 4.60 | 4.50 | 4.19 | 22.89 | 24 |
| C5 | 4.50 | 4.50 | 4.30 | 4.40 | 4.05 | 21.75 | 25 |
| C6 | 4.10 | 4.10 | 3.90 | 3.70 | 3.55 | 19.35 | 26 |
| C7 | 4.10 | 3.90 | 3.70 | 3.30 | 2.94 | 17.94 | 28 |
| C8 | 3.90 | 3.80 | 3.80 | 4.00 | 3.83 | 19.33 | 27 |

表 4-15　世界经济论坛关键二级指标（WEF4）三年评估结果排名

| 地区代码 | WEF4 14 | WEF4 13 | WEF4 12 | 合计 | 排名 |
|---|---|---|---|---|---|
| A1 | 5.90 | 5.90 | 5.50 | 17.3 | 4 |
| A2 | 5.90 | 6.10 | 6.00 | 18.0 | 1 |
| A3 | 5.80 | 5.80 | 5.90 | 17.5 | 2 |
| A4 | 5.80 | 6.00 | 5.60 | 17.4 | 3 |
| A5 | 5.30 | 5.30 | 5.30 | 15.9 | 11 |
| A6 | 5.30 | 5.40 | 5.40 | 16.1 | 9 |
| A7 | 5.40 | 5.50 | 5.30 | 16.2 | 7 |
| A8 | 5.00 | 5.30 | 5.50 | 15.8 | 12 |
| A9 | 5.40 | 5.40 | 5.40 | 16.2 | 7 |
| A10 | 5.70 | 5.70 | 5.80 | 17.2 | 5 |
| B1 | 5.10 | 5.10 | 5.20 | 15.4 | 15 |
| B2 | 5.20 | 5.20 | 5.10 | 15.5 | 14 |
| B3 | 5.30 | 5.30 | 5.40 | 16.0 | 10 |
| B4 | 5.50 | 5.50 | 5.30 | 16.3 | 6 |
| B5 | 5.00 | 5.00 | 5.20 | 15.2 | 17 |
| B6 | 4.70 | 4.80 | 5.00 | 14.5 | 21 |
| B7 | 4.80 | 4.80 | 5.00 | 14.6 | 19 |
| B8 | 5.10 | 5.10 | 5.10 | 15.3 | 16 |
| B9 | 4.70 | 4.90 | 5.00 | 14.6 | 19 |
| B10 | 4.50 | 5.40 | 4.90 | 14.8 | 18 |
| C1 | 5.20 | 5.20 | 5.20 | 15.6 | 13 |
| C2 | 5.00 | 4.90 | 4.40 | 14.3 | 22 |
| C3 | 4.40 | 4.40 | 4.60 | 13.4 | 24 |
| C4 | 4.50 | 4.50 | 4.60 | 13.6 | 23 |
| C5 | 4.30 | 4.20 | 4.40 | 12.9 | 25 |
| C6 | 3.40 | 3.60 | 3.70 | 10.7 | 28 |
| C7 | 3.90 | 3.70 | 3.40 | 11.0 | 27 |
| C8 | 3.70 | 3.70 | 4.00 | 11.4 | 26 |

28 个经济体样本我们用 $\{A_i\}\{B_i\}\{C_i\}$ 不同序列分别表示综合评价不同水平的经济体以便于观察,总体上前 20 国集团基本稳定。进一步将这些要素排名采用类似上文对总体综合排名(见表 4-3)的处理方法,得到表 4-16 的合成结果。

表 4-16  二级指标(要素)评价结果分析

| 地区代码 | EIU1 | ITU2 | WEF3 | WEF4 | 要素累积分 | 要素排序 |
|---|---|---|---|---|---|---|
| A1 | 15 | 5 | 4 | 4 | 28 | 6 |
| A2 | 4 | 9 | 3 | 1 | 17 | 2 |
| A3 | 3 | 2 | 2 | 2 | 9 | 1 |
| A4 | 5 | 7 | 7 | 3 | 22 | 4 |
| A5 | 8 | 6 | 8 | 11 | 33 | 7 |
| A6 | 7 | 11 | 10 | 9 | 37 | 9 |
| A7 | 10 | 10 | 11 | 7 | 38 | 11 |
| A8 | 1 | 4 | 5 | 12 | 22 | 4 |
| A9 | 6 | 14 | 6 | 7 | 33 | 7 |
| A10 | 13 | 1 | 1 | 5 | 20 | 3 |
| B1 | 14 | 18 | 16 | 15 | 63 | 16 |
| B2 | 19 | 16 | 12 | 14 | 61 | 15 |
| B3 | 2 | 12 | 13 | 10 | 37 | 9 |
| B4 | 20 | 20 | 14 | 6 | 60 | 14 |
| B5 | 9 | 8 | 15 | 17 | 49 | 13 |
| B6 | 11 | 17 | 17 | 21 | 66 | 17 |
| B7 | 16 | 13 | 18 | 19 | 66 | 17 |
| B8 | 12 | 3 | 9 | 16 | 40 | 12 |
| B9 | 18 | 15 | 19 | 19 | 71 | 19 |
| B10 | 17 | 21 | 21 | 18 | 77 | 20 |
| C1 | 24 | 23 | 20 | 13 | 80 | 21 |
| C2 | 25 | 25 | 22 | 22 | 94 | 23 |
| C3 | 22 | 19 | 23 | 24 | 88 | 22 |
| C4 | 26 | 26 | 24 | 23 | 99 | 25 |
| C5 | 23 | 22 | 25 | 25 | 95 | 24 |
| C6 | 21 | 24 | 26 | 28 | 99 | 25 |
| C7 | 28 | 27 | 28 | 27 | 110 | 27 |
| C8 | 27 | 28 | 27 | 26 | 108 | 28 |

要素合成后的排序结果比要素单独排序时更加有序,反映出 A、B 与 C 两阵营的要素排名与总体排名保持了良好的一致性。就是说这些二级指标的评价结果可以反映总体的发展水平。但这是对不同阵营比较宏观的分析,如果针对具体的个体,排序还是有一定的交叉。为了进一步挖掘,我们将总体合成结果与要素合成结果进行比较,得到表 4-17 结果。

表 4-17　信息化发展先进经济体总体综合评价与要素合成评价结果比较

| 地区代码 | 经济体 | 综合评价 | 要素评价 | 排序比较 |
|---|---|---|---|---|
| A3 | 瑞　典 | 1 | 1 | — |
| A8 | 丹　麦 | 2 | 4 | ↓2 |
| A1 | 芬　兰 | 3 | 6 | ↓3 |
| A4 | 荷　兰 | 4 | 4 | — |
| A5 | 挪　威 | 5 | 7 | ↓2 |
| A2 | 新加坡 | 6 | 2 | ↑4 |
| A9 | 美　国 | 7 | 7 | |
| B3 | 香　港 | 8 | 9 | ↓1 |
| A6 | 瑞　士 | 9 | 9 | — |
| A7 | 英　国 | 10 | 11 | ↓1 |
| A10 | 韩　国 | 11 | 3 | ↑8 |
| B5 | 澳大利亚 | 12 | 13 | ↓1 |
| B1 | 加拿大 | 13 | 16 | ↓3 |
| B2 | 德　国 | 14 | 15 | ↓1 |
| B7 | 新西兰 | 15 | 17 | ↓2 |
| B8 | 日　本 | 16 | 12 | ↑4 |
| B6 | 奥地利 | 17 | 17 | — |
| B9 | 法　国 | 18 | 19 | ↓1 |
| B10 | 比利时 | 19 | 20 | ↓1 |
| B4 | 以色列 | 20 | 14 | ↑6 |

可以观察到要素评价上升最快的是韩国,其次是以色列、新加坡和日本,瑞典、荷兰、美国、瑞士和奥地利保持不变,其余 11 个经济体有不同程度的下降。将这些结果结合上文总结的一般特征可以得出如下分析结果。

(1)韩国是要素评价高于综合评价最突出的国家。

(2)美国是保持先进性最大的发达国家。

(3)日本是西方 7 国集团中唯——一个要素评价高于综合评价的国家。

(4)信息化先进经济体一般表现出要素评价基本不高于综合评价的特征。

(5)除韩国、日本,要素评价表现出例外特征的另两个国家是以色列和新加坡。

现进一步分析这些要素的具体评价指标,表 4-18 是 ITU 和《经济学人》的指标内容。基本是围绕互联网和移动端普及率以及带宽(与网络传输速度关联)和使用的经济性。即《经济学人》的指标覆盖了 ITU 指标,并在相关指标的基础上增加了与经济效用和安全性分析。

表 4-18　国际电信联盟与经济学人的关键要素比较

| 二级指标 | 二级权重(%) | 三级指标 | 三级权重(%) |
|---|---|---|---|
| ITU2<br>使用指数<br>(ICT Use) | 40 | 网民普及率 | 33.3 |
| | | 固定宽带渗透率 | 33.3 |
| | | 移动宽带渗透率 | 33.3 |
| EIU1<br>信息基础设施<br>(Connectivity<br>And<br>technology<br>infrastructure) | 20 | 宽带普及率 | 15 |
| | | 宽带质量 | 10 |
| | | 宽带支付能力 | 10 |
| | | 移动电话普及率 | 15 |
| | | 移动质量 | 10 |
| | | 网民普及率 | 15 |
| | | 互联网带宽 | 10 |
| | | 网络安全 | 15 |

表 4-19　世界经济论坛关键要素的评价细则

| 二级指标 | 三级指标 | 四级指标 |
|---|---|---|
| WEF3 Usage subindex | 个体使用水平 | 每百人移动电话数 |
| | | 网民普及率 |
| | | 家庭电脑比例 |
| | | 家庭接入互联网比例 |
| | | 固定宽带渗透率 |
| | | 移动宽带渗透率 |
| | | 社交网络应用强度 |
| | 商业使用水平 | 企业采用新技术强度 |
| | | 企业创新强度 |
| | | 每百万人专利数量 |
| | | 企业之间应用电子商务的强度（B2B） |
| | | 企业与消费者应用电子商务的强度（B2C） |
| | | 企业人力资本投入强度（包括培训） |
| | 政府应用水平 | 政府利用信息技术提高国家整体竞争力强度 |
| | | 政府在线服务质量 |
| | | 政府利用信息技术促进发展的有效性 |
| WEF4 Impact subindex | 经济影响 | 信息技术对新商业模式的支撑力度 |
| | | 每百万人信息技术专利数 |
| | | 信息技术在企业组织模式上的应用水平，如虚拟团队、远程工作、远程办公等 |
| | | 知识劳动力占总体的比例 |
| | 社会影响 | 信息技术在公共服务中的作用，例如、健康、教育、金融服务等 |
| | | 互联网对教育的作用 |
| | | 信息技术在公共服务中的作用和质量 |
| | | 政府网站提供在线信息（规模、质量、相关性和有用性）对民众社会参与的作用 |

表 4-19 是世界经济论坛的指标,在相关性较高的 2 个二级指标中,明显表现出两种类型,一是与前两类基本类似,即主要是围绕互联网的基础性评价指标(如个体使用水平),另一个特征是增加与之相关的企业和政府应用水平分析。

如果我们将这一部分看成是衡量信息社会发展的最重要领域,归纳起来可以得到以下结果,即衡量一个社会处于信息社会发展的阶段性水平关键是看围绕互联网应用的社会化普及程度,基本判别是应用终端的社会化普及率(高),网络带宽(高或网速快),经济性好(使用的可比价格底),公共应用和商业化应用得到广泛普及,尤其是移动端的应用水平。

从这些领域的发展速度分析,很明显,韩国已成为信息社会发展最快的标志性国家,新加坡是亚洲另一个信息化快速发展的国家。这两个国家在近 20 年的发展中,举国家之力,全力推进信息基础设施建设,形成了信息经济的发展高地。另外,日本在 2000 年时还在反省自身为什么没有步入信息技术发展的快速道,直到小泉首相在信息基础设施上全力投入,打造日本成为全球最先进的网络基础设施,以"无所不在"的网络设施作为发展目标,快速提升了日本的发展空间。

除去上述这些国家,其余发展评估列世界先进水平的国家和地区基本属于原有社会经济发展基础就非常先进(如北欧、欧盟发达国家等),并且在规模上属于中小程度,其社会信息化基础建设在短时间内就产生明显成效,本质上反映了这些国家的社会经济综合实力较强,可以快速适应信息技术的发展更新。

## 四、网络强国的标杆

针对信息社会或信息技术发展的综合评估,国际评估指标体系为我们明确了信息强国的标杆性领域。我们也看到单纯以评估排名的结果来认定网络强国,这种结论似乎不能充分反映发展现实,因为从结果看,规模小的国家,在发展综合评价中,总是居领先位置。这是社会化综合评价指标量化的特点,反映了量化指标的测度具有一定的局限性,即社会应用的普遍性水平与网络空间的强弱被系统的复杂性阻隔。尤其是今天的网络空间,已成为现实社会的复杂映照,外在的观测和测度,不能反映其内在的本质。

例如,我国 2015 年对全球信息社会的评估结果是卢森堡最好,而在信息产业领域,这显然不是说卢森堡是一个网络强国。另外,北欧、英美等地区和国家在社会综合应用所呈现出的社会化指标居世界领先水平,即从总体评价占据世界前 10 名,领先世界的地区是北欧、美英等发达地区和国家。但发达国家是一个笼统的概念,国际通常引用的标杆是国民收入,一般也称为高收入经济体,这一标杆并不能充分反映网络强国的特征。尤其是规模非常小的经济体,就整体社会发展水平评价指标通常会比大国高,例如美国在这类评价中不占上风。从信息基础设施到信息化应用终端普及率水平,高收入的小规模经济体指标水平普遍高于一些大国,但在技术创新的投入和信息经济发展总体水平并非是最强的。这反映信息社会发展水平的综合评价与网络强国的标杆有本质差别。但网络强国必然首先是科技发展强国,至少在产业领域、技术研发和创新要形成自有的独立体系,不依赖外国,不受外国制约。也就是说,网络强国的标杆还需要从更多的层面考虑。在表 4-18 中我们还可以看到一类有关技术创新的指标,即一个经济体的专利发明情况。这是反映一个地区发展中的技术能力和速度。技术和技术创新能力必然是网络强国一个核心要素。

2016 年 3 月,国家知识产权局发布了《战略性新兴产业发明专利统计分析总报告 2015》,图 4-4 是 2010—2014 年战略性新兴产业发明专利申请情况。包括节能坏保、新一代信息技术、生物、高端装备制造、新能源、新材料、新能源汽车七大战略性新兴产业的统计数据显示,从这 5 年发明专利数量上看,新一代信息技术产业发明的专利总量最多,生物产业增量最高,新能源汽车产业增速最快。新一代信息技术产业这 5 年的申请、授权量占

比分别为 26.63％、28.26％；生物产业的申请、授权量占比分为 25.09％、
25.81％。

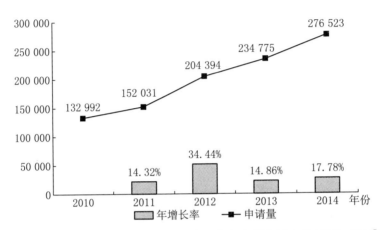

图 4-4　2010—2014 年战略性新兴产业发明专利申请走势（单位：件）①

　　而外国在华专利申请和授权情况是：日本、美国占据国外在华发明专
利申请授权量约六成；其中，日本的新能源汽车产业专利优势明显；美国的
生物产业授权量高于日本、韩国、法国和德国；韩国的新一代信息技术产
业、法国的高端装备制造产业具有相对优势。日本和美国在华发明专利申
请、授权数量之和，在 2013 年、2014 年均超过战略性新兴产业国外在华发
明专利申请、授权总量的 60％。其中，2013 年、2014 年日本战略性新兴产
业在华发明专利申请量分为 20 136 件和 19 088 件，占同期战略性新兴产
业国外在华发明专利申请量的 33.61％、30.48％，位列第一；美国分别以
16 452 件和 18 244 件的申请量及 27.46％、29.13％的比重，位列第二。
授权方面，2013 年、2014 年日本战略性新兴产业在华发明专利授权量分别
为 11 719 件和 12 206 件，占战略性新兴产业国外在华发明专利授权量的
33.40％、35.44％，位列第一；美国分别以 10 014 件和 9 477 件的授权量

①　资料来源：http://www.sipo.gov.cn/tjxx/yjcg/201603/P020160304353831558455.pdf.

及 28.54%、27.52% 的比重,位列第二。

我们从国际评估中已了解到最先进的信息社会分布状况。因此,反映当今世界科技(包括信息)的发展水平必然要涵盖世界最先进地区的统计数据。目前,世界五大知识产权局的统计数据基本满足这一要求,这五大知识产权局分别是:欧洲专利局、日本特许厅、韩国特许厅、中国国家知识产权局和美国专利商标局。最近几年,这五局之间已加强合作,专注于努力解决各局共同关心的问题。对各国在专利申请和授权统计事务上开展合作。

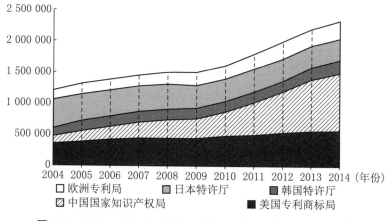

图 4-5　2004—2014 年世界五大知识产权局专利申请情况①

数据来源:世界五大知识产权局,2015 年 3 月,初步数据。

根据 2015 年世界五大知识产权局关键统计数据年度统计报告。从总量上分析(见图 4-5),2014 年五局专利申请量共提出 230 万件。比 2013 年增长 5.5%。从各局的统计数据分析,中国国家知识产权局同比增长 12.5%;欧洲专利局同比增长 3.1%,韩国特许厅同比增长 2.8%,美国专利商标局同比增长 1.3%,而日本特许厅同比下降了 0.7%。从整个趋势图也可以看到,近 10 多年来,中国的专利申请总量快速增长。

_____

①　资料来源:http://www.sipo.gov.cn/tjxx/wjndbg/201507/P020150707533508440468.pdf。(包括图 4-5)

图 4-6 是 2014 年专利授权与来源地分布情况。从分布看,美国、日本和欧洲 EPC 成员国[①]"走出去"申请和授权专利多于中、韩两国。

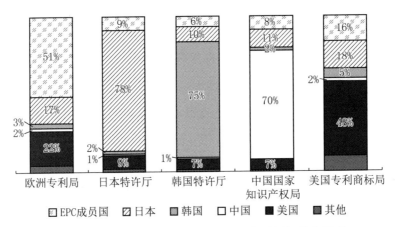

图 4-6 **2014 年世界五大知识产权局专利授权分布情况**

数据来源:世界五大知识产权局,2015 年 3 月,初步数据。

亚洲三国在专利申请和授权的数量上具有结构性相似度,即自己的专利量占据 7 成以上,而欧美自己仅占一半左右。如果外来国家专利的数量反映市场开放或效用强度的一个侧面,欧美的市场开放或效用度是最大的,相对亚洲而言,中国开放或效用的强度也高出韩国和日本。这从其他这一类目的数量也可以得到反映。例如,美国,还有其他地区在美国申请和授权的专利量达到 11%;欧洲,还有其他地区在欧洲申请和授权的专利量达到 5%。而中国只有 2%,日本和韩国仅有 1%。这反映欧美市场的重要性,并因此而吸引众多外来国家申请专利,这与产品市场的推广有密切的联系。

---

① EPC 成员国,即欧洲专利组织成员国,目前有 38 个,分别是阿尔巴尼亚、奥地利、比利时、保加利亚、瑞士、塞浦路斯、捷克、德国、丹麦、爱沙利亚、西班牙、芬兰、法国、英国、希腊、克罗地亚、匈牙利、冰岛、爱尔兰、意大利、列支敦士登、卢森堡、拉脱维亚、摩纳哥、北马其顿共和国、马耳他、荷兰、挪威、波兰、葡萄牙、罗马尼亚、塞尔维亚、瑞典、斯洛文尼亚、圣马力诺、土耳其,还有 2 个延展国:波斯尼亚-黑塞哥维那、黑山共和国。资料来源:IP5 Statistics Report 2014 Edition。

从"走出去"视角看,日本是最愿意在国外申请专利的国家,日本在其余 4 大知识产权局申请和授权的专利都超过了 10%,尤其是在欧美所占比例更高。其次是美国,EPC 成员国处在第三,中国不如韩国,在欧洲、美国和日本,韩国的比例都高于中国。

从经济全球化发展分析,走出去申请专利量体现一个国家的发展能力,这是国际化发展强弱的重要标杆,产业的全球化发展战略必然也反映这一领域强国的实力。从我国在信息技术领域的合资企业发展水平分析,来自美国的企业占据主流位置。因此,一个最简单的参照物那就是"美国"。中国作为一个大国,与北欧四国或卢森堡等国的可比性显然不如与美国的比较,这不仅是发展的自身条件和环境不同,而且发展的社会需求也有巨大的差异。根据国际评估的结果,与我国对等且具有可比性的大国就是美国。

可以认为,在信息社会发展这一领域,对中国而言美国是社会综合发展最全面的一个标杆。当然,对社会综合发展进行系统分解,还可以得到二级子系统。也许在一些子系统或分领域中,美国还不是世界最先进,但从强国的标杆这一尺度分析,一个最简洁、最核心的价值判断方式就是把中美两国放在一个体系中进行比较。美国是世界最大的发达国家,中国是世界最大的发展中国家。

再从国际贸易分析,据国际贸易总量统计,2014 年中国出口总额是 2.342 万亿美元,进口 1.959 万亿美元,进出口总额为 4.301 万亿美元;美国出口总额是 1.621 万亿美元,进口 2.413 万亿美元,进出口总额为 4.034 万亿美元。即在总量上中国已超过美国,但我们还没有认为自己是一个贸易强国。主要原因是我国的产品优势是建立在数量和价格(低劳动力成本)之上,产品的高(技术)附加值被技术先发国家占有(通常是发达国家的企业);其次,我国自身的市场机制还不够完善,中介组织和市场竞争秩序有待完善;第三,我国的贸易以实体产品为交易的主要内容(包括大量生活日用品），在商业服务领域，中国 2014 年进口额是 3 820 亿美元，出口额为 2 320 亿美元（逆差约 1 500 亿美元），总额为 6 140 亿美元；而美国出口额是 6 880 亿美元，进口额为 4 520 亿美元（顺差约 2 360 亿美元），总额为 1.14 万亿美元，高出中国约 5 260 亿美元[①]。

所以，强国的标杆需要从两个方面来测度，一是总量问题，二是对应量的发展品质问题。这两个方面的价值比较就可以相对全面地反映我国与标杆的差距。回到网络强国的标杆问题，我们以美国为例，在诊断发展中的问题时，从系统总量和对应系统（包括子系统）的发展品质这两个方面入手，寻找发展优化路径和对策。从国际已有的评估结果分析，在信息社会发展的各个领域，如果超过美国必然是世界的强国。但就网络空间而言，可能并非只有超越才能成为强国，也许在一些领域我国只要具有接近或抗衡的能力就可以成为网络强国。当然，技术的发展将起到关键作用。

2019 年，至少已持续有 20 年的 ITU 信息化评估有一个重大变化，在最新一期评测报告《衡量信息社会报告——2018》[②]中没有发布已延续 10 多年的国际排名。报告对 192 个经济体的发展水平进行类似的指标分析比较，但在综合排名这一部分删除了原有的世界总体排名。对每个经济体的发展，列出了单项指标的评价（指标数据），但不进行综合总体评价。

仔细分析表 4-20 的指标数据，可以发现那些传统指标数据，中国与世界先进的差距有变化，但基本格局变化不大，根据综合评价指标体系，排名也不会有太大的变化。世界经济论坛最后一年的评估排名是 2016 年，中国大陆列 59 位 。而国际电信联盟最后一年的综合排名是 2017 年（2018 年发布），中国大陆的排名是 80 位（2016 年排在 83 位）。总之，20 年的评估排名上上下下，中国大陆的位置基本没有变化。但是，如果我们关注"固

---

① 资料来源：https://www.wto.org/english/res_e/statis_e/its2015_e/its2015_e.pdf。

② *Measuring the Information Society Report—2018*，资料来源：https://www.itu.int/en/ITU-D/Statistics/Documents。

表 4-20 （1）2018 年部分经济体 ICT 指标数据

| 基础指标 | 瑞典 | 丹麦 | 芬兰 | 荷兰 | 挪威 | 新加坡 | 美国 | 瑞士 | 英国 | 韩国 |
|---|---|---|---|---|---|---|---|---|---|---|
| 固话主线普及率（%） | 28.2 | 25.1 | 6.8 | 38.5 | 14.0 | 34.7 | 37.0 | 43.3 | 50.1 | 52.7 |
| 每百人移动用户数（户/百人） | 125.5 | 121.7 | 132.3 | 120.5 | 107.8 | 148.2 | 123.3 | 133.2 | 119.6 | 124.9 |
| 每百人移动宽带活跃用户数（户/百人） | 122.6 | 129.0 | 153.8 | 90.8 | 95.1 | 148.2 | 132.9 | 99.7 | 88.1 | 112.8 |
| 3G 覆盖人群的比例（%） | 100.0 | 100.0 | 99.9 | 99.0 | 99.8 | 100.0 | 99.9 | 100.0 | 99.8 | 99.9 |
| LTE/WiMAX 覆盖人群的比例（%） | 100.0 | 100.0 | 99.9 | 99.0 | 99.8 | 100.0 | 99.8 | 99.0 | 99.3 | 99.9 |
| 网络用户普及率（网民普及率）（%） | 96.4 | 97.1 | 87.5 | 93.2 | 96.5 | 84.4 | 75.2 | 63.7 | 94.6 | 95.1 |
| 家庭电脑普及率（%） | 92.8 | 93.1 | 86.8 | 91.0 | 95.0 | 86.5 | 88.8 | 90.5 | 91.7 | 79.9 |
| 家庭网络接入率（%） | 94.7 | 93.7 | 87.8 | 96.2 | 97.0 | 91.1 | 87.0 | 89.8 | 94.0 | 99.9 |
| 每个网民的国际带宽（kbit/s） | 67.0 | 87.1 | 83.8 | 119.7 | 95.3 | 954.1 | 125.4 | 80.6 | 421.6 | 69.9 |
| 每百人固定宽带用户数（户/百人） | 37.7 | 43.2 | 30.9 | 42.3 | 40.2 | 25.8 | 33.9 | 45.4 | 39.3 | 41.6 |
| **固定宽带速率用户分布比例** | | | | | | | | | | |
| 从 256 kbit/s 到 2 Mbit/s 的用户比例 | 0.3 | 0.5 | | 0.1 | 0.7 | 5.8 | 0.9 | 2.1 | | |
| 从 2 Mbit/s 到 10 Mbit/s 的用户比例 | 10.3 | 5.4 | 15.4 | 1.1 | 14.6 | 2.4 | 13.5 | 9.6 | 6.9 | |
| 高于 10 Mbit/s 的用户比例 | 89.5 | 94.0 | 84.6 | 98.8 | 84.7 | 91.8 | 85.6 | 88.3 | 93.1 | 100.0 |

表 4-20 （2）2018 年部分经济体 ICT 指标数据

| 基础指标 | 德国 | 日本 | 法国 | 以色列 | 中国（大陆） | 欧洲 | 美洲 | 亚太 | 世界 |
|---|---|---|---|---|---|---|---|---|---|
| 固话主线普及率（%） | 54.1 | 50.2 | 59.5 | 38.9 | 13.7 | 35.8 | 23.9 | 9.5 | 13.0 |
| 每百人移动用户数（户/百人） | 129.1 | 133.5 | 106.2 | 126.7 | 104.6 | 120.4 | 111.8 | 104.0 | 103.6 |
| 每百人移动宽带活跃用户数（户/百人） | 79.8 | 133.2 | 87.5 | 105.1 | 83.6 | 85.9 | 89.5 | 60.3 | 61.9 |
| 3G 覆盖人群的比例（%） | 96.5 | 99.9 | 99.0 | 99.0 | 98.0 | 98.3 | 93.9 | 91.3 | 87.9 |
| LTE/WiMAX 覆盖人群的比例（%） | 96.5 | 99.0 | 98.0 | 82.0 | 98.0 | 89.6 | 84.3 | 86.9 | 76.3 |
| 网络用户普及率（网民普及率）（%） | 84.4 | 90.9 | 80.5 | 81.6 | 54.3 | 77.2 | 67.5 | 44.3 | 48.6 |
| 家庭电脑普及率（%） | 92.9 | 76.8 | 77.5 | 77.6 | 55.0 | 78.6 | 64.8 | 38.9 | 47.1 |
| 家庭网络接入率（%） | 87.9 | 96.2 | 71.5 | 78.4 | 59.6 | 80.6 | 68.3 | 49.0 | 54.7 |
| 每个网民的国际带宽（kbit/s） | 54.1 | 25.0 | 54.5 | 56.7 | 27.9 | 117.5 | 77.1 | 61.7 | 76.6 |
| 每百人固定宽带用户数（户/百人） | 40.5 | 31.7 | 43.8 | 28.1 | 28.0 | 30.4 | 19.9 | 13.0 | 13.6 |
| 固定宽带速率用户分布比例 | | | | | | | | | |
| 从 256 kbit/s 到 2 Mbit/s 的用户比例 | 1.3 | 1.0 | 0.1 | | 0.1 | 0.6 | 6.6 | 2.4 | 4.2 |
| 从 2 Mbit/s 到 10 Mbit/s 的用户比例 | 14.8 | 5.4 | 2.2 | 30.1 | 3.2 | 12.4 | 23.1 | 7.6 | 13.2 |
| 高于 10 Mbit/s 的用户比例 | 84.0 | 93.5 | 97.8 | 69.9 | 96.6 | 87.0 | 70.3 | 90.0 | 82.6 |

定宽带速率用户分布比例"，就会发现中国大陆的发展水平可以位列世界第四，仅次于韩国、荷兰和法国。在这一点上，我们已超越了美国、英国和德国。而今天，世界显然已对中国的互联网发展水平予以积极的肯定。尤其是美国对华为 5G 的遏制策略，至少反映中国在信息技术发展领域的某一侧面，已跟上世界发展的潮流。

总之，从国际评估到发展现实，社会信息化发展与社会经济发展水平有明显的正相关性，网络强国的基础还是国家的综合实力与发展策略。总结分析结果，可以得出以下几点基本认识：

（1）一个国家原有的经济基础对该国评价有正向作用，反映信息社会发展需要原有社会经济基础的支撑。

（2）从评估要素与结果的关联性分析，对评估结果影响大的因素与互联网发展的关联有密切关系，三个评价体系的关键要素都与互联网带宽、信息终端普及率、互联网产业应用和社会应用程度正相关，对评估结果起主导作用。

（3）综合评价结果，欧洲和北美整体水平高于亚洲（非洲和南美就更落后），但一个最突出的特点是，要素评价结果高于综合评价的国家都在亚洲，分别为韩国上升 8 位，以色列上升 6 位，日本和新加坡都上升 4 位。反映亚洲发展先进地区对社会信息化建设积极响应，尤其是各地政府高度重视，充分利用了后发优势，取得了世界领先的成果和社会效益。

（4）从整体综合评价到关键要素分析，信息社会发展的核心标杆就是互联网的发展，未来社会发展的重心就是网络空间的发展。

因此，如果互联网的发展决定了网络强国的标杆，那韩国的发展就是一个很好的例证。在产业方面，韩国通过强化互联网的发展，使社会各领域都得到快速提高。自 2003 年以来，联合国经济与社会事务部每两年有一个关于其 193 个成员国的 E-Government 统计调查报告①。近几年的评估，韩国

---

① 英文是 *United Nations E-Government Survey*。

均名列前茅①。如果美国是一个老牌的网络强国,那韩国就是一个新生的网络强国。从这个意义看,中国也有巨大的进步。尽管从传统的指标评估比较,我国与发达国家和地区还存在较大的差距,但从国家整体的综合实力和互联网发展策略分析,我国与韩国的差距已在缩小,而且我国的产业能力和互联网经济都比韩国强。就是从现有的基础分析,我国已步入网络强国的队列,可能在许多技术领域我国还是队伍中的跟随者。但韩国的案例告诉我们,只要我们有正确的发展策略,我国就可以成为队列中的强者。

## 第三节　建设网络空间共同安全的共识基础

网络空间共同安全有利于人类社会的共同发展。要形成"网络安全不应有双重标准,不能一个国家安全而其他国家不安全,一部分国家安全而另一部分国家不安全,更不能以牺牲别国安全谋求自身所谓绝对安全"②这一准则,我们还需要从国际秩序层面,开展多方面的工作,积极推进网络空间共同安全这一基本共识。这是因为,作为一种社会建构,当今世界存有多种安全共同体,它们已经形成一些固化的利益结构和战略联盟(例如"五眼联盟")。要打破这些已有的利益平衡,构建一种全新的网络空间秩序,需要有更强大的作用场来支撑网络空间新秩序的构建。

对世界现存的安全共同体研究,伊曼纽尔·阿德勒(Emanual Adler)和迈克尔·巴涅特(Michael Barnett)总结出了三个特征:一是共同体成员拥有共有身份、价值观和意义,特别是共有意义是共同体的基础。这些意义给人们提供了谈论社会现实的共同话语,提供了对某些规范的共同理解,

---

① 资料来源:https://publicadministration. un. org/publications/content/PDFs/UN％20E-Gov-ernment％20Survey％202018％20English. pdf。

② 习近平在世界互联网大会的演讲,http://www. xinhuanet. com/video/2015-12/16/c_128536582. htm。

甚至由此而支撑的行动。二是共同体成员有多面的、直接的关系。互动并不是间接发生,也并非只发生在具体的、孤立的领域中,而是某种形式的面对面打交道,以及在数不清的背景下的各种关系。三是共同体展现的相互作用,代表着的是某种程度的长期利益,甚至或许是利他主义。长期利益来源于与互动对象之间的共有知识,而利他主义可以理解为是一种义务感和责任感。对于后两个特征,强调的是以利益为基础的行为继续存在于共同体成员国中①。

存在于国际层面的安全共同体,不仅创造了(共同体内)稳定的秩序,而且是(更进一步)一种稳定的和平。我们提出的网络空间的共同安全目标,是基于国际秩序规范下的网络空间秩序。至少在利益相关性上与安全共同体相容。从这个意义上分析,我们在网络空间中,要打造一个适合多方互动和作用,并有利于提升和增进成员国福祉的新空间。要构建这样的新空间,必然要明确成员国对网络空间安全的认知与共识,这是实现网络空间理想发展的重要基础。

## 一、美国对网络安全的认识②

美国在构建网络空间安全保护中,明确提出了美国的政策是保护和加强国家网络基础设施的安全能力。自由和安全地使用网络空间对于促进美国国家利益至关重要。互联网是重要的国家资源。网络空间必须成为有助于促进效率、创新、交流和经济繁荣的场所,不能出现破坏、欺诈、盗窃或隐私侵犯。美国致力于:确保国家在网络空间的长期实力;对这样一个与国际、国家和非国家行为体都相关的网络空间,保持美国能够决定性地塑造网络空间的能力;全面运用自身的能力来保卫美国在网络空间的利

---

① ［以］伊曼纽尔·阿德勒、［美］迈克尔·巴涅特:《安全共同体》,孙红译,世界知识出版社2015年版,第32页。

② 《美国网络安全战略与政策二十年》,左晓栋等译,电子工业出版社2018年版,第365页。

益;发现、阻断和击败恶意的网络行为体。

美国在制定网络空间的保护政策和相关措施中,首先肯定网络技术是推动科技创新、知识积累、言论自由和国民经济繁荣发展的重要因素,因此网络基础设施极易受到各种攻击,包括恶意活动、功能故障、人为错误和自然灾害等,使得国家和人民面临巨大风险。

美国主张的国家网络安全重点有以下四个方面:一是政策。美国强调的政策是促进一个开放、互操作、可靠和安全的互联网,促进效率、创新、交流和经济繁荣,尊重隐私,防范破坏、欺诈和盗窃。二是威慑和保护。美国强调为了更好地保护美国人民,国家可以采取威慑敌人的战略选项,以防止敌人利用网络化技术攻击或破坏美国的行为。三是国际合作。美国认为互联网是支撑美国国力、创新和价值的源泉。作为一个高度互联的国家,尤其依赖于全球范围内安全可靠的互联网,因此美国必须与盟国和其他合作伙伴共同努力以维护国家网络和关键基础设施的安全。四是人员建设。为了确保美国长期具备网络安全优势,需积极推进一些具体措施。如商务部和国土安全部需要共同评估美国未来网络安全人员培养计划,包括从小学到高等教育的网络安全相关课程、培训和实习计划,完成为推动提高国家公共和私有部门网络安全人员的数量和能力的相关研究报告。国家情报总监要完成评估潜在的外国网络同行的人员建设活动,以便发现可能影响美国网络安全长期竞争力的外国人员建设实践。在美国总统的行政令中,还特别强调了以上相关报告可以是部分甚至是全部涉密。所谓涉密,本质上,要么是报告披露了一些有违相关法律的事件(如由《爱国者法案》引起的赋予联邦政府的权力过大,引发美国民众的不满,也引起美国国内民权人士的担忧,并产生诉案),要么是带有特权色彩的措施、建议和项目(如"棱镜"项目等)。

综上所述,美国对网络空间安全的认知可归纳为如下四点:(1)网络空间是美国重要的资源,是支撑美国创新、提升效率和促进经济繁荣的源泉;

（2）威慑和保护是美国网络空间安全的主导政策，为了确保美国自身的利益，仅仅构建系统的保护措施是不够的，更重要的是通过自身的优势，实施网络威慑的策略，来保护一个开放、互操作、可靠和安全的互联网；（3）通过盟国和其他合作伙伴，构建全球范围的网络安全共同体，以维护互联网开放、安全的基本属性；（4）为了保持美国在网络空间中的长期优势，加强人才建设和教育培养体系。

## 二、美国盟友对网络安全的认识

美国的盟友有许多，就网络空间而言，"五眼联盟"、北约成员国以及亚太的以色列和日、韩等，是美国关系比较密切的盟友。它们对网络空间安全的认识直接体现在国家战略中，影响国家采取相关的安全策略，总体上与美国保持认识上的一致性，只是在具体的措施上略有差别，我们选择部分国家作为案例，进行比较。

（一）英国

英国自认为是世界领先的数字化国家之一。英国的繁荣主要依赖于自身在网络空间上的能力，保护技术、数据和网络免受威胁，但是网络攻击愈发频繁和复杂，破坏性也日益加大，影响整个社会。由于网络空间的数字技术需要开放来发挥作用，这种开放就必然要带来风险，从而导致网络威胁不能被完全消除，英国的目标是将这种威胁降低到能保证英国仍然处在数字革命前沿的水平。因此，英国必须给自己设定并坚决遵守网络安全的最高标准，以此作为国家安全和经济福祉的基石①。

在具体的做法上，英国认为网络安全是指保护信息系统（软硬件和相关基础设施）、信息系统中的数据，以及信息系统所提供的服务不受非法读取、损害或滥用。这包括信息系统操作人员有意造成的损害，或者因未能

---

① 资料来源：https://www.gov.uk/government/publications/national-cyber-security-strategy-2016-to-2021。

遵守安全流程造成的偶然损害。英国认为的网络威胁有：(1)网络犯罪，比如开发、传播恶意软件获取经济利益，进行黑客活动窃取、损害、篡改或销毁数据等，借助网络进行的欺诈和数据窃取。(2)国家与国家资助的威胁。英国认为有国家和国家资助的团体试图侵入英国网络，攻击政府、国防、金融、能源和电信业，以获取政治、外交、科技、商业和战略利益。有少数国家具有对英国整体安全和繁荣构成严重威胁的技术和能力。很多寻求发展网络间谍能力的国家能够购买现成的计算机网络刺探工具，将其改装进行间谍活动。一些敌对国家破坏分子已经开发、部署了进攻性网络武器。这对英国的关键国家基础设施和工业控制系统构成威胁。(3)恐怖分子。尽管目前恐怖分子的技术能力不高，但迄今为止针对英国的低能力网络破坏活动所产生的影响也非常大。(4)黑客分子。(5)脚本小子。所谓的脚本小子通常是指技术不太高的个体，利用其他人员开发的脚本或程序进行网络攻击。(6)内部人士。这是英国组织内的一种网络风险。此外，英国认为在网络技术上还存在漏洞，主要有：(1)设备范围不断扩大；(2)网络健康与合规不够；(3)培训和技能不充分；(4)遗留系统与未打补丁系统；(5)黑客资源容易获得。

针对网络空间的威胁与漏洞，英国给出的应对是：(1)防御。保卫英国不受日益发展的网络威胁，以确保网络、数据和系统得到保护。(2)遏制。利用网络空间采取各种进攻手段，探测、了解、调查、破坏所有敌对行动，并追查、起诉侵犯者，将英国打造成网络空间中难以入侵的硬目标。(3)开发。用全球领先的科技研究与开发，创新打造英国的网络安全行业。(4)国际合作。通过投资于各类伙伴关系，加强国际合作，影响全球网络空间的发展，促进英国获取更广泛的经济和安全利益。

（二）加拿大

在加拿大，数字技术已经成为人们日常生活中不可分割的一部分，从经营业务，访问政府网站（服务），与朋友和家人互动，这些技术将加拿大人从一个海岸连接到另一个海岸,进入了一个动态的全球网络。为了社区、社会、地球和人民的利益,加拿大将继续推动数字创新①。

加拿大政府认为,网络安全是创新的伙伴,是繁荣的保护者。网络威胁主要来自犯罪和其他恶意的网络威胁行为者,他们窃取个人和财务信息、知识产权和商业秘密。他们破坏、有时甚至破坏加拿大人赖以生存的基础设施以及加拿大人的生活方式。这些不安全事件的发生,其中很多是利用安全漏洞、较低的网络安全意识和技术发展过程导致的系统问题。

强大的网络安全是加拿大保障创新和繁荣的重要元素,个人、企业和政府都要积极参与发挥作用。重点工作有以下三点:(1)安全性和反应能力,通过与合作伙伴的合作行动增强网络的安全能力。面对网络犯罪等不断演变的威胁做出及时有效的反应,以保护加拿大各部门(包括关键基础设施)及私营部门的利益。(2)网络创新,通过支持先进的科技研究,促进数字创新,提升联邦政府的网络技能和知识,将加拿大打造为网络安全领域的全球领导者。(3)领导和协作,联邦政府与各省密切合作,地区和私营部门将发挥积极作用,加强加拿大的网络安全,并积极拓展与盟友的国际合作,努力将加拿大打造成为国际网络安全环境的典范。

(三)澳大利亚

澳大利亚对网络空间安全的认识是:网络安全与网络自由既如此相容又相互加强。加强网络空间的安全,不仅提升了社会信任,还促进了个人、企业和公共部门分享想法、合作和创新。互联网正在改变人们生活的方方面面,因此,澳大利亚更加需要一个开放、自由和安全的互联网②。

但网络空间不能成为一个法外之地。政府、私营部门都要发挥积极作用,促进创新,保障安全。必须确保互联网的有效管理,政府要承担管理的

---

① 资料来源:https://www.publicsafety.gc.ca/cnt/rsrcs/pblctns/ntnl-cbr-scrt-strtg/ntnl-cbr-scrt-strtg-en.pdf.

② 资料来源:https://cybersecuritystrategy.pmc.gov.au/assets/img/PMC-Cyber-Strategy.pdf.

主导作用,有效阻击网络威胁、有组织犯罪和外国组织的网络恶意行为。澳大利亚政府有责任保护国家免受网络攻击,捍卫自己在网络空间的利益,防止犯罪、间谍、破坏和不公平网上竞争,并与盟友共同努力,在国际上促进自由、开放和安全的网络行为准则,打击知识产权盗窃、网上传播暴力、煽动宣传极端主义和恐怖主义,防范内部人(如斯诺登那样的)信息披露对政府造成的巨大破坏性风险,加强国际(与盟友)合作,提升澳大利亚在网络空间中的竞争力。在澳大利亚的网络安全国家战略中,还特别强调了网络安全产业的发展机遇,通过学习美国模式,积极发挥澳大利亚在网络空间安全上的技术优势,拓展亚太区域的产业发展。

(四) 新西兰

2017 年,新西兰 CERT(Computer Emergency Response Team)上线运行。在网络空间,新西兰对安全的认识更加具体,主要目标是为公众、私营部门和公共服务部门提供一个结构化组织,以改善新西兰的网络安全。其中,CERT 起关键作用,它为新西兰提供权威的预防建议,减轻网络威胁对新西兰的伤害,成为新西兰值得信赖的网络安全维护中心。此外,新西兰认为,网络安全不仅仅是一个技术问题,还涉及商业风险。因此,CERT 与企业定期进行网络安全对话和业务联系,提高新西兰对各种威胁的认识和协调响应能力。就网络空间而言,新西兰在安全问题方面,更多是从技术的视角来制定国家的应对策略①。

在宏观上,新西兰也提出了五项工作要点:(1)加强国际合作,为保持经济增长,维护国家安全,国际合作是必不可少的。(2)保护网上人权(Human rights are protected online),强调在网络空间,公民的基本权利也受到保护。(3)及时更新安全措施,网络安全战略是由一系列活生生的行动计划构成的,这些计划将随着技术发展和新威胁的出现而发展,安全措

---

① 资料来源:https://www.dpmc.govt.nz/sites/default/files/2017-06/nzcss-action-plan-annual-report-2016.pdf。

施也随之需要更新和提升。(4)明确改善网络安全是社会共同的责任。国家在制定策略时,需要向公共部门、工业界、非政府组织和学术界等利益相关者,广泛征求意见。(5)国家网络政策办公室要加强与政府机构的合作,并积极寻求社会各界的合作,将社会各界伙伴联合起来,总结执行《行动计划》的经验和教训,完成进展情况的年度报告。

(五)日本

日本认为源自世界各地的数字信息和资料使得网络空间自由的思想和意见互动交流,这是全球民主社会的基础,使人们能够在没有地理和时间限制的情况下,在世界各地讨论和分享思想。由无数的计算机、传感器和驱动器组成的网络,通过信息和通信技术进行连接,极大地扩展了人们的活动空间,引发了一系列新的商业模式和技术。同时,窃取个人、企业业务和组织信息及资产的行为越来越多,对国家安全和社会安全的威胁也越来越大。国家和社会的关键基础设施受到网络攻击的恶意事件风险不断加大,成为确保网络空间信息自由流动这一社会民主支柱的最大挑战①。

2014年11月,日本将网络安全战略总部指定为国家网络安全的指挥和控制机构,并授予强大的权力,努力确保一个自由、公平、安全的网络空间,促进社会经济活力和可持续发展,建设人民安居乐业的社会,确保国际社会和国家安全。日本在网络空间安全战略上的主要目标是:确保网络空间的自由、公平和安全,并为改善社会经济活力和可持续发展做出贡献,建立一个人民能够过上安全、有序的生活,并确保国际社会和国家的和平与稳定。

具体的措施有:(1)保障网络空间信息的自由流动,提高社会经济活力。网络空间必须是一个自由不受不必要限制的空间,在这个空间里,所有想要进入的行动者都不会因任何非正当理由而受到歧视或排斥。(2)建

---

① 资料来源:http://www.nisc.go.jp/eng/pdf/cs-strategy-en.pdf。

立规范和法制,日本致力于保障人民的权利和安全,为国家的社会经济发展和国际秩序的发展而努力。要把网络空间建设成一个人人平等、安全可靠、合作共赢的空间,法治至关重要。在日本,网络空间受制于法律和其他规则和规范。同样,在日本看来,国际法和其他国际规则和规范也适用于网络空间。(3)面向未来的发展,日本要保持和发扬长期发展形成的日本品牌独特优势,提升国家竞争力。(4)日本重申,网络空间不应完全由某个群体控制,必须对所有想要利用它的人开放,为世界带来了新的价值。(5)为了实现网络空间秩序与创造力的共存,日本尊重互联网发展起来的自我治理能力,将互联网管理中各利益相关者的自力更生活动作为网络治理的基本基础,从而促进自主经营的发展。(6)为了保护人民安全和权利,日本保留一切可行和有效的措施,即政治、经济、技术、法律、外交和所有其他可行的手段。网络安全政策应像人们所期望的那样,使言论自由与个人隐私的保护共存,同时在制定相关监管机制的同时,通过及时、适当的执法,遏制恶意行为者的活动。任何威胁和平的恐怖主义行为,以及任何支持恐怖主义或这种破坏性行为的行为,都是不能容忍的。

## 三、欧盟对网络安全的认识[①]

欧盟认为,数字技术已经成为支撑经济的关键资源,要保持经济系统的运行,如金融、健康、能源和交通等,就必须确保互联网的平稳运行。当今许多商业模式和经济部门都依赖于信息系统的平稳运行。网络安全事件,无论是故意的还是意外的,都可能发生。因此,网络威胁有许多不同来源,包括犯罪、恐怖主义或国家支持的袭击,对社会生活和公共服务都会产生重大的伤害。

为避免发生恶意事件,数字世界(网络空间)应该受到保护,对此,欧盟

---

① 资料来源:http://ec.europa.eu/information_society/newsroom/image/document/2017-3/factsheet_cybersecurity_update_january_2017_41543.pdf。

的首要任务是充分发挥政府和私营部门的作用,为防止这些事件的发生积极行动起来。2017年,欧盟制定了网络安全领域的主要目标是:(1)加强网络安全能力与合作。目的是使所有欧盟成员国的网络安全能力处于相同的发展水平,并确保信息和合作的交流是有效的,包括跨国界的交流。(2)使欧盟在网络安全方面发挥强大作用。欧洲需要更加雄心勃勃地培育其在网络安全领域的竞争优势,以确保安全。使欧洲公民、企业、公共行政机构都能获得最新的数字安全技术,使网络空间具有互操作性、竞争性、可信赖性和尊重基本权利,包括拥有隐私的权利。这也应该有助于全球网络安全市场的蓬勃发展。为了实现这一目标,欧洲需要克服当前网络安全市场的割裂,培育欧洲网络安全产业。(3)将网络安全策略提升到欧盟的政策主流(Mainstreaming cybersecurity in EU policies),目的是尽快将网络安全纳入欧盟未来的政策举措中,尤其是对新兴行业技术的新政策方面,如联网汽车、智能电网和物联网(IoT)。

在《2015—2020年欧洲安全新议程》中,欧盟仍然强调更有效地打击网络犯罪以及网上基本权利的保护。五个重点是:(1)增加网络的弹性;(2)大大减少网络犯罪;(3)制定与共同安全与防御政策(CSDP)相关的欧盟网络防御政策和能力;(4)开发网络安全产业和技术资源;(5)为欧盟建立一个连贯的国际网络空间政策,促进欧盟核心价值观。

在面对网络空间安全问题的挑战中,欧盟最大的一个特点是在网络安全产业方面的促进政策。2016年,欧盟提出了"具有竞争力和创新的网络安全产业"发展战略,欧盟委员会通过了欧盟的网络安全战略和数字单一市场战略。加强欧洲的网络系统恢复,培育具有竞争力和创新性的网络安全产业,它包括一套旨在加强整个欧洲合作的机制(根据NIS Directive①建立的合作机制)。这一机制包括应对大规模的网络事件;加强在教育、培训

---

① NIS Directive,Directive on Network and Information Security.

和网络安全演习等方面的工作；支持欧盟在网络安全产品和服务的新兴单一市场，如建立资讯及通信科技产品和服务认证（有可能是未来进入欧盟的新贸易壁垒）；欧盟委员会与工业界建立合作伙伴关系（PPP①），以培养网络安全产业。

另外，欧盟也成立了计算机应急响应小组（The EU Computer Emergency Response Team），旨在为欧盟组织、机构和成员国应对信息安全事件和网络威胁提供高效、快捷的服务。欧盟还成立了欧洲刑警组织的网络犯罪中心（The Europol's Cybercrime Centre），打击和防止跨境网络犯罪。

## 四、其他国家对网络安全的认识

2011 年 9 月 12 日，中国、俄罗斯、塔吉克斯坦、乌兹别克斯坦常驻联合国代表联名致函联合国秘书长，请其将由上述国家共同起草的《信息安全国际行为准则》②作为第 66 届联大正式文件散发，并呼吁各国在联合国框架内就此展开进一步讨论，以尽早就规范各国在信息和网络空间行为的国际准则和规则达成共识。

中俄等国向联合国提交的《信息安全国际行为准则》提出了关于互联网与国家主权之间关系的主张，重申与互联网有关的公共政策问题的决策权是各国的主权。对于与互联网有关的国际公共政策问题，各国拥有权利并负有责任。明确各国在信息空间的权利和责任，推动各国在信息空间采取建设性和负责任的行为，促进各国合作应对信息空间的共同威胁与挑战，确保信息通信技术包括网络仅用于促进社会和经济全面发展及人民福祉的目的，并与维护国际和平与安全的目标相一致。遵守《联合国宪章》和公认的国际关系基本准则，包括尊重各国主权、领土完整和政治独立，尊重人权和基本自由，尊重各国历史、文化、社会制度的多样性等。

---

① PPP，public-private partnership.

② 资料来源：http://www.fmprc.gov.cn/ce/cgjb/chn/xwdt/zgyw/t858320.htm.

**资料 4.1 中俄等国提出的《信息安全国际行为准则》**

**联合国大会**

1. 回顾联合国大会关于科学和技术在国际安全领域的作用的各项决议,除其他外,确认科学和技术的发展可以有民用和军事两种用途,需要维持和鼓励民用科学和技术的进展。

2. 注意到在发展和应用最新的信息技术和电信手段方面取得了显著进展。

3. 认识到应避免将信息通信技术用于与维护国际稳定和安全的宗旨相悖的目的,从而给各国国内基础设施的完整性带来不利影响,危害各国的安全。

4. 强调有必要加强各国的协调和合作打击非法滥用信息技术,并在这方面强调联合国和其他国际及区域组织可以发挥的作用。

5. 强调互联网安全性、连续性和稳定性的重要意义,以及保持互联网及其他信息通信技术网络免受威胁与攻击的必要性。重申必须在国家和国际层面就互联网安全问题达成共识并加强合作。

6. 重申与互联网有关的公共政策问题的决策权是各国的主权。对于与互联网有关的国际公共政策问题,各国拥有权利并负有责任。

7. 认识到可以放心安全地使用信息和通信技术是信息社会的一大支柱,必须鼓励、推动、发展和大力落实全球网络安全文化,正如第 64 届联合国大会 A/RES/64/211 号决议:"创建全球网络文化以及评估各国保护关键信息基础设施的努力"序言第 4 段所指出的。

8. 指出必须加强努力,通过便利在网络安全最佳做法和培训方面向发展中国家转让信息技术和能力建设,弥合数字鸿沟,正如第 64 届联合国大会 A/RES/64/211 号决议:"创建全球网络文化以及评估各国保护关键信息基础设施的努力"序言第 11 段所指出的。

通过以下信息安全国际行为准则:

**一、目标与适用范围**

本准则旨在明确各国在信息空间的权利和责任,推动各国在信息空间采取建设性和负责任的行为,促进各国合作应对信息空间的共同威胁与挑战,确保信息通信技术,包括网络仅用于促进社会和经济全面发展及人民福祉的目的,并与维护国际和平与安全的目标相一致。

本准则对所有国家开放,各国自愿遵守。

**二、行为准则**

所有自愿遵守该准则的国家承诺:

(一)遵守《联合国宪章》和公认的国际关系基本准则,包括尊重各国主权、领土完整和政治独立,尊重人权和基本自由,尊重各国历史、文化、社会制度的多样性等。

(二)不利用信息通信技术,包括网络实施敌对行动、侵略行径和制造对国际和平与安全的威胁。不扩散信息武器及相关技术。

(三)合作打击利用信息通信技术,包括网络从事犯罪和恐怖活动,或传播宣扬恐怖主义、分裂主义、极端主义的信息，或其他破坏他国政治、经济和社会稳定以及精神文化环境信息的行为。

（四）努力确保信息技术产品和服务供应链的安全，防止他国利用自身资源、关键设施、核心技术及其他优势，削弱接受上述行为准则国家对信息技术的自主控制权，或威胁其政治、经济和社会安全。

（五）重申各国有责任和权利保护本国信息空间及关键信息基础设施免受威胁、干扰和攻击破坏。

（六）充分尊重信息空间的权利和自由，包括在遵守各国法律法规的前提下寻找、获得、传播信息的权利和自由。

（七）推动建立多边、透明和民主的互联网国际管理机制，确保资源的公平分配，方便所有人的接入，并确保互联网的稳定安全运行。

（八）引导社会各方面理解他们在信息安全方面的作用和责任，包括本国信息通信私营部门，促进创建信息安全文化及保护关键信息基础设施的努力。

（九）帮助发展中国家提升信息安全能力建设水平，弥合数字鸿沟。

（十）加强双边、区域和国际合作。推动联合国在促进制定信息安全国际规则、和平解决相关争端、促进各国合作等方面发挥重要作用。加强相关国际组织之间的协调。

（十一）在涉及上述准则的活动时产生的任何争端，都以和平方式解决，不得使用武力或以武力相威胁。

2009年12月21日，联合国大会通过了《创建全球网络安全文化以及评估各国保护重要信息基础设施的努力》（A/RES/64/211）的决议①。决议认识到可以放心安全地使用信息和通信技术是信息社会的一大支柱，必须鼓励、推动、发展和大力落实全球网络安全文化。

诀议又认识到网络信息技术对于日常生活的很多重要功能，商业、商品和服务的提供、研究、创新和创业等活动以及对于个人、组织、政府、企业和民间社会之间的信息自由传播所起的作用越来越大。

诀议还认识到政府、企业、组织和信息技术的个人拥有者和使用者，必须根据各自担任的角色承担起责任，并采取步骤，加强这些信息技术的安全。

诀议认识到开展多个利益攸关方对话的互联网治理论坛必须承担讨

---

① 资料来源：http://www.un.org/zh/documents/view_doc.asp? symbol＝A/RES/64/211。

论各种问题的任务,包括讨论与互联网治理的关键要素有关的公共政策问题,以促进互联网的可持续性、可靠性、安全性和稳定性以及发展。

诀议重申各国政府在互联网治理以及确保互联网的稳定性、安全性和连续性方面应该平等发挥作用和承担责任,重申仍然需要加强合作,使各国政府在有关互联网的国际公共政策问题上,平等发挥作用和承担责任。

诀议认识到每一个国家都将自行决定本国的重要信息基础设施。

诀议重申有必要利用信息和通信技术的潜力,推动实现国际商定的发展目标,包括千年发展目标,认识到各国在获取和利用信息技术方面存在的差距可能减损其经济繁荣,并会削弱合作打击非法滥用信息技术和创建全球网络安全文化的成效。

诀议强调指出必须加强努力,通过便利在网络安全最佳做法和培训方面向发展中国家,尤其是最不发达国家转让信息技术和能力建设,弥合数字鸿沟,普及信息和通信技术,保护重要的信息基础设施。

诀议表示关切重要信息基础设施的可靠运作和网络所承载信息的完整性面临的威胁日益复杂和严重,影响到家庭、国家和国际福祉。

诀议确认重要信息基础设施的安全是各国政府必须系统地承担的一项责任,是其必须与各利益攸关方协调,在国家一级发挥领导作用的领域,而各利益攸关方则必须意识到有关风险以及根据各自所起作用应当采取的预防措施和有效应对办法。

诀议认识到应当通过国际信息分享和协作支持各国的努力,以便有效应对这些威胁日益具有跨国性质的问题。

诀议注意到有关区域组织和国际组织在加强网络安全方面所做的工作,重申它们在鼓励各国做出努力和促进国际合作方面发挥的作用。

诀议又注意到国际电信联盟 2009 年关于确保信息和通信网络安全及发展网络安全文化的最佳做法的报告,其中重点讨论了各国以符合言论自由、信息自由传播和适当法律程序的方式全面处理网络安全的办法。

诀议认识到定期评估各国保护重要信息基础设施工作的进展有助于此种努力。

（1）邀请各会员国在其认为适当时利用所附国家保护重要信息基础设施努力自愿自我评估工具，协助评估本国在这方面以及为加强其网络安全做出的努力，以突出说明有待采取进一步行动的领域，目标是提升全球网络安全文化。

（2）鼓励已制定网络安全和保护重要信息基础设施战略的会员国、相关区域和国际组织向秘书长提供此种信息，用于汇编和分发给会员国，以交流最佳做法和措施，协助其他会员国努力推动实现网络安全。

决议最后还附有"国家保护重要信息基础设施努力自愿自我评估工具"，这是会员国认为适当时可以部分或全部采用的自愿工具，以协助它们努力保护国家重要的信息基础设施和加强国家网络安全，具体内容见资料4.2。

---

**资料4.2　国家保护重要信息基础设施努力自愿自我评估工具①**

**评估网络安全需要和战略**

1. 评估信息和通信技术在贵国国民经济、国家安全、重要基础设施（如运输、水和食物供应、大众保健、能源、金融、应急服务）以及民间社会中的作用。

2. 确定贵国经济、国家安全、重要基础设施和民间社会在网络安全和重要信息基础设施保护方面面临并且必须加以管理的风险。

3. 了解已投入使用网络的弱点、每个部门目前所面临威胁的相对严重程度和现行管理计划；说明经济环境、国家安全优先事项以及民间社会需求等因素的变化如何影响这些评估。

4. 确定国家网络安全和保护重要信息基础设施战略的目标，叙述该战略的目标、目前的实施程度、衡量进展情况的指标、该战略与其他国家政策目标的关系，以及该战略在各区域和国际举措中的作用。

**利益攸关方的作用和责任**

5. 确定在网络安全和保护重要信息基础设施方面发挥作用的关键利益攸关方，并叙述每个利益攸关方在制定有关政策和开展有关行动方面的作用，包括：

• 国家政府各部委或机构，并说明主要联系人和各自的责任；

• 其他（地方和地区）政府参与方；

---

① 资料来源：http://www.un.org/zh/documents/view_doc.asp? symbol＝A/RES/64/211。

- 非政府行动者,包括工商界、民间社会和学术界;
- 公民,并指出互联网普通用户是否可获得避免网上威胁的基本培训,是否已开展关于网络安全的全国提高认识运动。

**政策制定过程和参与**

6. 说明在政府—行业协作制定网络安全和保护重要信息基础设施政策和开展这项活动方面现有的正式和非正式协作渠道;列明参与方、各方的作用和目标、获取和处理投入的方法,以及这些投入是否足以实现相关的网络安全和保护重要信息基础设施目标。

7. 说明可能需要进一步建立的其他论坛或结构,以整合必要的政府和非政府观点和知识,实现国家网络安全和保护重要信息基础设施目标。

**公私合作**

8. 汇集发展政府与私营部门合作方面所有已采取的行动和已制定的计划,包括任何信息分享和事件管理安排。

9. 汇集促进共同依赖相同互联重要基础设施的重要基础设施参与方和私营部门行动者的共同利益和处理其共同挑战的所有现行举措和计划举措。

**事件管理和恢复**

10. 说明担任事件管理协调者的政府机构,包括监视、预警、应对和恢复等职能的能力;参与合作的政府机构;参与合作的非政府参与方,包括行业和其他合作伙伴;已做出的合作和可靠信息共享安排。

11. 另行说明国家一级计算机事件应对能力,包括确认国家级电子计算机事件应对小组及其作用和责任,包括保护政府计算机网络的现有工具和程序,以及传播事件管理信息的现有工具和程序。

12. 说明可增强事件应对和应急规划能力的国际合作网络和进程,同时酌情说明各合作伙伴和各种安排,以促进双边和多边合作。

**法律框架**

13. 审查和更新由于新信息和通信技术迅速发展并且由于依赖这些新技术而可能过时或失效的法律依据(包括有关网络犯罪、隐私、数据保护、商业法、数字签名和加密的法律依据),在审查过程中利用区域和国际公约、安排和先例。确定贵国是否制定了调查和起诉网络犯罪的必要立法,注意到现有框架,例如,联合国大会关于打击非法滥用信息技术的第 55/63 号和第 56/121 号决议和包括欧洲委员会《网络犯罪问题公约》在内的区域倡议。

14. 确定贵国有关网络犯罪的依据和程序,包括法律依据和国家防止网络犯罪部门的现状,以及检察官、法官和议员对网络犯罪问题的认识程度。

15. 评估现行法规和法律依据是否足以处理网络犯罪以及更广泛的网络空间当前和未来的挑战。

16. 检查贵国参与国际社会打击网络犯罪的努力,例如,参加打击网络犯罪全天候联络点网络的情形。

17. 确定在基础设施设在本国境内或罪犯居住在本国境内而受害者居住在其他地方的情形下,国家执法机构要求满足哪些条件,才与国际同行合作调查跨国网络犯罪。

**发展全球网络安全文化**

18. 总结为发展大会第 57/239 和 58/199 号决议所述国家网络安全文化而采取的行动和制定的计划,包括政府运作系统网络安全计划、对儿童和个人用户等方面开展的全国提高认识方案和外联方案的执行情况以及国家网络安全和保护重要信息基础设施的培训要求。

## 五、产业界对网络安全的认识

2018 年 2 月,德国西门子公司在慕尼黑安全会议(MSC)上与业界的八个合作伙伴签署首个致力于提升网络信息安全的共同宪章。该《信任宪章》(*Charter of Trust*)呼吁制定网络信息安全领域的规则和标准以建立信任,从而进一步深化数字化发展。除西门子和慕尼黑安全会议外,空客公司、安联集团、戴姆勒集团、IBM、恩智浦半导体、SGS 集团和德国电信也签署了宪章[1]。2018 年 9 月,在微软公司的"Ignite 2018"年会上,微软号召整个科技行业联合起来,共同保护全球各地的所有客户,免受来自数字犯罪组织的大规模恶意攻击。倡议构建"网络安全技术协议"(Cybersecurity Tech Accord),呼吁各国政府建立有效政策措施,包括制定更强有力的国际规则、建立追溯问责机制,在全球范围推进"数字日内瓦公约"(Digital Geneva Convention)等[2]。显然,规范企业也希望有一个净化的网络空间,以减轻自身的技术压力和社会责任。

## 六、各方对网络安全认识的共识基础

从美国及其盟国对网络空间安全的认识到中俄等国对网络空间"信息

---

[1] 资料来源:https://xmwb.xinmin.cn/html/2018-02/27/content_7_4.htm。

[2] 资料来源:https://news.microsoft.com/zh-cn/微软-ignite-2018-大会％ef％bc％9a确保数字安全％ef％bc％8c人工智能予力大众/。

安全国际行为准则"的主张以及来自产业界的呼声，可以寻找世界各方对网络空间安全的共识基础。从所有这些认识的共同之处分析。总体来讲，美欧等主要发达国家的观点，基本相同，归纳起来有以下五点：（1）打击网络犯罪；（2）保护国家关键基础设施；（3）开展国际合作；（4）维护网络空间合法权益；（5）构建一个安全、开放的互联网。多数国家的网络空间安全战略都涉及这五个方面。

从发展过程分析，以上貌似具有共识的这五个方面对不同国家还是有很大区别。例如，最早、最重视网络空间安全，并从国家层面开展工作的是美国。1988年，美国就从立法层面来治理计算机引起的安全问题。美国在网络技术的发展初期，就已关注国家安全问题。由于自身在网络空间技术上的优势，就国家安全层面，美国并没有真正遇到涉及国家安全的严重挑战。但是，美国仍然极其强调网络空间的安全问题，用最先进的"矛"来攻击最先进的"盾"，以此来提升自己的防护能力。如网络空间的"爱因斯坦计划"和"曼哈顿计划"，不仅规范了技术标准，给产业发展指明了方向，也给产业竞争筑高了壁垒。这在客观上给美国带来了"优先"，不仅是应对国家安全问题，事实上也使得美国在网络空间发展中一直处于优势地位。但从"9·11"事件后，美国意识到可以利用自身在网络空间发展中的技术优势，在反恐的名义下，实施网络威慑政策，对世界逐步有系统地开展监控、攻击等活动。所以，在美国的网络安全战略中与世界其他国家最大的一个不同点是：美国实施了网络威慑政策。

英国作为美国最密切的安全战略伙伴与美国结成安全共同体，在网络空间安全战略上与美国基本保持一致。尽管英国是"五眼联盟"的发起国，但在网络时代已下滑为跟随者。在国家安全战略方面，英国与美国保持了一致性，但英国也要突出自身在网络空间发展上的特点。为此，英国强调打造安全、开放、稳定、充满活力的网络空间。这与美国似乎形成了一种互补的现象，即美国利用自身技术优势，在大力加速互联网经济的同时，加大网络威慑政策;而英国,从自由市场的开放视角,大力推进网络空间的自由和开放。显然,安全、稳定是自由市场的必要保障,而充满活力的市场更需要依赖强大的网络技术,这也是美国的希望所在。

欧盟就安全共同体而言与美、英是一伙的,因此在网络空间安全的主导思想上与美、英基本一致。但欧盟与英、美最大的不同是,以德、法为基础的联盟,在国家安全防护上希望可以不依赖美国,尤其在网络空间的发展中,要将社会经济发展的主动权掌控在自己的手中,所以欧盟特别强调要保持在网络空间中技术上的发展优势,以支撑自身社会经济的繁荣发展。这就可以理解,为什么欧盟特别强调要促进网络空间安全产业发展,培育数字单一市场,这是在市场经济领域抗衡美国的基本对策。一个值得关注的现象,如 2018 年 11 月,法国总统马克龙在由巴黎承办的第 13 届联合国互联网治理论坛(IGF)上发表演讲,并提出了《网络空间信任和安全巴黎倡议》(*Paris Call for Trust and Security in Cyberspace*),但据知情人介绍,美、俄等国政府代表没有在最后声明上签字[①]。反映在网络空间安全问题上,西方的大阵营也有微妙的关系。这一链条是由大到小,从意识形态到社会生产,不同环节有不同目标。例如,加拿大推进数字创新,澳大利亚强调需要一个开放、自由和安全的互联网,新西兰提出加强网络空间具体保护措施,建设 CERT,日本也提出加强法制建设,遏制恶意行为者活动,所有这些措施基本不能动摇网络空间发展的基本格局。

> **资料 4.3　网络空间信任和安全巴黎倡议 [②]**
>
> 　　如今,网络空间在我们生活的方方面面均扮演着重要角色,各种行为体尽管作用各不相同,但都对增进网络空间的信任、安全和稳定有着共同的责任。
> 　　我们重申支持一个开放、安全、稳定、可及、和平的网络空间,它已成为社会、经济、文化和政治生活各方面不可或缺的一部分。

---

① 资料来源:http://www.iis.fudan.edu.cn/8b/0a/c6852a166666/page.htm。
② 资料来源:https://www.secrss.com/articles/6605。

我们还重申,国际法,包括《联合国宪章》的全部内容、国际人道法和习惯国际法,对各国使用信息通信技术的活动均适用。

我们重申,人们在线下拥有的权利必须在线上同样获得保护,也重申国际人权法适用于网络空间。

我们重申,国际法,连同联合国框架内发展起来的和平时期自愿性负责任国家行为规范以及相应的建立信任和能力建设措施,构成网络空间国际和平与安全的根基。

我们谴责和平时期的恶意网络活动,尤其是对个人以及关键基础设施有可能造成或实际造成重大、不加区分或系统性危害的活动,并欢迎加强这方面保护的倡议。

我们也欢迎国家和非国家行为体为恶意使用信息通信技术——无论何时发生,也无论在武装冲突期间或之外——的受害者提供公正和独立援助。

我们认识到,网络犯罪活动的威胁要求在一国之内和国际层面做出更大努力,来提升我们所用产品的安全性,加强我们对犯罪分子的防御能力和促进所有利益攸关方之间的合作。在这方面,《布达佩斯网络犯罪公约》是一份关键的法律文件。

我们认识到私营行业重要行为体在增进网络空间信任、安全和稳定方面的责任,鼓励它们提出旨在增强数字流程、产品和服务安全性的倡议。

我们欢迎各国政府、私营部门和公民社会合作,制定使基础设施和相关组织得以强化网络保护的网络安全新标准。

我们认识到,所有行为体都可通过鼓励负责任、协同地披露漏洞,来支持网络空间的和平。

我们强调,所有行为体都需要加强广泛的数字合作、更多地开展能力建设。我们鼓励有关增强用户恢复力和能力的倡议。

我们认识到,强化多利益攸关方路径,进一步致力于降低网络空间稳定的风险以及增强信心、能力和信任,实属必要。

为此目的,我们确认愿意在现有国际场合并通过相关组织、机构、机制和进程共同努力,相互帮助并落实合作措施,尤其要:

——对有可能或实际给个人以及关键基础设施造成重大、不加区分或系统性危害的恶意网络活动加以预防和从中恢复;

——预防有意和实质性破坏互联网公共核心的通用性或完整性的活动;

——加强预防境外行为体通过恶意网络活动破坏选举进程、蓄意进行干预的能力;

——预防利用信息通信技术盗窃知识产权(包括商业秘密或其他机密商业信息)、意图为公司或商业部门提供竞争优势的行为;

——采取措施防止意在造成损害的恶意信息通信工具及实践的扩散;

——强化数字流程、产品和服务在其整个生命周期和供应链中的安全性;

——支持为所有行为体提供更高程度的网络清洁的努力;

——采取措施预防包括私营部门在内的非国家行为体为其自身或其他非国家行为体的目的发动黑客还击;

——促进网络空间负责任国际行为规范和建立信任措施的广泛接受和实施。

为了跟踪在适当的现有国际场合和进程中为推进这些问题所取得的进展,我们同意将在 2019 年召开的巴黎和平论坛和 2019 年在柏林召开的互联网治理论坛期间再次召开会议。

巴黎,2018 年 11 月 12 日

原文:https://www.diplomatie.gouv.fr/IMG/pdf/paris_call_text_-_en_cle06f918.pdf。

根据以上分析,美欧在政治上可以说是一个阵营,但在经济市场上也是竞争对手,对网络空间安全在总体上认识基本一致。它们反对一切破坏网络空间的行为,主张要构建一个开放、自由、安全、稳定和充满活力的网络空间,但这一美好空间需要高技术的支撑,用市场经济的方式来管理,并通过技术市场的发展掌控,筑高技术领域的市场壁垒,不仅可以谋求国家安全,更重要的,还能谋求市场利益,掌控全局。因此,对于拥有技术优势的一方,它们更愿意用技术来维护网络空间安全。

事实上,欧美在网络空间安全问题上的主张和我国的主张是相同的,但我国仍然没有感到安全,其中最重要的原因是:网络空间安全不是由主体责任来构筑的,更多的是涉及网络技术问题。如果美欧是一个统一阵营,从产业链体系、行业标准,到互联网的构成和实际管理、管辖,与中俄等国比较起来,美欧在技术上至少到今天仍处在一个优势地位。因此,在技术体系上的弱势,是我国在网络空间发展中的不利因素。所以,中俄主张充分尊重信息空间的权利和自由,包括在遵守各国法律法规的前提下寻找、获得、传播信息的权利和自由,即主张"每一个国家在信息领域的主权权益都不应受到侵犯,互联网技术再发展也不能侵犯他国的信息主权"。从中明显可以看到中俄充分强调主体责任在网络空间安全中的作用。我国希望用规则来阻隔利用技术在网络空间中的不当得利和损害国家安全的行为。问题是我国在网络空间上的技术缺少优势。我国主张的主体责任是行为准则。这种主张在缺少技术支撑的前提下,对于技术优势方的约束力非常小，这是网络空间安全共识面临的主要困境。

## 第四节　网络强国的基本特征与内在要素

在网络空间的发展中，虽然我国还不能自称已是世界最强，但从发展的状态分析，我国不仅是网络大国，而且在信息社会应用终端的许多领域，也是一个应用强国。2017 年，中国半导体芯片进口量高达 3 770 亿块，进口额为 2 601 亿美元，超过原油进口额（1 500 亿美元）[①]。这得益于经济全球化的发展和我国 40 年来实行的改革开放政策。今天，我国在网络空间应用终端许多领域，可以说已超越了许多老牌的发达国家。尽管从社会经济的平均发展水平指标衡量，我国与诸如卢森堡这样的国家还有非常大的差距，但在网络空间，我国抓住了信息技术革命这一发展机遇，充分利用了自身市场规模优势，实现了跨越式发展，跟上了时代发展的步伐，这为我国建设网络强国奠定了坚实的基础。

### 一、网络强国的基本特征

作为发展的战略目标，我国对网络强国发展已有一个宏观概述，包括技术、信息服务、网络文化、信息基础设施、信息经济、人才队伍和国际合作等多个方面。这是从国家发展的战略层面，将网络空间发展涉及的几个方面树立起一个标杆性目标。回到现实发展，在今天的网络空间中，哪些国家可以称为网络强国，或者说，人们会将哪些国家归入网络强国的行列。答案必定是因人而异，不同人有不同看法。从应用终端分析，我国在许多人眼中已是网络强国，尤其在无现金交易支付领域，中国的发展，可以说已经达到世界先进水平。但这仅仅是网络终端应用的一个方面，网络强国涉

---

[①]　资料来源：http://news.sina.com.cn/c/zj/2018-04-23/doc-ifznefkh9514977.shtml。

及的层面应该更多。至少可以从以下几个不同视角审视：（1）总体评价；（2）产业基础；（3）社会应用；（4）制度建设；（5）先进性特点。

总体评价通常以社会发展的普遍水平为依据，从表4.3的分析结果，位居前列的国家是北欧地区，美国位列第7位。这基本印证了发达国家群体的总体评估处于世界的前列，反映网络空间发展与社会发展的正相关性。即社会发展先进的国家，总体上在网络发展领域也是先进的。网络空间与社会经济有密切的关联。表4.3的国家和地区（25个经济体），都是经济高收入地区。所以从总体上评价，网络强国应该具有经济高收入这一特征。

从产业基础分析，2017年，我国进口的半导体芯片，占据我国国际贸易进口总额的14.1％。2018年的"中兴事件"，反映了我国在产业基础领域的不足之处。荷兰的ASML①是建造芯片光刻机全球最大的企业，决定了产业制造芯片的能力。从产业链分析，我国有制造的短板，但国际产业链是全球合作运行的结果，在社会经济领域有价值的高低，主要决定了产业的社会分工和经济收益。如果产业的技术被垄断，会形成战略层面的差距，但从网络空间的发展来看，这还不是决定性的，仅仅在市场经济领域，具有收益上的综合优势。尽管荷兰还不能说是像美国那样的网络强国，但在总体评价中，荷兰也位列世界最先进的位置（在表4-3中与芬兰并列）。反映产业基础对整个社会发展的促进作用。世界先进国家通常具有专业技术领域的优势，这是经济全球化开展合作的基础性优势。荷兰除了产业发展中这一显著特点外，在整体的社会信息化发展中也处于世界领先地位，整体评价与北欧四国齐名。因此，网络强国在产业领域应该也是制造强国。除了技术自主性，至少产业的发展不受外部条件制约是一个必要基础。

从社会应用分析，网络空间发展初期，那些发达经济体具有快速普及应用的条件，所以在互联网初建的前20年，发展水平位居世界前列的地区

---

① ASML，Advanced Semiconductor Material Lithography，https://www.asml.com/asml/en/s427.

都是经济高收入地区,但从中国近10年的发展经验分析,网络空间的社会应用前景与市场规模有正相关性。世界十大互联网企业都被中美两国占据,充分反映了在社会深度应用领域,如电子商务、(无现金)交易支付、平台经济等,中美两国是世界的领航者。未来,在人工智能、无人驾驶以及社会新零售等领域,走在世界前列的,很有可能也是这两个国家。尽管印度曾经在软件外包领域争得了发展先机,但从网络空间发展的几个基本特征分析,如经济收入、专业技术领域优势和市场规模优势等方面,印度仍然处在相对落后的位置,这也决定了印度没有超强的互联网企业,或许在若干年之后,印度也能成长出如我国的阿里巴巴这样的企业。这是市场规模拉动的结果。因此,在网络空间,市场规模的大小也是决定发展强弱的一个重要因素。

从制度建设分析,欧盟在2018年5月25日正式生效的一般数据保护法对整个网络空间发展的影响是巨大的。这一法案严格地规范了企业在处理欧盟境内的个人信息(数据)行为,用高强度的经济手段来制约企业的行为,尤其是对互联网企业巨头而言,这一法规是严厉的,处罚的力度是巨大的,为网络空间治理树立了典范。尽管有企业专业人士评价,欧盟的法案是一种贸易保护,对企业的技术创新不利,打压了市场创新的积极性。欧盟自己也承认要建立一个"数字单一市场",用网络空间安全这一战略来推动自身的发展。这虽然有自我保护的意思,但也是对自己科技能力的自信,欧盟相信自己有能力建设一个既符合开放、自由,又具有安全、高效的网络空间。因此,欧盟用一种严格的市场监管方式,实现在欧盟内部构建"单一的新兴市场"(主要指在网络安全产品和服务方面)。显然,欧盟的制度建设这一做法,体现了一种强大,一种对自身网络空间市场、技术和产业发展的自信,明显具有抗击美国霸主的强者风范。

事实上,先进性特点是互联网发展产生的新特征。除了一些综合实力很强的国家,如韩国、以色列等,在互联网发展的这20多年来,有自身显著的发展特色。韩国是利用互联网发展。提升自己发展水平最快的国家(见表 4-17)。而以色列是最早进入网络空间安全产业的国家,这两个国家抓住了网络空间发展这一机遇,从国家自身的特点出发,取得了巨大的成功。韩国不仅在电子行业有三星这样的巨头,其电子政务的发展,也成为联合国推荐的模板,网络空间的发展极大地提升了韩国在世界上的影响力。以色列在网络空间发展的初期就以安全技术为重点,这也是结合自身在现实发展环境中的需求。作为一个新建国家,以色列的国家安全面临诸多问题,这也是以色列将网络空间的安全在起步阶段就与国家安全战略绑定在一起的一个主要原因。据信息安全市场研究的分析,截至 2014 年 6 月,全球在纳斯达克上市的企业,涉及信息安全的 14 家,美国占据 12 家,另两家,一家是日本的 Trend Micro,另一家就是以色列的 Check Point,从市值比较,12 家美国企业中包括了 IBM、Cisco、微软、谷歌、惠普这 5 家,显然它们的市值并非都是反映信息安全领域的产品。在余下的 9 家企业,以色列的企业仅次于美国的赛门铁克[1]。

总结以上分析,美国作为互联网研制、管理的主导者,在这一领域至少到目前仍是不可动摇的霸主(国内有人一直认为互联网是美国的局域网),但互联网已是社会发展的第二空间,其背后的产业和应用,构成了一个庞大的政治和经济交错的体系,那些发展先进的国家和地区,已形成一定的模式,成为在这一领域发展竞争的优胜者。这些优胜者在局部而言,可以说已是强者,它们在技术上领先,在市场上占据优势,不仅从社会发展中谋取经济利益,也对社会公共安全产生影响,突出的基本特征就是上述提到的四个方面,一是社会经济与科技发展水平;二是市场规模;三是制度建设;四是自身发展特色。这是网络强国的几个基本特征。

---

① 王滢波:《全球网络信息安全产业发展与中国路径选择》,《中国网络空间安全发展报告(2015)》,社会科学文献出版社 2015 年版,第 160 页。

## 二、网络强国的内在要素与力量之源

分析互联网发展的历史,美国的霸主地位必然会随着技术的发展而被逐步瓦解。当然,这一过程有待社会发展进一步实现,但总体趋势是必然的,中美发展的比较可以证实这一论断。依据上节分析,科技是网络强国四大基本特征之首,但科技领域的竞争由来已久,毋庸置疑。随着发展,落后与先进的距离会不断缩小。但网络技术在竞争中起主导作用,是决定强弱的关键要素。

从互联网经济的特点分析,挑战昔日的霸主历来都是互联网发展的最本质特征,先发者的利益必然会受到后发者的挑战,决定这一竞争的结果是市场,是用户的选择,优质的服务必然会替代落后的服务。因此,除了科技这一具有主动性的强国因素之外,市场规模是另一个天然的资源条件,有市场就有发展,谷歌、百度这些企业在初创期根本就无法想象今天的发展模式(它们都成为人工智能研究领域的顶级企业)。所以,市场是决定未来发展的重要因素。

在这方面欧盟已为我国提供了很好的模式,即制度建设,这是形成市场壁垒(也可以认为是一种技术壁垒),打压竞争对手培育自己力量的一个重要策略。关键问题是,在经济全球化的推动下,制度建设所约束的对象日益趋于"平等化"(内外一致性),形成的这些壁垒,对内外的作用是一致的。所以,即便是一种保护,也需要自身具备高度的技术研发能力,不然,会形成相反的作用,限制了自己,发展了别人。

美国之外的其他国家和地区,形成自己发展的特色和技术能力是在网络空间市场竞争中获取有利位置的重要手段。荷兰、韩国、以色列和芬兰等都有成功的案例。即有自身发展特色的国家可以推动网络空间快速发展。

此外,网络强国还需要关注一类非国家性质的现象,例如,像谷歌、脸书等这样的企业,服务全球众多网民(2017 年 6 月,脸书的用户突破 20 亿[①]),

① 《脸书月度活跃用户突破 20 亿》,《参考消息·社会扫描》2017 年 6 月 29 日。

其影响力已超越国家的界限。这类公司的发展愿景,也不会停留在国家的界囿之内,这是网络空间中一股强大的独立力量。尽管是企业,但它们对社会公共安全有巨大作用,甚至还影响美国大选。类似的例子,如国内的阿里巴巴对我国社会经济的影响。美国就是利用了这些力量来实施其网络威慑政策。当然,市场对这些企业的约束也是巨大的。例如,2017 年 10月,七国集团与谷歌、脸书、推特等互联网巨头达成协议,共同努力阻止伊斯兰极端主义分子在互联网上的扩散。这是七国集团施压互联网巨头的结果,反映互联网巨头与政府组织的关系。显然,这些巨头已不是单纯的美国企业,而是跨国企业,但其行为要符合国家秩序的约束①。从这些例子分析,企业有可能在网络空间中超越了国家界限,但企业必须遵守国家制定的社会秩序,企业的能力再强,也必须纳入"利维坦"的能力之内。这在一定程度上,反映了企业的能力是网络强国重要的组成部分之一。

因此,网络强国的内在要素包括三个方面,分别是国家的科学技术实力、网络经济的市场规模大小和网络空间的规范秩序建设。技术是保障网络规范、开放最有力的工具,制度是保障网络空间与社会空间相同的约束机制和社会秩序。但要真正实现这一目标,有能力的企业来承担这一社会责任在效率上具有先天的优势,这是与以前工业社会发展不同的最显著特点。在信息社会,网络企业不仅是市场经济中赢利的主体,还是未来网络空间中维护秩序的重要力量。因为在网络空间,社会秩序的维护,国家机器与信息技术比较,技术的效率高于行政的效率。例如,我国一度猖狂的电信诈骗在电信技术力量的介入下很快得到遏制。这在一定程度上反映,网络空间治理需要更先进的网络技术。显然,从发展的动态分析,最先进的网络技术只能在互联网巨头的手中,国家机器想要掌控网络技术,在机制上总是隔了一层关系。从时机到效率,业务一线的技术更快、更高效。所以,这是企业的新责任,也是网络强国最有力的力量之源。

---

① 《G7 与网络巨头达成反恐协议》,《参考消息·社会扫描》2017 年 10 月 20、22 日。

# 第五章　数字秩序与网络强国建设

　　2015 年 12 月，在第二届世界互联网大会上，国家主席习近平在开幕式发表了主旨演讲，阐述了互联网是人类的共同家园，世界各国应该共同构建网络空间命运共同体，推动网络空间互联互通、共享共治，为开创人类发展更加美好的未来助力。中国领导人向世界提出了网络空间发展，要"尊重网络主权""维护和平安全""促进开放合作""构建良好秩序"的四项原则。这为我国建设现代网络强国，构筑了良好的宏观环境。从网络空间今天发展的格局分析，要使这四项原则成为国际信息安全的行为规范，达成互联网是人类共同家园的共识，还需要我们付出更艰辛的努力。因为构建网络空间理想的发展，不仅需要达成安全共识，还要共同构建应对机制，形成互融的社会经济发展模式。这不但要求我国自身具备必要的现代信息技术和网络运行能力，更重要的是建立与世界广泛合作的交流渠道，以实现网络开放、共荣的格局，为网络空间共同安全这一目标，打造坚实的基础性共识。

## 第一节　建设现代网络强国的优势与挑战

　　在 2014 年 2 月召开的中央网络安全和信息化领导小组第一次会议上，习近平总书记首次提出"努力把我国建设成为网络强国"。会议在描述网络强国的目标中，强调了五个方面：一是技术，二是服务和文化，三是基础设施和经济实力,四是高素质人才,五是国际交流合作。我国网络空间,经过 20 多年的发展,在规模上已发展成为世界的网络大国,截至 2021 年 6 月,我国网民规模为 10.11 亿,互联网普及率达 71.6%①(2018 年,依据国际电信联盟的报告,发达国家的普及率已超过 80%②)。社会信息化应用也体现出鲜明的中国特色,互联网、数字经济发展呈现出繁荣的景象,信息产业也成为世界的制造大国。面对网络空间发展的新形势,我国正处在由大到强的发展转变过程中,迫切需要打造一个以全球共同安全为行为准则的网络空间。要实现这一理想,我国虽已具备一定的构建能力,但仍将面临极大的挑战。

## 一、人类命运共同体的倡议为构建共识奠定基础

2012 年,胡锦涛总书记在中国共产党第十八次全国代表大会的报告中,论述了"继续促进人类和平与发展的崇高事业",指出"我们主张,在国际关系中弘扬平等互信、包容互鉴、合作共赢的精神,共同维护国际公平正义。平等互信,就是要遵循联合国宪章宗旨和原则,坚持国家不分大小、强弱、贫富一律平等,推动国际关系民主化,尊重主权,共享安全,维护世界和平稳定。包容互鉴,就是要尊重世界文明多样性、发展道路多样化,尊重和维护各国人民自主选择社会制度和发展道路的权利,相互借鉴,取长补短,推动人类文明进步。合作共赢,就是要倡导人类命运共同体意识,在追求本国利益时兼顾他国合理关切,在谋求本国发展中促进各国共同发展,建立更加平等均衡的新型全球发展伙伴关系,同舟共济,权责共担,增进人类共同利益"③。

---

① 资料来源:http://www.cnnic.cn/hlwfzyj/hlwxzbg/hlwtjbg/202109/P020210915523670981 527.pdf。

② 资料来源:https://www.itu.int/en/ITU-D/Statistics/Documents/publications/misr2018/MI-SR2018_Volume1.pdf。

③ 资料来源:http://www.xinhuanet.com/18cpcnc/2012-11/17/c_113711665_12.htm。

党的"十八大"报告正式提出"倡导人类命运共同体意识"①,党的"十九大"报告进一步呼吁,"各国人民同心协力,构建人类命运共同体,建设持久和平、普遍安全、共同繁荣、开放包容、清洁美丽的世界。要相互尊重、平等协商,坚决摒弃冷战思维和强权政治,走对话而不对抗、结伴而不结盟的国与国交往新路。要坚持以对话解决争端、以协商化解分歧,统筹应对传统和非传统安全威胁,反对一切形式的恐怖主义。要同舟共济,促进贸易和投资自由化便利化,推动经济全球化朝着更加开放、包容、普惠、平衡、共赢的方向发展。要尊重世界文明多样性,以文明交流超越文明隔阂、文明互鉴超越文明冲突、文明共存超越文明优越。要坚持环境友好,合作应对气候变化,保护好人类赖以生存的地球家园",将发展意识提升到"推动人类命运共同体建设",这为我们在处理国际关系中明确了方向,也为我们建设网络空间共同安全的发展环境确定了原则。

比较各国在网络空间发展战略中对安全的认识,命运共同体意识融合了各国共识,可以成为打造网络空间新秩序的共识基础。

## 二、我国打造网络空间共同安全的基础和能力

在构建人类命运共同体的旗帜下,打造以共同安全为行为准则的网络空间需要强大的基础支撑。有研究者在打造共同安全的建设路径探索中提出了"加强战略经济、深化政治合作和构建安全机制"等三条探索路径。如果这是构建网络共同安全的维度,从现有网络空间发展的基础看,我国已具备的优势主要体现在以下三点:(1)数字经济,(2)产业链合作,(3)消费市场规模②。

据中国信息通信研究院 2017 年发布的《中国数字经济发展白皮书》介

---

① 资料来源:http://cpc.people.com.cn/n1/2017/1028/c64094-29613660-14.html.
② 郭楚、徐进:《打造共同安全的"命运共同体":分析方法与建设路径探索》,《国际安全研究》2016 年第 6 期。

绍：2016 年,中国的数字经济规模已达到 22.6 万亿元人民币,比 2015 年增长了 18.9%,占当年 GDP 比重达到 30.3%①。中国数字经济正在进入快速发展新阶段。数字经济基础设施实现跨越式发展,数字经济基础部分增势稳定,结构优化,新业态、新模式蓬勃发展,传统产业数字化转型不断加快,融合部分成为增长主要引擎,面向数字经济的社会治理模式在摸索中不断创新。但数字经济在各行业中的发展出现较大差异,总的特点是数字经济占本行业增加值比重呈现出三产高于二产、二产高于一产的典型特征。该《白皮书》还认为:未来几十年,是数字化改造提升旧动能、培育壮大新动能的发展关键期,是全面繁荣数字经济的战略机遇期。

从电子商务领域看,2016 年的"双十一",截至 11 月 12 日 0 时,天猫交易额达 1 207 亿元;京东交易额同比增长 59%;苏宁易购全渠道增长达 193%,线上增长达 210%;国美在线交易额增长 268%,移动端交易额占比达 72%;网易考拉海购的"超级洋货节"在 11 月 11 日凌晨 1 点突破 1.5 亿销售额②。2016 年"双十一"当天 6.57 亿的包裹量,连在一起,相当于从地球到月球的距离(38 万公里);当它们平铺开来,能足足铺满 5 个澳门。菜鸟 2016 年"双十一"物流报告表明,从签收时间看,2013 年"双十一"包裹签收过 1 亿用了 9 天,2014 年用了 6 天,到 2015 年提速到了 4 天,2016 年则进一步提速只用 3.5 天③。而 2017 年的"双十一",全国实现网络零售额 2 539.7 亿元,同比增长 45.16%。除了继续攀升的交易额外,2017 年"双十一"还呈现出三个特点:(1)从一枝独秀到两强争锋,不仅阿里天猫继续保持强劲增长,京东也快步跟进。(2)细分市场电商的突围,随着网购人数的增加和消费升级的到来,针对细分消费市场的电商平台,在 2017 年"双十一"也各有斩获。与此同时,在线上线下融合的趋势中,传统商家也交出

---

① 中国信息通信研究院:中国数字经济发展白皮书(2017 年),2017 年 7 月。
② 资料来源:http://it.hangzhou.com.cn/jrjd/sjzx/content/2016-11/15/content_6391948.htm。
③ 资料来源:http://www.ocn.com.cn/keji/201611/xupvq28135539.shtml。

了亮眼的答卷。(3)销售额之外的抢眼数据。2017 年"双十一"的大赢家除了阿里巴巴和京东外,还有一家是非电商企业——百度。因为在这场一年一度有数亿人次参与的消费购物狂欢节背后,一场线上广告营销的盛宴也在同步进行①。

从"双十一"这一案例,可以看到我国数字经济繁荣一景,在另一个层面,也反映市场应用中网络空间安全防护的体系也是卓有成效的。这么大规模的商业运作,从支付到送货,整个过程都是在系统有效的运行中开展。这一成果可以说是世界之最,体现出技术强大的一面。

从产业分析,产业链的合作是我国拉近与世界发达国家距离的一条有效路径。据工业和信息化部的业务统计报告,2017 年,规模以上电子信息制造业增加值比上年增长 13.8%,增速比 2016 年加快 3.8 个百分点,快于全部规模以上工业增速 7.2 个百分点,占规模以上工业增加值比重为 7.7%②。2017 年,出口交货值同比增长 14.2%,快于全部规模以上工业出口交货值增速 3.5 个百分点,占规模以上工业出口交货值比重为 41.4%。通信设备行业生产、出口保持较快增长。2017 年,生产手机 19 亿部,比上年增长 1.6%,增速比 2016 年回落 18.7 个百分点,其中智能手机 14 亿部,比上年增长 0.7%,占全部手机产量比重为 74.3%。实现出口交货值比上年增长 13.9%,增速比 2016 年加快 10.5 个百分点。计算机行业生产、出口情况明显好转。2017 年,生产微型计算机设备 30 678 万台,比上年增长 6.8%,其中笔记本电脑 17 244 万台,比上年增长 7.0%;平板电脑 8 628 万台,比上年增长 4.4%。实现出口交货值比上年增长 9.7%。电子元件行业生产稳中有升,出口增速加快。2017 年,生产电子元件 44 071 亿只,比上年增长 17.8%。实现出口交货值比上年增长 20.7%,增速比 2016 年加快 18.1 个百分点。电子器件行业生产、出口实现快速增长。2017 年,生

---

① 资料来源:http://www.xinhuanet.com/info/2017-11/18/c_136761337.htm。
② 资料来源:http://www.miit.gov.cn/n1146312/n1146904/n1648373/c6048688/content.html。

产集成电路 1 565 亿块,比上年增长 18.2%。实现出口交货值比上年增长 15.1%。行业效益持续改善。2017 年,全行业实现主营业务收入比上年增长 13.2%,增速比 2016 年提高 4.8 个百分点;实现利润比上年增长 22.9%,增速比 2016 年提高 10.1 个百分点。主营业务收入利润率为 5.16%,比上年提高 0.41 个百分点;企业亏损面 16.4%,比上年扩大 1.7 个百分点,亏损企业亏损总额比上年下降 4.6%。2017 年末,全行业应收账款比上年增长 16.4%,高于同期主营业务收入增幅 3.2 个百分点;产成品存货比上年增长 10.4%,增速同比加快 7.6 个百分点。

软件和信息技术服务业结构继续调整,产业生态链不断完善,为制造强国和网络强国建设提供重要支撑和保障。软件业务收入加快增长。2017 年,全国软件和信息技术服务业完成软件业务收入 5.5 万亿元,比上年增长 13.9%,增速同比提高 0.8 个百分点。从全年增长情况看,走势基本平稳[①]。

全行业利润增长快于收入增长。2017 年,全行业实现利润总额 7 020 亿元,比上年增长 15.8%,比 2016 年提高 2.1 个百分点,高出收入增速 1.9 个百分点。

表 5-1　2017 年电子产品制造统计数据

| 产品 | 手机 | 智能手机 | 微型计算机 | 笔记本电脑 | 平板电脑 | 电子元件 | 集成电路 |
|---|---|---|---|---|---|---|---|
| 数量 | 19 (亿部) | 14 (亿部) | 3.07 (亿台) | 1.72 (亿台) | 8 628 (万台) | 44 071 (亿只) | 1 565 (亿块) |
| 增速 | 1.6% | 0.7% | 6.8% | 7.0% | 4.4% | 17.8% | 18.2% |

从统计数据分析,我国生产的智能终端产品,自 2015 年以来,年生产量占总体的比重已连续三年超过 70%,2015 年是 77.2%[②],2016 年是 74.7%[③],

① 资料来源:http://www.miit.gov.cn/n1146312/n1146904/n1648374/c6040132/content.html。
② 资料来源:http://www.miit.gov.cn/n1146312/n1146904/n1648373/c4655602/content.html。
③ 资料来源:http://www.miit.gov.cn/n1146312/n1146904/n1648373/c5560275/content.html。

2017 年为 74.3％,三年的总量已高达 42 亿部,可供全球网民使用。如果网络空间终端产品都是中国生产的,无论对社会经济或是网络空间安全,这显然都是巨大的优势。

我国形成产业链合作优势的主要原因,首先是我国积极的市场开放政策,吸引了外资和技术进入我国市场,形成电子制造领域高速发展(增长基本保持在两位数的水平)。其次,自身消费市场的规模也带动了本土企业的快速跟进(如智能终端产品制造“小米”“华为”等品牌)。这些是推动我国互联网经济发展繁荣最重要的因素,尽管我国在各条生产线上,还有许多核心技术没有完全掌握,只要是在国内生产,这就是优势。

Mary Meeker 比较了世界前 20 家互联网企业(如表 5-2),美国(运营)有 11 家,在 2018 年 5 月 29 日的市值高达 4.3 万亿美元,中国(运营)有 9 家,市值约为 1.5 万亿美元。尽管从公司市值看两者差距较大,但有人预估未来几年,阿里巴巴的市值有望超过万亿美元,高于今天的苹果公司(最高市值已超万亿)。

表 5-2　世界前 20 家互联网企业

| 排　名 | | | 市值(10 亿美元) | |
|:---:|:---:|:---:|:---:|:---:|
| 2018 年 | 公司名称 | 地区 | 2013 年 5 月 29 日 | 2018 年 5 月 29 日 |
| 1 | 苹　果 | 美国 | 418 | 924 |
| 2 | 亚马逊 | 美国 | 121 | 783 |
| 3 | 微　软 | 美国 | 291 | 753 |
| 4 | 谷　歌 | 美国 | 288 | 739 |
| 5 | 脸　书 | 美国 | 56 | 538 |
| 6 | 阿里巴巴 | 中国 | | 509 |
| 7 | 腾　讯 | 中国 | 71 | 483 |
| 8 | 奈　菲 | 美国 | 13 | 152 |
| 9 | 蚂蚁金服 | 中国 | | 150 |
| 10 | 易　贝 | 美国 | 71 | 133 |

续　表

| 排　名 | 公司名称 | 地区 | 市值(10 亿美元) | |
|---|---|---|---|---|
| 2018 年 | 公司名称 | 地区 | 2013 年 5 月 29 日 | 2018 年 5 月 29 日 |
| 11 | 缤客—酒店预订 | 美国 | 41 | 100 |
| 12 | Salesforce | 美国 | 25 | 94 |
| 13 | 百　度 | 中国 | 34 | 84 |
| 14 | 小　米 | 中国 | | 75 |
| 15 | 优　步 | 美国 | | 72 |
| 16 | 滴滴出行 | 中国 | | 56 |
| 17 | 京　东 | 中国 | | 52 |
| 18 | 爱彼迎短租 | 美国 | | 31 |
| 19 | 美　团 | 中国 | | 30 |
| 20 | 头　条 | 中国 | | 30 |
| | | 合　计 | $ 1 429 | $ 5 788 |

数字经济、产业链合作和消费市场规模,这三股力量汇聚,形成了网络空间我国今天这一非常有利的发展结果。尽管从技术领域分析,我国仍然落后于一些发达国家(如德国、日本等),但我国在网络空间的发展中,占据了具有战略优势的有利位置,这是我国今后构建网络空间的最大资本和资源,也是我国打造网络空间共同安全的基础和能力。

### 三、我国网络空间安全面临问题的主要类别

从图 4-2 我们可以观察到网络空间的安全问题涉及多个维度。美国在"9·11"事件后,系统研究了保护网络空间的国家战略,在综合各方专家意见的基础上,提出了与国家战略相关的 53 个重要问题,这些问题可分成 5 个等级。第一级,家庭用户和小型商业机构;第二级,大型机构;第三级,国家信息基础设施部门;第四级,国家机构和政策部门;第五级,全球。2003 年 2 月,美国发布了保护网络空间的国家战略,对这些不同层级的问题提出了处理的优先级别。优先事务 I,国家网络空间安全响应系统;优先事务

II,国家网络空间威胁和脆弱性削减计划;优先事务 III,国家网络空间安全意识和培训计划;优先事务 IV,保护政府部门的网络空间安全;优先事务 V,国家安全和国际网络空间安全合作①。

因此,网络空间安全面临的问题涉及不同层面的对象,在事务处理上也有不同的优先级别,反映出问题广度和深度的复杂性。根据美国国家战略的案例分析,导致复杂性的因素主要来自社会和技术这两个不同领域。社会层面的问题受社会秩序构建的支配,技术问题的层级更多的是由网络空间物理构建层级的重要性决定的(关键基础设施系统②)。社会秩序和网络物理构建的重要性决定了网络空间安全问题在国家战略中的位置。从安全政策制定的策略分析,简化的维度是两个,一个是社会维度,另一个是技术维度(包括了物理意义上的建设)。

从社会层面看,当前我国所面临的问题至少可以分解为两个层次:一是国家层面的宏观性问题,涉及国家治理(政治)、经济命脉(关键基础设施)和国防建设(军事安全)等重大问题,属于全社会整体性安全问题;二是社会发展层面的微观性问题,如个人信息安全问题、信息服务平台的信息安全保护等涉及社会民生、促进产业发展等具体问题,涉及社会个体(也包括企业)在网络空间活动中的安全性。

从技术层面看,这些问题也可以分解为宏观(基础性)和微观(专业性)两个层次。技术上的基础性宏观问题是涉及网络空间构建的源头性问题,例如,互联网的根服务,网络构建的协议、标准等,这些问题具有技术原创性和发展的历史性等综合因素造成的,我们将这些问题归纳为一类问题(或称技术性第一类问题)。例如,我们是依据别人指定的标准来构建自己的互联网

① 《美国网络安全战略与政策二十年》,左晓栋等译,电子工业出版社 2017 年版,第 143、218 页。
② 美国《国土安全国家战略》明确了 13 个关键部门,但随着网络空间发展,这些关键部门的列表还会增加,目前提到的包括农业和食品、供水、供电和燃气、医疗卫生、应急服务、政府、国防工业基地、信息和电信、能源、运输、银行与金融、化学工业和危险原料、邮政和递送。

络,如何在技术上防护如斯诺登的爆料所发生的问题,可能就涉及这一类。但技术层面更多是一些涉及具体系统的问题,这些问题通常是深入专业领域,聚焦具体的系统技术,也可以认为是围绕某一技术的微观性问题。据"安天"安全研究与应急处理中心发布的报告《2015 年网络安全威胁的回顾与展望》,目前网络安全威胁呈现纵深化和复杂化的特点,由网络攻击引发的数据泄露事件依旧猖獗;随着攻击平台、商用木马和开源恶意工具的使用,网络军火被更加广泛地使用可能成为一种趋势;伴随"互联网 +"的深入,安全威胁向纵深领域扩散与泛化,并向传统的工业和基础设施快速逼近,威胁图谱将更为复杂①。这种以盗取数据为目的的安全威胁主要针对的就是网络中的用户群体(包括个体),因为这些非法泄露的数据和隐私正在汇入地下产业,驱动着地下产业快速发展。当然,这种地下产业并非仅仅依赖信息领域的"黑技术",有许多行业的不良从业者也在起着推波助澜的作用。

网络空间的安全问题可分为社会和技术这两个维度,社会问题又分为宏观和微观两个层次,技术问题可分为第一类和第二类问题,基本的分类形式如表 5-3 所示。

表 5-3　网络空间安全问题分类

| 技术性 ＼ 社会性 | 宏观层面<br>(整体性) | 微观层面<br>(个体性) |
|---|---|---|
| 一类问题<br>(基础性) | 典型例子<br>1. 社会宏观问题<br>➤ 关键基础设施(保护)<br>➤ 产业链生产(核心技术产品)<br>2. 网络技术和标准<br>➤ 网络构建(根服务)<br>➤ 安全协议(共识) | 典型例子<br>1. 大规模监控<br>2. 实施精准网络打击<br>3. 网络监管、控制舆情 |
| 二类问题<br>(专业性) | 典型例子<br>1. 黑客(大规模)攻击<br>2. 有组织入侵、盗取数据(盗库) | 典型例子<br>1. 隐私保护<br>2. 个人信息安全 |

①　《中国网络空间安全发展报告(2016)》,社会科学文献出版社 2016 年版,第 34 页。

从概念的简单分割,至少存在四类问题,即社会宏观一类技术性问题;社会微观一类技术性问题;社会宏观二类技术性问题;社会微观二类技术性问题。但面对一个具体的问题,还不能如此简单地分类。因为系统的复杂性可能综合了这四种问题。但我们可基本描述这四类问题的基本特征。

安全问题一,社会基础性及宏观性问题,在技术上属于一类技术性问题。例如,吕述望从网络拓扑视角提出网络的互联问题,对现有结构的网络安全提出质疑,认为主根在国外的网络不安全①。对这类问题的解决涉及国家重大决策,例如,在我国的电子政务网的建设中,有独立的内网建设,就是用物理隔离来保障安全。国际案例如俄罗斯军方正在构建一个巨大的云网络,以便让其情报系统"离网"运作。这个 600 万美元的项目将全部使用俄罗斯的硬件和软件,预计将在 2020 年全面投入使用。这个被称为"备用网络"的系统将改善俄罗斯在其与互联网的连接丧失、中断或遭攻击的情况下保持运行的能力。俄罗斯《消息报》还报道了"这个系统将连接到一个'军事网络',而后者将不会连入正常的互联网"②。

安全问题二,涉及社会基础性及大规模终端性问题,在技术上属于一类技术性问题。例如,大规模有组织监控。可利用网络的基础设施对网络终端实施有组织监控,美国组织的"五眼联盟"就是通过对网络信息的拦截实施监控目的。

安全问题三,利用专业技术来实施网络攻击、偷窃和大规模破坏的问题。例如,利用"零日漏洞"发起网络攻击,通过传递网络病毒发起大规模网络攻击。据《参考消息》2017 年 6 月 29 日报道,全球再遭致命"勒索病毒"袭击。西班牙网络安全机构认为,这是 Petya 勒索病毒的一个变种,通

---

① 网信军民融合编辑部:《落实习近平网络主权原则,建设中华公网共图强》,《网信军民融合》2018 年第 5 期。

② 《建立独立体系,防西方干涉,俄军方打造"第二互联网"》,《参考消息·军事瞭望》2018 年6 月 10 日。

过加密和锁定系统向用户索要赎金。

安全问题四,利用专业技术对网络终端的个体实施侵害(包括侵权),这是最常见的问题,有许多低技术含量的网络诈骗也与此类问题密切相关。

从网络空间存在的这四类基本问题分析,后两个问题是全球性的,没有网络不受这两个问题影响。而前两个问题也可以认为几乎是全球性问题,或许对美国而言,第一个问题可能不成立,因为有人认为现在的互联网是一张"美国网",自建的网络至少在原创性上可以杜绝系统的技术类问题。

所以,我国网络空间所面对的主要问题应该是由以上四类基本安全问题及复合衍生而成。但我国需要处理的问题,本质上就这四类,这是我国建设网络强国所要解决的基础性问题,我国建设网络强国的策略可以从这四类问题的解决途径出发,用我们自身的优势,攻坚克难,稳步前进。

## 四、建设网络强国面临的主要挑战

根据 2017 年财富全球 500 强企业排行榜,中国有 115 家,全球排名仅次于美国 132 家①,这是我国企业上榜数量连续 14 年增长,反映我国经济基本面向好的一种评价维度。互联网企业更是有长足的进步,在世界前 20 强中,我国仅次于美国(见表 5-2),反映了在互联网经济领域,我国的发展已走到了世界的前列。从数量上分析,这与我国作为世界第二大经济体的地位也基本相符。这是我国改革开放 40 年来社会发展的成果,也是我国推进社会信息化发展的良好成果。这证明了我国在产业领域的发展策略是积极的和成功的。我国作为在信息技术领域的后发者,通过自身的社会应用发展,在服务社会与民生领域积极推进社会信息化建设,取得了巨大的成功,使得我国原有在信息通信领域落后的应用水平快速提升到世界先

---

① 资料来源:http://www.fortunechina.com/fortune500/c/2017-07/20/content_286785.htm。

进水平,尤其是在社会信息化领域,电子商务和无现金交易的普及应用,今天我国的水平已处于世界先进的位置。

但是,美国对中兴公司的处罚也让我们看到了挑战①,在网络空间发展中,尽管我国已取得了显著的成就,但在技术、创新等领域仍面临极大的挑战。党的"十九大"报告对技术创新有战略部署,在贯彻新发展理念,建设现代化经济体系中强调要加快建设创新型国家,明确"加强应用基础研究,拓展实施国家重大科技项目,突出关键共性技术、前沿引领技术、现代工程技术、颠覆性技术创新,为建设科技强国、质量强国、航天强国、网络强国、交通强国、数字中国、智慧社会提供有力支撑"。因此,国家创新体系建设是我们面临的最重大的任务。从基础到前沿,以科技为基础的创新体系是一个庞大的系统,涉及社会发展建设的方方面面。构建这一体系需要长期不懈的努力,这不仅是我国社会经济发展水平与世界先进水平还存在较大的差距,我国在社会发展的其他方面也有待进一步提高。

国家创新体系建设是提升中华整体实力的战略性目标,就网络强国这一目标而言,我国面临的挑战主要来自两个方面:一是社会经济问题,二是网络空间安全问题。社会经济涉及我国自身的动态发展,即我国社会经济的发展是一个具有重要影响力的变量。对于网络空间安全,从系统的分类有四个基本问题,如何处理和解决这四个基本问题是我国面对网络空间安全的最大挑战。进一步分析这四类问题所涉及的领域,有宏观战略方面的也有微观局部方面的,具体而言,问题一的解决方案基本是由美国主导,这可能是划分网络世界阵营的一个标准。其他三个问题是世界共同要面对的问题,谁也没有例外。对我国网络空间安全而言,主要面对两大挑战,一是阵营问题,二是如何解决世界通病(下文将这一挑战统称为网络空间安全问题)。本书研究的重点是对后者的分析,即如何解决网络空间安全问题。

---

① 资料来源:http://tech.qq.com/a/20180418/010321.htm。

因为共同安全是解决阵营问题主导策略。因此,在这一主导策略下,我国实现网络强国建设的路径是我们关注的重点。

## 第二节 共同安全策略下的网络强国建设路径

2012 年 12 月 5 日,习近平同在华的外国专家代表座谈时指出"国际社会日益成为一个你中有我、我中有你的命运共同体"[1]。经济全球化使得当今世界正日益成为一个地球村,各国相互依存,利益交融,达到历史上前所未有的程度。网络空间的发展是经济全球化推动下的一个成果,从中国的 BAT 到美国的苹果、谷歌、脸书等互联网公司,经济全球化使这些企业至少在网络空间中结成了利益和命运共同体,共同安全必然会成为经济全球化的基础性共识。

### 一、利用共识积极推进网络强国建设的路径

2018 年 5 月,欧盟推出的《通用数据保护条例》在市场层面对网络空间的商业行为进行约束规范。对网络空间行为规范约束已成为今天社会发展的基本共识。尽管在具体的内容上,网络空间还没有形成一个统一的约束规范,但从社会发展的需求方面分析,约束和规范网络空间的行为已是基本趋势,我们应该顺势而为,利用共识,从以下几个方面,积极推进网络强国建设:

首先,从问题导向分析,网络空间安全存在四类基本问题。美国大选"通俄门"不论是否真实存在,利用网络技术干涉美国大选的行为是存在的,至少脸书剑桥分析(Cambridge Analytica)公司遭到口诛笔伐[2]的重要原因也是这种行为改变了传统认知的合法手段。这在社会秩序层面,使人们

---

[1] 资料来源:http://news.xinhuanet.com/politics/2012-12/05/c_113922453_2.htm.

[2] 资料来源:http://tech.ifeng.com/a/20180323/44917393_0.shtml.

感受到技术带来的不公平行为或结果。这类用技术力量改变社会民主程序,其正当性已受到国际普遍质疑。从欧盟到美国本土,脸书遭受到成立以来的最大危机,市值瞬间缩水 1 230 亿美元[①]。这一例子反映网络空间的许多行为仍处在"灰色地带",犹如众多个人信息被非法使用时所产生的"骚扰",从传统的社会秩序来衡量,这些行为并不一定构成"犯罪",但确实影响到他人的生活,甚至有可能,还能影响他人的"意志"。这在选举中必然就有可能影响结果。显然,从现有的技术能力还很难判断这种影响是否具有正当性。当然,要判定其非法同样也有相当的难度。

其次,从技术解决方案分析,美国和欧盟可以认为是网络空间发展最发达的地区。它们都存在这些难以用技术手段辨析的合法性问题,正好反映当下网络空间发展的一种需求,这一需求正是我国建设网络强国的重要方向,至少在两个层面,为我国的建设提出了要求:一是网络空间数据使用的规范性(正当性);二是正如脸书所做的事情,如果存在有效性,那就是技术能力的又一次升级。而技术的这次升级似乎与网络空间安全的四个基本问题并没有紧密的关联。这一点至少可以让我们认识到未来网络强国的一种技术属性。即提升专业性技术服务的能力是建设网络强国的一条有效路径。

## 二、提升专业性技术服务能力是网络强国的基石

从今天互联网企业所取得的成就,可以断定,网络强国的基石在于可以提供的专业技术服务能力。专业技术服务能力,在另一个侧面就是专业的技术防范能力。就发展而言,这个仅符合全球发展的基本共识,也符合我国国家发展战略的总目标,是积极推进网络空间新秩序的最有效举措。其主要理由基于以下四个方面:

---

[①]　资料来源:https://new.qq.com/omn/20180731/20180731A1JPQY.html。

第一，网络安全问题，是全球网络正义面临的主要挑战，利用专业技术对社会及用户实施不法侵犯是国际社会共同谴责的行为，需要有专业的技术防范力量来对抗这类不法行为。

第二，网络空间是现代信息技术打造的技术空间，其运行和维护都是由技术秩序构建完成的，具有典型的专业性和科学规划模式。开展专业技术防范的对抗研究不仅是网络空间安全的需求，更重要的是对网络空间发展的研究拓展，可以说这是网络空间未来发展的一个重要领域，例如，"区块链"技术以及结构化的多网络应用不仅可以成为破解这类安全问题的技术手段，而且还有可能是未来网络发展的新科学方向，对我国的技术创新有重大影响。

第三，今天网络空间的行为，有许多仍处在探索之中，用法规来约束行为在实践中具有一定的时滞。因此，社会发展效率的重心还是在技术领域的强化，强化服务规范，不仅对技术能力有所要求，同时也能对不良行为有约束。

第四，从使用者出发，所有用户都需要安全。今天每一个接入互联网的国家和地区都需要网络的安全，人们都一致反对网络犯罪、黑客行为以及各种侵权行为。

显然，今天的互联网不是法外之地，人们已认识到网络安全与社会生活密切相关。因此，积极推进专业技术防护可以获得全体网民的民心和支持，甚至，这可以成为信息社会公共秩序构建的一个最有价值的建设。这不仅是对网络空间不法行为的遏制，更重要的是获取构建网络空间社会秩序合法性的共识，即在网络空间，专业技术防范将成为未来国家机器的一种机制。这必然也会成为维护社会合法性的国家力量。但这一切又与传统的国家机器有所不同，需要最前沿的专业技术力量来支撑。

## 三、优质服务是打造共同安全最有力的武器

党的"十九大"报告在总结我国近 5 年的发展后认为：经过长期努力，

中国特色社会主义进入了新时代,这是我国发展新的历史方位。今天,我国正在进入全面建设社会主义现代化强国的时代,要把我国建设成科技强国、质量强国、航天强国、网络强国、交通强国和制造强国,加快建设创新型国家。

从社会发展层面的结果分析,要在各方面都成为世界的强国,除了在科技领域广泛深入能动的研究,更重要的是有效利用第三类秩序的力量来带动社会发展。尤其是网络空间,数字秩序的力量已凸显出巨大的优势。例如,今天世界前 20 大互联网企业(表 5-2 所列),它们的成功,已不单纯是科技创新所取得的。科技创新从企业的发展而言仅仅是基础性工作,真正起核心作用的是这些企业供给的"服务"品质及其第三类秩序在社会中的替代效应。当某一种系统的技术成为传统业务秩序性的替代,其内在的社会效率、效益,便会得到市场的充分肯定,这是社会发展现实给出的结果。

从社会经济发展理论分析,亚当·斯密在论劳动生产力逐步提高的原因及产品在不同阶段之间自然分配的顺序中首先提到的因素是"分工"①,这是劳动生产力改进的最主要原因。从亚当·斯密的论述可以看到,他这是针对专业的具有技术性的生产观察得出的结论。人们将这一思想拓展到社会性生产,将整个社会生产过程分成三个阶段——第一产业(农业)、第二产业(制造业、建筑业)和第三产业(广义的服务业)。这在 100 年前,也可以认为是社会产业的分工,进而划分出三次产业(后来还有许多划分,如将信息产业分到第四产业)。分析这三次产业,除了生产产品在时间序列上的模糊秩序外,还可以看到生产中劳动的主要形式和成果是划分产业的一种标准。这些概念和标准从秩序的属性分析,是属于第二类秩序。随着科学技术的发展,社会性大生产也有了革命性变化,这些概念和标准在

①　[英]亚当·斯密:《国富论》,唐日松等译,商务印书馆 2005 年版,第 15 页。

理论构建上的严谨性自然受到极大的冲击,但传统的行业统计会按惯例形成的规则运行。今天,农副产品事实上也可以工厂化生产(如蔬菜可以用药水培育出来,这称为无土栽培,鸡鸭等家禽也有工厂化的养殖场),从劳动的成果分析,三次产业可以改成两次产业。但我们关注的重点不是将产业分解为两次还是四次,我们关注的是第三产业,即服务业中"服务"的概念。1691 年,威廉·配第根据当时英国的实际情况认为:工业往往比农业、商业往往比工业的利润多得多。因此劳动力必然由农转工,而后再由工转商。1940 年,科林·克拉克印证了配第在 1691 年提出的观点,得出了"不同产业间相对收入的差异,会促使劳动力向能够获得更高收入的部门移动,随着人均国民收入水平的提高,劳动力首先由第一次产业向第二次产业移动;当人均国民收入水平进一步提高时,劳动力便向第三次产业移动。结果,劳动力在产业间的分布呈现出第一次产业人数减少、第二次和第三次产业人数增加的格局"。这被称为配第-克拉克定理①。

显然,根据理论可以预期服务业将不断的扩展。1968 年,V. 富克斯(Victor R. Fuchs)出版了论著《服务经济学》②,系统论述了服务与社会经济之间的关联和劳动属性,这被认为是对服务业的系统分析,有人称之为"服务商品论"或"服务系统论"③。随着社会发展,尤其信息技术构建的网络空间,已给社会化生产和服务带来了革命性变化,服务的形式和内容都有极大的改变。从社会性服务到生产性服务、从产品维护服务到系统维护服务等,行业的业务流程也形成了复杂的外包模式,这成为人们重新审视服务本质的一个重要原因。

2005 年,IBM 的 J. 索赫尔(Jim Spohrer)和 P. 马格里奥(Paul P. Maglio)

---

① 资料来源:https://wiki.mbalib.com/wiki/配第-克拉克定理。

② Victor R. Fuchs, *The Service Economy*, *National Bureau of Economic Research*, New York, 1968, 中译本《服务经济学》于 1987 年由商务印书馆出版。

③ 朱根:《日本服务经济学理论及方法的争论》,《国外社会科学前沿》2008 年第 12 辑,上海人民出版社 2009 年版,第 357—358 页。

从一个新视角对"服务"进行分析,用管理科学工程的方法,将服务理论演绎为服务科学[1],提出了"将科学、管理、工程的概念综合应用于一个人或一个组织系统,来与另一个人或组织系统进行获利交互的服务过程"就是"服务工程"(SSME)。他们归纳了服务工程的三个特点:(1)服务系统的建立需要考虑客户与供应商之间的相互影响,主要包括信息沟通和分担风险;(2)服务系统具有整合个体、组织和技术进步的能力去创造新价值;(3)外包的准则是看是否有效地改进和创新业务,服务系统的价值建立在这种效率和规模效应之上。图 5-1 反映的是"服务工程"中服务提供者和客户之间的拓扑关系。实际上这是一个多方关系模型,但是针对某一类具体的服务,与传统的差异体现在参与者的对象上,原来两者的关系变成了涉及至少三方的关系。这在网络空间中是一个常见现象,例如,今天人们在"淘宝"上买东西,不仅涉及阿里巴巴,还涉及在淘宝上开店的卖家,如果成交,还可能涉及物流。模型关注的是这一服务工程如何与客户共建一个具有"创新商业价值"的"服务系统",使双方可以按"科学"的规范来分享由服务创新所产生的价值。

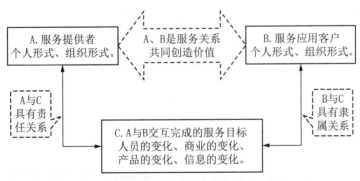

**图 5-1　服务提供者和客户之间的关系[2]**

---

① Jim Spohrer, Paul P. Maglio, *The Emergence of Service Science：Services*, http://www-304. ibm.com/jct01005c/university/scholars/skills/ssme/emergence.pdf.

② Paul P. Maglio, *On the Relation of Goods and Services*, Almaden Services Research Report, 2006.

事实上,淘宝商城中的卖家可以直接是来自农场的农户(根据德国工业 4.0 的愿景,工业产品也可以这样直接卖给用户,甚至用户可以提出产品的设计需求)。从社会生产发展的趋势分析,未来社会生产的组织核心是服务体系的再造或重塑。这一体系必然要绑定共同安全的属性,否则就难以开展全球社会化生产。

从社会发展结果和理论这两个方面分析,服务也是硬道理。如果我们的服务体系可以形成第三类秩序,那是我们建设现代网络强国的一条有效路径。例如,目前台北市的许多商店已可以使用支付宝,商业的渗透强过政治的分割就是服务发展的硬道理。今天,大陆的电子商务对台湾地区的影响已体现我们网络强国建设积极的一面。如果这一局面进一步向社会生活的多个领域拓展,对两岸发展都是一种积极的推动力,有利于整个中华民族的发展。

今天,海峡两岸都注重数字经济的发展,台湾地区领导人也在强调"台湾正从硬件代工跨入智能金融创新领域,政府将打造一个适合产业创新的制度环境,并逐渐摆脱上一个工业时代的包袱,成为数字经济的标杆"。从世界范围来看,台湾地区曾一度是世界信息技术发展和应用的领先地区。2002—2005 年,台湾地区的信息技术,在社会应用发展的综合水平排名高于中国香港特区和韩国。以后几年,被中国香港特区、韩国超越。台湾地区又通过几年的努力,在 2011 年、2012 年取得了最优的结果(领先于中国香港特区和韩国)。但近几年发展趋缓,结果不太理想。在亚洲"四小龙"中,台湾已落后垫底,整体经济也表现出增长乏力。而大陆数字经济的快速发展可以服务台湾,这不仅有利于两岸社会经济发展,对两岸和谐发展其他领域也有积极的推动作用。

因此,以专业技术保障的优质服务能级是构建第三类秩序的基础,用技术秩序打造网络空间是我们构建网络安全共同体的共识基础,也是我们建设现代网络强国的一条有效路径。

## 第三节 服务能级与网络安全的内在关系

美国作为网络空间的霸主,在其实施网络威慑政策的同时,最具有安全威胁的行为是对全球实施监控的"棱镜"项目。有报道称:来自美国国家安全局的一份 ppt 文档显示,该部门("棱镜"项目)可以直接登入 9 家互联网公司的系统,这 9 家公司分别是微软、AOL、雅虎、苹果、Skype、PalTalk、YouTube、脸书和谷歌。同一篇报道还声称谷歌的首席法务官大卫·德拉蒙德(David Drummond)否认了谷歌与美国国家安全局合作,并强调他们此前也不知道"棱镜"项目的存在①。报道可以反映事物多个侧面,即作为国家战略,美国在"9·11"后反恐行动成为国家安全最高的目标,从国家法律法规到国防设施(包括网络等基础性设施)全面的提升,自然是必要的作为。对于企业级业务安全,必然是要服从国家安全的需要。但谷歌否认了在法务领域与国家安全局的"合作"也可能是真实的,显然这种具有法律规范的合作没有存在的必要性,国家安全的行动也没有必要让一个企业的法律顾问知晓,因为在技术层面,这种真正的合作途径有很多。国家可以用保护(控制)关键基础设施的安全方法来加以利用。这在事实上也反映涉及网络服务的企业已处在社会发展中一个相当独特的地位,并非是一种传统意义上的纯经济属性的企业,其肩负的社会责任已超越了传统的意义,这是第三类秩序对社会秩序作用所产生的效应。

### 一、网络安全策略与市场的关系

2015 年 12 月 2 日上午,美国加利福尼亚州发生一起恶性枪杀案,3 名枪手在这起恐怖袭击事件中杀死 14 人、伤 17 个人(后有报道 21 人受伤),

① 资料来源:http://tech.sina.com.cn/i/2013-06-20/08128459857.shtml。

其中 2 名枪手被警察当场击毙,另一嫌疑人在逃①。为了破获案件,案犯手机就成了重要线索。两名嫌犯所持 3 部手机损毁,仅有一部 iPhone 5C 完好。但这部手机有锁屏密码,如果有人尝试 10 次输入开机密码错误,手机里存储的数据将自动删除。而 FBI 在几乎试遍了各种方法后仍然无法破解苹果公司的加密技术。于是,他们转向法院求援。2016 年 2 月 16 日,加州一位联邦法官批准了 FBI 的请求,要求苹果公司应提供特殊软件帮助"解锁"(这是一种技术性解决方案)。可是,这个判决激起苹果方面的强烈反弹。此后,司法部与苹果进行多轮法律文书交锋,在第三方协助下,FBI "解锁"成功,也避免了与苹果公司对簿公堂的局面②。

事实上,多数媒体对"解锁"事件的报道重点放在了 FBI 与苹果公司的法律纠纷上,使人感觉美国的商业公司将自身的利益置于国家公共安全之上。但整个事件的过程并非如此简单,当 FBI 要求苹果公司协助获取犯罪嫌疑人手机的数据时,苹果公司利用相关技术破解了该手机存储在云端的数据。但手机所有的数据并非都存储在云端。由此,FBI 希望苹果公司提供一个破解工具,使 FBI 可以破解这类手机的解锁密码系统。苹果公司显然不愿意向 EBI 提供这种系统的破解工具,并依据一些物品的私有权原则,举证嫌疑人的手机与苹果公司没有关系,拒绝了 FBI 所提出的要求。

从这一案例可以看到,网络安全与市场的几个关系:(1)公共安全在社会秩序中的有效排序,解锁事件反映了公共安全与社会秩序关联相容,企业有社会责任,应该承担社会义务,但这种义务在社会秩序中仍有一个排序问题,当企业按这一秩序完成了应尽的社会责任,可以拒绝额外的任务。(2)市场利益与公共安全如何理性保护,企业的主要任务是完成市场利益

① 资料来源:http://epaper.legaldaily.com.cn/fzrb/content/20151204/Articel08002GN.htm。
② 资料来源:http://news.xinhuanet.com/world/2016-04/09/c_128878750.htm。

的获取,在知识经济的时代,技术保护是企业核心竞争能力的体现,在社会秩序的框架下,企业对技术的保护具有一定的正当性,也能得到公众(或许也是用户)的理解。(3)技术构建的成本与社会事务处理的变化,从解锁事件分析,企业技术构建的成本有可能是一个重要因素;从决策者的处置分析,解决这一事务的路径有两条,一是技术解决方案,另一个是从社会秩序的体系中,找出采用法务处置的解决方案,这需要精通社会法务的专业人士。从这一事件中,可以感受到企业的核心竞争力不仅仅是技术层面的能力,社会秩序层面的法务体系,也需要有高度专业的人士服务,才有可能与政府对簿公堂的能力。(4)如何平衡社会秩序构建中效率与共识产生的矛盾,作为一个公共事件,公共安全与市场价值比较,在社会共识中前者占据主导和上风。因此,政府作为代表公众来处置这一问题,从社会道义分析,占有巨大的社会共识优势。在这种情况下,通常企业都会服从政府的指令,甚至是过分的指令。但解锁这一事件的结果,呈现出不同的东西,反映了市场价值在社会秩序中具有某种不可忽视的地位,这在一定程度上肯定了市场价值在社会秩序中的地位和强度。更重要的是,呈现了一个现代强国中社会秩序的两个基础性原则——共识与效率——的平衡关系。

## 二、网络技术与网络空间安全的关系

在网络空间中,我们归纳出四类问题,从问题涉及社会建设的内容分析,一部分涉及宏观发展,一部分涉及微观的个体(或部分群体)。但这四类问题的安全防护主要依赖国家安全、公共防护部门和相关企业的技术能力。据"安天"安全研究与应急处理中心发布的《2015 年网络安全威胁的回顾与展望》报告,目前网络安全威胁呈现纵深化和复杂化的特点,由网络攻击引发的数据泄露事件依旧猖獗;随着攻击平台、商用木马和开源恶意工具的使用,网络军火被更加广泛的使用可能成为一种趋势;伴随"互联网＋"的深入,安全威胁向纵深领域扩散与泛化,并向传统的工业和基础设施快速逼近,威胁图谱将更为复杂①。2015 年 11 月,网络安全卫士企业"360"发布了《现代网络诈骗产业链分析报告》。报告指出"粗略估计,网络诈骗产业链上至少有 160 万从业者,'年产值'超过 1 152 亿元"②。在互联网快速发展的同时,那些利用网络技术秩序不足,而从事恶意行为的人也在快速增长。除了涉及民生的网络诈骗,在国际关系方面,美国凭借其网络技术优势而开展的"棱镜"计划就公然地违反联合国公约③。这些现象强烈地揭示了网络空间技术秩序显著不足。这是网络空间发展一个最显著的现象。一方面,像阿里巴巴、腾讯、百度等互联网企业,借助第三类秩序的优势在社会市场中获得充分的成功;另一方面,网络空间也充斥着许多浑水摸鱼的不良企业和行为,不断地伤害着社会的良知。这一现象反映了网络空间技术具有两面性的典型特征,既是构建第三类秩序的一种能力,也是破坏社会秩序的工具。

从宏观视角看,美国是网络空间技术和运行规则的主导者,为了推动网络的全球化发展,美国做出了巨大的贡献。一个地球,一个网络,经过 20 多年的发展,互联网已成为这个世界发展密不可分的基础设施。但另一方面,美国也是利用网络实施"威慑政策"的主导者,通过互联网对全球实施监控这一大规模行为,也只有美国做的最好。互联网可以推动科学技术和社会经济发展,也可以利用互联网进行一些颠覆、破坏社会建设与发展的行动。

技术的双重属性并没有否定网络空间的安全性,而是进一步强化了技

---

① 《中国网络空间安全发展报告(2016)》,社会科学文献出版社 2016 年版,第 34 页。
② 资料来源:http://zt.360.cn/1101061855.php?dtid = 1101062366&did = 1101477872。
③ 《联合国打击跨国有组织犯罪公约》《联合国反腐败公约》均在总则中有"保护主权"的规定:"在履行其根据本公约所承担的义务时,缔约国应恪守各国主权平等和领土完整原则和不干涉别国内政原则。"《联合国反腐败公约》第四十六条中规定:"对于请求缔约国依照本公约第二十六条可能追究法人责任的犯罪所进行的侦查、起诉和审判程序,应当根据被请求缔约国有关的法律、条约、协定和安排,尽可能充分地提供司法协助。"http://news.xinhuanet.com/world/2014-05/27/c_1110868102.htm。

术与网络空间安全的关联。从现实社会发展的实际分析，今天我国金融系统的网络化程度可以说是最高的，从用户体验分析，其安全性也是相对最好。其次是电子商务平台。这一现象的主要原因是，这些业务模式是构建在一个价值服务体系之上的。如果存在系统的虚假，即便有百分之一的几率，那这个系统必然会崩溃。就不可能有银行卡，也不可能形成阿里巴巴、京东这样的企业。

技术是可以保障安全的，但网络空间又存在大量的漏洞，这一现象要归结到网络空间中具体的业务模式。从图 3.1 不同体系视角的网络结构分层，可以猜想，根据当年蒂姆的建议和设想，网络空间的构建是为人们提供一种信息处理的工具和空间。但这些工具和空间在社会建设中运行，产生了人们意想不到的结果。其复杂性远远超出了最初构建的设想和科学设定。这是 2016 年蒂姆反思互联网的一个主要原因。显然今天的互联网运行的方式和规则是以前制定的，但其运行的方式和结果已超越了事先的设想。

从成功的商务案例分析，系统的安全是可以保障的。今天在中国普及应用的"支付宝"系统就是一个例证。但网络空间处处有陷阱，似乎也是今天人们认知的一种共识，网上有太多充满虚假承诺的陷阱。这一矛盾的现象进一步凸显了专业优质服务的价值。网络服务是一个双向价值链接的复杂体系，如图 5-1 所示。因此，服务能级、价值链绑定和网络安全形成了业务模式的整个体系。三者缺一不可，是整个系统构建的必要条件。

## 三、打造共同安全的责任主体

2015 年年初，德国《明镜》周刊网站曾援引斯诺登爆料的文件报道，美国情报机构正致力于准备网络战争①。最新文件显示美国国家安全局正在

---

① 　资料来源：http://news.xinhuanet.com/world/2015-01-19/c_1114043696.htm。

进行一项名为 Politerain 的计划,该计划由国家安全局获取特定情报行动办公室(TAO)执行,主要内容是入侵特定的计算机并进行破坏性活动。Politerain 计划的目的是使计算机网络系统瘫痪以便进行远程控制,覆盖面包括能源供给、供水系统、工厂、机场和金融系统。英国《卫报》记者格伦·格林沃尔德认为美国是"世界最主要的网络攻击者"。例如,美国国安局另一项与"棱镜"相对应的监控计划"溯流"(Upstream)则利用全球通信流量大部分须流经美国的优势,在骨干网络光缆和交换机直接复制光信号,获取全球范围内的数据。美国国安局曾开发价值数十亿美元的解密项目"奔牛"(Bullrun),秘密破解各种网络安全协议;而"渗透目标"(Penetrating Hard Targets)项目,则斥资数千万美元研发超级计算机,用以暴力破解加密技术;年输入 2.5 亿美元的"信号情报"(Sigint)项目则主要瞄准国内外 IT 企业,一方面在合作产品中做手脚,另一方面利用自身在全球密码设计领域的影响力,试图秘密控制信息安全国际标准的制定①。

美国海军研究生学院的约翰·阿奎拉和兰德公司军事战略分析员戴维·罗思费尔认为,网络战争是依据与网络有关的原则,进行或准备进行军事作战。它包括三层意思:一是干扰敌人赖以掌握自己情况的信息和通信系统,使其上情不能下达,下情不能上达;二是要尽力了解对手的一切情况,同时尽可能不让对手了解自己的情况;三是使自己掌握的信息比对手多,特别是在力量对比上不及对手时②。国家情报总监詹姆斯·克拉珀(James R. Clapper)在把 2013 年度美国情报界对全球威胁的评估报告交给参议院情报委员会时,就将网络威胁当作对美国国家安全的全球威胁而列在了恐怖主义和大规模杀伤性武器之前③。2014 年 2 月 12 日,隶属于美

---

① 资料来源:http://world.people.com.cn/n/2015/0305/c157278-26638757.html.
② 宝铠:《网络谍战》,军事谊文出版社 2000 年版,第 148 页。
③ Bruce Roeder, *Cyber Security*,美国《军事评论》,2014 年 5/6 月号。

国商务部的国家标准与技术研究所(NIST①)推出一项旨在加强电力、运输和电信等关键基础设施部门的"网络安全框架"(Framework for Improving Critical Infrastructure Cybersecurity)。该框架从网络系统的整体结构出发,吸纳了全球现有的安全标准以及做法,给出了处置网络安全的结构化防护措施及安全技术参考标准,目的是帮助美国私营企业和政府部门认清当今网络世界的安全风险,系统构建网络安全的梯度流程和防护进程标准,以加强国家关键基础设施的安全与适应性。该框架体系认为一个好的网络安全计划大致需要以下 7 个步骤来完成(结构如图 5-2 所示):(1)领导层确定优先范围(Executive Level),即机构自身要确定业务/任务目标和高层次的组织优先事项。(2)明确方向(Mission Priority),即机构自己要确定业务流程、组织资产制度和监管组织整体风险的方法与识别威胁的方法。(3)业务流程层级(Business/Process Level),创建安全技术性的配置文件,形成网络安全防护框架,也就是说,机构在实际构建网络安全防护体系时,可参考框架建议的结构,将自身的需求与框架中所列出的技术参考进行比较,确定符合自身的技术要求和参考标准。(4)风险评估(Changes in Current and Future Risk),分析经营环境,以识别产生网络安全事件的可能性和该事件可能对组织产生的影响。(5)创建目标配置文件(Framework Profile),即侧重于框架类别和子类别描述,并对可能产生的网络安全问题开展评估,以确定安全技术标准的强度。(6)实施进程(Implementation Progress)确定、分析网络安全优先差异,即组织比较当前配置和目标配置文件,以确定网络安全运行中实际与预期的差距,并从成本/效益分析和对未来风险的预期决策调整配置文件的强度。事实上,美国的网络安全框架是一个总体的技术参考标准,在具体实施中,不同组织机构是可以根据自身的特点来决定防范措施,这些措施与技术标准在实际运行的过程中因安

---

① NIST,The National Institute of Standards and Technology,http://www.nist.gov/.

全要求不同在基础设施和技术配置上有很大差异,所以这里要求机构自己来决定采用安全防护的强度。(7)实施行动计划(Implementation Operations Level),关注网络系统资产、漏洞和威胁的变化,即任何机构都应该按计划实施网络安全的防护体系,以确保自身系统运行的安全,承担起自己应有的社会责任。

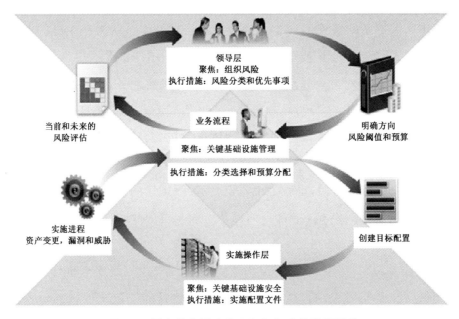

图 5-2  国家信息风险管理组织与决策流程结构

作为国家安全战略的重要组成部分,我国网络空间的国家战略必然要借鉴美国在网络安全方面的一些做法,这是打造网络空间共同安全的基础。因此,从国家战略层面,不但要借鉴美国建设技术力量强硬的"网军",还要实施类似的关键基础设施保护,用国家力量保护社会发展的关键基础设施,严厉打击一切危害国家关键基础设施的行为。

从国家安全战略出发,宏观网络空间安全,具体到我们所归纳的问题,可能只涉及第一类性质的问题。而整个网络空间安全还涉及其他三类问题,不仅是数量,即便是从网络战略的防御,第一类与其余三类之间也有复杂的系统关联,网络武器、零日漏洞等涉及网络空间安全的问题是一个复杂的巨系统问题。如果说美国的总统大选都有可能受到网络技术的"干扰",那么,网络安全的层级又一次被放大。如果人们选出的领导,在某种技术的干扰下,选出了一个错误的结果,这种结果对国家的伤害可能要超出"9·11"事件。这就反映出一个更重要的命题,谁是网络空间共同安全的责任主体。

2018年9月,英国科学协会主席吉姆·哈利利认为"人工智能对世界构成的威胁比恐怖主义还大"。尽管人工智能预计到2030年可以为全球经济贡献多达15万亿美元,但这并不能降低其给人类带来的潜在风险和威胁[①]。

由此,从发展的视角分析,这个责任主体的首要位置,必然是那些占据技术前沿发展的企业,它们既可以改变我们的生活,也可以毁灭我们的生活。从社会秩序的构建分析,它们必然是我们构建网络空间共同安全的责任主体。

我国《网络安全法》第九条明确了网络运营者开展经营和服务活动,必须遵守法律、行政规章,尊重社会公德,遵守商业道德,诚实信用,履行网络安全保护义务,接受政府和社会的监督,承担社会责任。问题是社会发展未来的风险,对那些没有掌控技术的群体而言,是一个空白。政府和社会可能没有能力承担起监督的任务。如美国政府,在苹果"解锁"事件中,最后是在第三方技术企业的帮助下,才达到维护社会秩序的目标。如果没有企业站出来帮助,政府依靠什么力量来维持社会秩序。

所以,那些IT巨头,现有承担的社会责任是不完备的,缺乏维护社会秩序的充分性。但如何界定企业责任,发挥企业作用,是信息社会与市场

---

① 《英科学领袖警告,人工智能威胁甚于恐怖主义》,《参考消息·科技前沿》2018年9月12日。

经济的新问题。这是科技带给社会的新问题。人类社会发展已从个体的智慧与群体关系,变迁到个体加技术的智慧与群体的关系。这是一种未知的变化,但这种变化的力量可以从机器人战胜世界围棋顶尖高手来窥见一斑。从时间上看,机器形成这种绝对优势太快了,人类根本没有回击的能力。希望这只限于围棋,但谁又能断言? 从未来的发展趋势分析,国家机器需要有技术能力的扩充或提升。但这一需求的组织形态,可能要有根本性的变革,网络安全的新模式将更新"军民融合"的发展内涵。互联网企业的巨头必然要承担其社会发展中的新责任。这必然要超越纯经济的领域,需要有新模式的更替和责任的承揽。

今天,现代工业已进入全方位数字化的发展进程。工业生产已从动力机械化上升到工业产品"机械生理"系统化。迈克尔·格雷夫斯(Michael Grieves)①提出的"数字孪生"概念将工业物理产品与数字产品建立起一一对应的内在关系,深度拓展了工业仿生的内涵,给无生命的机械注入了"机械生理"的活力,这必然会极大地拓展技术秩序在产业领域内带来颠覆性革命。例如,IBM 已在力推"Digital twin: Helping machines tell their story"②;德勤最新发布的技术发展趋势报告已提到了"伦理技术与信任""人类体验平台"③等。从中我们可以切实感受到现代技术已沁入人类的生理,并进一步影响我们的身心。越来越多的人工智能支持的解决方案被称为"情感计算"或"情感人工智能",技术生理化已是一个不可逆转的趋势。这将进一步提升技术秩序与社会秩序的相互作用。企业目标、社会责任在这一相互作用的冲击下也必然要发生相应的变化。因此,未来网络空间安

---

① 迈克尔·格雷夫斯(Michael Grieves)是美国佛罗里达理工学院生命周期和创新管理中心(CLIM)的联合主任,也是商学院和工程学院的研究员,其专业领域是产品生命周期管理。2003年,他首次用"数字孪生"这一概念来构建一种推动创新和精益产品的管理理论。

② 资料来源:https://www.ibm.com/internet-of-things/trending/digital-twin。

③ 资料来源:https://www2.deloitte.com/cn/zh/pages/deloitte-private/articles/deloitte-academy-audit-lesson-2.html。

全必然是在技术秩序守护下的安全,而技术秩序的可靠性也必然是由服务能级所决定的。

## 第四节  网络空间新秩序构建的基础和对策

自 IANA 提出"One World，One Internet"已过去了 20 多年。从组织形式来看,这个原隶属于美国商务部的机构也移交给了全球互联网社区,至少在组织形式上已完全成为独立的私营部门。这也是互联网经过了数十年的发展后,在来自全球不同经济部门、文化、利益团体和背景的人们,经过了两年半的协商,达成的一项成果。更重要的是为确保 IANA 服务的持续稳定和安全运营,加强 ICANN 的问责机制,这个多方相关利益组织形成了两项重要的共识提案。其中一项提案关注的是 ICANN 的透明度和问责制。另一项重点是与三个运营社区、区域互联网数字注册中心、互联网工程工作组(Internet Engineering Task Force)和顶级域名注册中心的工作机制有关①。尽管不能否认这一组织机制与美国政府的历史渊源,但从面向未来的信息社会发展来看,这个涉及人类发展至关重要的基础性网络管理机构,由这样一个独立的多方相关利益者社区掌控,至少在形式上保持了互联网的活力,切断了美国政府对组织的直接控制,形成了符合发展趋势的有效机制。我们应该充分尊重网络空间这一发展现实,从切实可行的发展路径中寻找网络强国建设的基本对策。

### 一、网络空间新秩序构建的基础性要点

如果说信息技术是 21 世纪的主导科技,网络空间自然也成为人类发展的主导空间。那么,在网络空间中构建新秩序也必将是 21 世纪最重要、

---

① 资料来源:https://www.icann.org/news/blog/cheers-to-the-multistakeholder-community。

最复杂的事务。这就引发了一个认识问题，一是将网络空间看成是一种新生的社会发展空间，有人称为"第五空间"；二是认为网络空间是一种数字化的社会空间，尽管也可以看成是一种新生的空间，但这一空间是在逐步替代人们原有生存的社会空间。从描述上分辨，这两种认识似乎没有多少差别，都将网络空间表述为一种新生的空间，但从社会秩序构建分析，两种认识会产生巨大的差异。尤其是就网络空间新秩序构建的认识，出发点不同，构建的路径可能也就千差万别。

从发展的过程分析，我们将前一种认识简称为传统的认识，后一种认识事实上是有待明确的新认识。这两种认识最大的差异体现在社会秩序的维护机制与网络空间管理的组织机制之间。因为社会秩序与国家概念紧密相连，所以区域疆界的差别就产生主权和核心利益等因素。而网络空间强调开放、流动和自由，具体的管理是基于技术和标准。更重要的是世界已联成一张"互联网"，区域或疆界的概念被映射成复杂的系统结构，自然明确的界限被复杂的技术替代。这导致许多社会秩序难以简单地延伸到网络空间的新疆界。

例如，欧盟颁布了《一般数据保护法条例》，我国也实施了《网络安全法》等。这是比较典型的基于传统认识的立法体系延伸。我们调研了相关产业（包括阿里巴巴、上海大数据产业园区），产业界对这些立法有较强的疑虑。一个最大的困惑是担心企业的创新可能受到新法的影响甚至是遏制，市场投资的风险在无形中拉高，新产业创业者信心受到一定程度的影响。立法保护社会市场秩序和社会生产中企业家创新创业的热情之间所产生的这一冲突，我们认为是网络空间秩序构建方式简单化导致的，即我们将网络空间中出现的问题，用传统社会中的解决方案来处理，就会形成这一结果。比较互联网的发展过程，对用传统的方式来监管网络空间所产生的后果，日本有很深刻的教训。2018 年，日本之所以大尺度修改其著作权法，主要原因是日本反思其互联网发展中落后的因素，其中一个重要的教训是日本在发展的初期就非常严格地用传统的知识产权条约来管制互联网网站的内容。日本今天认为，这是遏制日本互联网发展的一个重要原因[1]。至少，这反映了人类进入信息社会发展新阶段，对网络空间新秩序构建需要有新思路和新模式。将原有的社会秩序进行简单延伸是难以完成网络空间发展所需的制度建设。显然，现实的结果没有令人满意（业内人士认为这种立法是一种"消极规范"）的主要原因也在于此。因此，我们认为需要有一种新认识来构建网络空间的秩序。这种秩序构建需要将技术的要素纳入新体系中，使立法对社会生产的作用更积极和富有建设性。

就社会秩序而言，国家是这个系统管理的组织单元。霍布斯将国家称为"利维坦"，在一定程度上是对其组织力量的一种肯定。由此，今天的社会现实在国家的系统管理之下形成了良好的社会秩序，从社会生活到社会生产，一切都在系统的条块管理之中，而国家有法定的收入来支持其履行应有的职能。比较网络空间管理，互联网的基础管理职能机构是 ICANN，这是一个非营利的公益组织，来自世界各地的参与者致力于保持互联网安全、稳定和互操作。它以促进竞争，制定互联网标识政策为职责。其奉行的理念是：互联网治理应该模仿互联网本身的结构——无国界，对所有人开放，在互联网基础设施建设中发挥独特的作用。其管理职能是通过注册中心和注册处（向个人和组织出售域名的公司）的合约来确定，维持互联网域名系统的功能和扩展运行[2]。再比较国家机制，ICANN 至多是一个技术标准化和业务管理的机构，任何组织或个体，只要签订商业协议，满足技术规范性要求，就可以延伸互联网业务。对于具体业务的社会属性而言，ICANN 没有管理职责，作为一个多方相关利益社区，除了技术标准化的管理模板，在社会性、文化等领域，奉行的是多元性理念，这些理念落实到具体的业务管理中，与开放、无约束几乎是等价。因此，就社会秩序这一范畴

---

[1]　资料来源：http://www.xinhuanet.com/globe/2018-04/06/c_137084661.htm。

[2]　资料来源：https://www.icann.org/resources/pages/welcome-2012-02-25-en。

而言，ICANN 的管理必然是偏重工具主义的，与之对应的，有规范的商业模式和合作契约。另一个层面的问题，如合法性信条（the doctrine of legitimacy），是来自管理社区组织本身的成员达成的共识。而这个社区的自我标签是"多方相关利益者"，这一基础之上产生的共识和规则从社会秩序的约束层面分析，其功能必然是极其有限的。此外，昂格尔也认为共识理论具有一些先天的弱点[①]。一是共识与规则具有天然的不相容性，即共识的范围、具体化、强度和一致性越广，规则就变得越无必要。规则在共识的缝隙中存在，是它的本质。二是存在明显的困境，共识理论容易解释观点和理想协调的可能性，但在解释冲突方面有明显的短板（即共识理论在调解个人利益方面存在困境）。三是共识理论还存在可能导致规则的矛盾，也就是说，共识理论难以解决共识在社会发展中的不稳定性，更没有能力解释潜在的分歧怎样演变为公开的对抗和斗争。

简言之，ICANN 在社会秩序中体现约束力的重心落在工具主义理性之上。由此我们可以发现，就网络空间秩序而言，基于共识的规则存在以下三个方面的弱点：一是网络空间的物理构建完全依赖技术（或标准），存在架空人们通过共识达成行为准则的路径（即技术对社会权力有替代作用），即网络空间在形式上是一个具有强规则的技术空间。这有可能对共识理论形成一种架空效应。或者说，在网络空间人们更注重技术，对于由共识所产生的约束性难以起到实际效果。正如昂格尔所分析的，共识与规则具有天然的不相容性，规则越多，技术标准越细，反映出人们的共识也就越少。二是网络空间中所表现出的共识性困境已严重阻碍了人们可能达成新的共识。这在今天的个人信息安全问题上已表现得非常明显，如涉及个人信息的权利问题，仍然是一个有待解决的复杂问题。三是现有的网络技术似乎还没有能力保障人们达成广泛的共识，人们更多的是利用工具

---

[①] ［美］R. M.昂格尔：《现代社会中的法律》，吴玉章、周汉华译，译林出版社 2001 年版，第 29 页。

（包括技术、规范、标准和漏洞）强化自我利益和安全。例如，美国作为一个网络强国也在不断强化其网络的防护能力。为什么网络空间的霸主也不能维护自身的绝对安全？为什么网络空间会产生那么多挑战社会基本秩序的公共之敌？

因此，网络空间新秩序构建除了技术支撑这一基本要点，更重要的是全面的维护。而务实推进这一秩序构建的新理念，仅仅依赖社会传统共识是不够的，更重要的是构建基于技术（规范）的服务模式，这是构建网络空间新秩序的核心能力，结论就是全面的服务是构建或达成利益共识的核心基础。

## 二、包容发展理念对网络空间秩序构建的影响

从 2001 年 12 月 21 日联合国大会通过（第 56/183 号）决议，到 2003 年 12 月第一次信息社会世界峰会（WSIS），联合国提出的"建设信息社会：新千年的全球性挑战"的《原则宣言》和全球信息社会发展的《行动计划》，主旨是帮助成员国跨越数字鸿沟障碍。2010 年 5 月，信息社会世界峰会在总结 21 世纪最初 10 年的信息化发展经验后，达成一致认识，呼吁全球"同心协力，奔向 2015"的共同目标，作为国际社会推进"包容性发展"的新理念的动力。这可以认为是国际社会对互联网 10 多年全球化发展的充分肯定，也是国际社会对发达国家在互联网全球化的过程中发挥积极作用的一种肯定。用包容性发展这一新理念，一方面是要求互联网发展先进的国家和地区要重视相对发展落后地区的文化多元性，另一方面也是鼓励发展中国家和地区以及欠发达地区的创新发展。最重要的是进一步实施"新千年目标"——人类的可持续发展。联合国推出 2030 发展目标就是第二阶段的新千年计划。

从国际社会承诺发展的责任和行动并最终达成一致意见来分析，构建信息社会的基本预期已越来越明确。以推动人类社会共同发展为宗旨，要

实现这一目标,许多传统的发展策略需要修正,特别是工业化时代最典型的以"效率"为唯一准则的发展模式,在信息社会,需要有更多的因素纳入系统发展的社会评价体系。图 5-3 是 2018 年世界经济论坛发布的"包容性指数"的绩效指标,依据这一评价体系,美国在 30 个发达经济体中排名第 23 位,中国在 77 个新兴经济体中排名第 26 位。

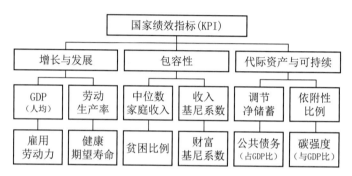

**图 5-3　世界经济论坛包容性发展指数评价指标体系①**

包容性发展的基本涵义是:寻求社会和经济的协调、稳定和可持续的发展。与单纯追求经济增长不同,包容性发展的基本要义在于:通过一种规范稳定的制度安排,让每一个人都有自由发展的平等机会,让更多的人享受改革和发展的成果;让困难群体得到多方面的保护,得到政府政策和投入方面的优惠;加强中小企业和个人能力建设;在经济增长过程中保持平衡;强调投资和贸易自由化,反对投资和贸易保护主义;重视社会稳定②。发展经济学认为,包容性是指人与人、人与社会、人与自然的和谐;包容性发展是指以人为中心,人与人、人与社会、人与自然的和谐发展,是包括 GDP 增长指数、人类发展指数、社会发展指数、社会福利指数、幸福指数在内的全面发展。从包容性发展理念分析,网络霸主和网络大国还存在

---

① 资料来源:http://www3.weforum.org/docs/WEF_Forum_IncGrwth_2018.pdf。
② 资料来源:http://theory.people.com.cn/GB/40538/16886497.html。

许多值得改进的发展领域,社会经济增长仅仅是社会发展的一部分,还有社会贫富差距和可持续发展等方面的问题需要兼顾。尤其是在信息技术领域,包容性发展理念将更新信息服务模式,这种更新的显著特点就是"商业化服务"向"社会化服务"转变,这对于网络空间新秩序构建,也产生了深刻影响。

最简单的事,例如近期互联网巨头在不断涌现的信息安全保护条例面前必须要做出抉择,要么改变服务模式,要么面临巨额的商业罚款。显然,这是社会向那些具有信息技术优势(甚至是垄断)的企业发出严厉的警告(也许手段可能是简单化了一点),必须改变已有的商业服务模式,这种改变要求企业将社会责任纳入商业服务过程中。例如,我国《民法总则》第111条是对个人信息保护的条款[1],这对互联网企业具有强大的约束力,这种力量要求企业在创新业务中必须落实应有的社会责任。当然,这有可能给一些中小企业带来一定的成本负担。这是我国构建网络空间新秩序必须付出的成本。

## 三、务实推进网络空间新秩序的策略

网络新秩序的构建需要新视角,从网络空间的发展过程和现状分析,网络空间中具有良好秩序的领域主要集中以下两个领域:一是电子政务领域的政府服务(主要是社会公共服务);二是电子商务领域的商业服务(例如,外卖、网购和金融服务)。如宁波市政府构建的以"最多跑一次"为改革目标的智慧政务建设,就是我们进入信息社会,重整政府机构业务组织模式,将政府日常社会公共服务业务有序规范的拓展到网络空间的良好案例。另一个案例,如阿里巴巴用电子商务创建的"双十一"购物狂欢节,几年来的实践,反映出阿里巴巴集团在网络空间这一领域的技术能力和秩序

---

① 李适时主编:《中华人民共和国民法总则释义》,法律出版社出版 2017 年版,第 343—350 页。

构建能力。因此,服务能力的构建是务实推进网络空间新秩序的基本策略,对社会实践演变而言,主要体现在以下四个方面。

(1)发展是谋求安全最有效的路径。从表 5-3 网络空间安全问题分类,国家宏观层面在结构上分析,大规模和基础性网络攻击等纳入国家安全层面的问题占多数,涉及三大类。对社会个体(包括企业)单一性攻击的黑客行为结构上占少数,涉及两类。但微观层面的问题,社会关注度高,可能数量也很多。随着网络应用的全面发展,安全态势已逐步好转。根据国家计算机病毒应急处理中心发布的《第十七次计算机病毒和移动终端病毒疫情调查报告》,2017 年我国计算机病毒感染率为 31.74%,比 2016 年下降了 26.14%。2017 年,我国计算机病毒传播主要途径为通过网络下载或浏览、移动存储介质和电子邮件,分别占被调查总数的 81.55%、36.29%和 19.79%。调查显示,2017 年我国移动终端病毒感染率为 31.49%,比 2016 年下降 11.84%。在移动终端互联网应用方面社交软件、浏览网页和金融服务位居前三,随着互联网业务向移动端的大面积转移,加之移动终端用户黏性大、实时在线率高等特点,各类安全威胁纷纷向移动终端转移。造成移动终端安全问题的主要途径有垃圾短信、骚扰电话和钓鱼(欺诈)信息,分别占调查总数的 77.15%、59.25%和 58.61%。调查还显示,2017 年 29.9%的用户遭遇过网络欺诈,比 2016 年下降了 16.4%[1]。

再以宁波的智慧政务建设为例,宁波市按照"一个窗口办成一件事"的要求,推出了"前台综合受理,后台分类办理,统一窗口出件"的服务模式,将受理权与审核决定权相对分离,对各级行政服务中心、部门(单位)便民服务窗口进行业务整合,重新构筑综合服务窗口,实现了基于一级政府层面横向贯通,跨越部门的"一窗式"审批。这一服务模式的背后是"统一平台、统一入口、统一认证、统一支付"的全流程设计,全面整合政府公共服

---

[1] 资料来源:http://www.cverc.org.cn/zxdt/report20180918.htm.

务、社区便民服务和社会化服务等城市各方服务资源，建立移动公共服务平台、电子证照库等关键基础设施，形成集政务服务、公共服务、商务服务和便民服务等城市服务大系统，务实推进智慧城市建设①。

就社会秩序而言，白天或许优于黑夜。同样的场景，光天化日下发生罪案的几率可能低于阴暗角落或区域。对网络空间而言，尽管不存在白天与黑夜之分，但技术已成为多数网民认知危险的障碍。与此同时，用大数据治理社会秩序是网络空间发展的必然趋势。但这种治理的基础需要有先进的网络空间应用来支撑。宁波市的"市民通"所打造的城市统一移动信息服务平台，必然会提升宁波市社会秩序治理水平的全面提升，这不仅是对社会服务的效率提升，也必然会影响宁波这一局部的网络空间治理。当宁波的公共服务所提供的这一移动信息服务平台融入宁波人的社会生活中，社会总体治理的效率必然会得到极大的提高，社会秩序的优化必然会影响网络空间秩序的优化。尤其是信息技术也在不断创新进步，移动信息服务平台可以成为宁波人民社会生活链的底层账簿系统（ledger），对于大多数善良的公民而言，有政府有系统地为我们的日常生活背书，社会秩序的治理必将得到极大的优化，线下的良好的社会秩序也必然会影响到线上的社会秩序。

（2）服务是保障安全最有效的手段。从发展的趋势分析，网络空间秩序的一个主要障碍是广大网民因技术性隔阂，形成了对危险的认知障碍。在上海的地铁空间，广播中不断滚动播出"为确保您的信息安全，请不要向陌生人透露您的个人信息"。尽管这是一种最简单防护手段，但也反映出我们在社会信息化领域中公共服务欠缺的一面。对于一个现代化的国际大都市而言，这种被动、盲目和低效的保护措施与发达的现代数字经济形成鲜明的反差（我们似乎在说不要让陌生人认识您）。这也反映出我国网

---

① 宁波市经济和信息化委员会：《2018 年数字宁波建设白皮书》。

络空间中存在大量的服务断层,从社会治理到社会生活和生产,服务断层是滋生不安全因素的主要原因。因此,提升服务是保障网络空间秩序的最有效手段。

今天,在商业社会中,阿里巴巴集团已充分展示了其消弭网民因技术性障碍而对网络应用产生的认知障碍。当然,这背后是"看不见的手"作为推动力牵引着"马云"向前走。其中,最有效的激励目标是马云为自己确定的方向:"让天下没有难做的生意。"显然,要实现这一目标,必然要提供最优质的网络服务,只有最优质的网络服务,才有可能保障最便捷的网络生意。如果没有安全,就没有任何生意,更谈不上便捷。

早在 2004 年,世界经济论坛发布的《全球信息技术发展报告》就强调信息社会发展要"在一个联系日益紧密的世界中提高效率"。2006 年,该《报告》由斯普林格出版社(Springer)出版[1],最佳的实践已在商业应用中充分体现。但从网络空间整体的治理状况分析,今天,在上海这个社会信息化最发达的城市,我们的公共传播空间,还要不断告诫市民不要透露个人信息作为防范信息安全的一种手段。这就从一个侧面反映我们在社会信息化领域的公共服务存在较为严重的短板和不足。这是服务断层形成的问题。

令人欣慰的是宁波市的"市民通"已迈出了坚实的一步,打造城市统一移动端信息服务平台,不仅提升政府为市民提供的公共服务水平,更进一步还可以将社会公共服务能力提升到企业级服务水平,弥补网络空间存在的服务断层。事实上,宁波的这一服务平台已有效连接社会服务的跨部门系统,一网包揽社会生活各领域的服务。公共服务的有效延伸必然也会影响社会规范秩序,将社会良俗和秩序引进网络空间。当一个城市的市民,其社会生活和交易等活动都有一个具有公信力的组织为其背书,他的社会活

---

① 资料来源:https://link.springer.com/article/10.1057％2Fpalgrave.ejis.3000526。

动安全必然是有保障的。也许对一个具体市民而言,他生活的空间中存在有许多的"陌生人",但这些人在组织面前就不存在"陌生"的障碍。要实现这一理想环境,看看阿里巴巴的案例便知,优质服务是改变这一切的力量。

(3)责任承载是网络新秩序构建最重要的基础。今天,我们已迈进信息社会,信息安全成为社会发展的基本保障,从技术发展趋势分析,网络空间与社会生活的融合是一种必然的结果。这一结果的效率保障是信息的流通和广泛的应用。今天,全球都在强调"网络的自由、公平、透明和法治"。但在网络空间中,这四个维度的目标还缺少一套体系化的秩序来规范。技术、经济、政治和网民的偏好在全球化背景下也难以达成一个体系化的秩序结构。但积极的一面是世界经济中"数字经济"的崛起和广泛的扩展造就了人们对"第三类秩序"(就是温伯格认为的智能秩序价值)的普遍共识。这是我们构建网络空间秩序的一个坚固基石。从这个视角分析,"看不见手"的背后是利益与责任的均衡(例如,今天阿里巴巴的服务与 10年前比较,其技术和责任担当已提升了几个层级,2018 年"双十一"天猫交易额达 2 135 亿元,即便是除去商业炒作的水分,要保障在 24 小时内完成的订单,已是举世无双)。当技术从机械、能量转换的层级跃升到具有智能的水平,利益与责任的均衡关系也必然要重置。因为社会发展或进步的标志就是在利益与责任的均衡过程中不断提升责任的承载水平。现代信息技术和网络为我们服务中承载责任提供了科学的解决方案。在现实应用中,数字秩序已创造出巨大的能力。这种能力不仅是构建商业社会的规范,也可以成为构建网络空间新秩序的能力。

从技术而言,区块链就是一种固化秩序的方案,其特点是随时间进化不可逆变。技术保障了没有人可以"逆时间"修改系统,这正是网络空间需要治理的乱象。人们用技术来固化一个联盟的共识,这不仅杜绝了昂格尔所担心的共识与规则互动的动态矛盾,更重要的目的是要维护一个价值目标。显然,联盟的成员国在技术的协助下,对这一价值目标都承载着一定责任(也可以认为是一定的权利),技术不仅是这一体系执行效率的保障,而且还是这一体系真实性的守护者。所以,在今天的网络空间中,尽管虚拟世界的秩序还处于一种混沌状态,但区块链技术保障了某种共识目标的价值。也可以说,区块链维护了这种目标价值的秩序。这一例子充分反映出秩序、价值和责任这三者的关联,共享账簿、智能合约在技术的构建下有序地保障网络空间中的履约行为,这一切似乎都基于价值的存在而得到保障。人们达成的智能合约其社会意义在于价值性,这是人们愿意付出、承担责任的基础。当然,人们之所以这么严肃地对待这种共识是社会经济的关联起主导作用。例如,比特币的价值高低决定了人们投资"挖币矿机"的热度,最终还是社会经济的基本规律左右着事物发展的走向。

从区块链案例可以看出秩序、价值和责任是网络空间三个至关重要的维度,决定了网络空间事物发展走向。技术可以构造出严格且唯一的秩序,形成严谨的利益结合体(如区块链的共享账簿),也可以自由交流、多元发展,形成今天网络空间的发展现状,与人们构建的目标、应用场景有密切关系,即网络空间的应用系统其价值、责任和秩序与人们构建的目标密切相关。有什么样的目标,就有相应的技术强度配置。说到底这一切也是由社会应用的基本面所决定的。

如果我们将网络空间中一个应用定义为一个抽象的研究对象(数学案例中有定义为一个集合和集合元素的例子),针对这一对象,我们就以此(秩序、价值和责任这三个维度)构建一个抽象的(研究)概念空间作为对象运行的应用场景。2000 年,杨小凯、张永生在《新兴古典经济学和超边际分析》中给出了一种新古典经济学的分析框架①,我们将这一分析方法应用到所界定的研究对象,重点考虑对象在应用场景中的成长模式(空间中所处的位置或变化)。目的就是从社会经济发展的视角,推导出一些结构性

---

① 杨小凯、张永生:《新兴古典经济学和超边际分析》,中国人民大学出版社 2000 年版,第 21 页。

的量化结果。

　　秩序、价值和责任是三种抽象概念,通常的量化测度,一般采用强弱或高低来量化其空间的测度。比较规范的数学模型,如概率空间,其量化关系可以作为一种参考模型,即对网络空间中秩序、价值和责任这三个维度从高到低来量化其强度,用类似概率的方法来刻度,从高到低,也就是从 1(百分之百)到 0 这一变化过程。考虑这一空间的几个极端情况,也是这一空间的边界点,如表 5-4 所示。

表 5-4　秩序、价值和责任的极端状态情况

| | 位置 1<br>(1.1.1) | 位置 2<br>(1.1.0) | 位置 3<br>(1.0.1) | 位置 4<br>(1.0.0) | 位置 5<br>(0.1.1) | 位置 6<br>(0.1.0) | 位置 7<br>(0.0.1) | 位置 8<br>(0.0.0) |
|---|---|---|---|---|---|---|---|---|
| 秩序 | 高 | 高 | 高 | 高 | 低 | 低 | 低 | 低 |
| 价值 | 高 | 高 | 低 | 低 | 高 | 高 | 低 | 低 |
| 责任 | 高 | 低 | 高 | 低 | 高 | 低 | 高 | 低 |

　　显然,现代技术构建的网络空间是这一概念空间的一个子空间,或许技术限定了网络空间的延伸,但从顶层设计的视角分析,概念空间界围网络空间是一个必然事件。即网络空间中的所有应用,其对应的秩序、价值和责任的“对象点”必然是落在这一概念空间中的。

　　用新兴古典经济学的理论分析,这 8 个边界点是网络空间中最显著的“角点解”[1],技术有可能限制真实网络运行可触及的区域,但从概念空间的界围分析,这 8 个点是其极限位置。由此我们可得知,对于网络空间而言,从社会经济的视角出发,构建系统的最优决策一定是落在这些角点解位置。即表 5-4 的 8 个位置是现实经济社会的最优解。

　　从以上分析的结果比较,区块链技术就是期望实现位置 1 这一理想的场景。高度的秩序、高度的价值并且还有高度的责任,这是由一个网络联

---

① 根据新兴古典经济学理论,“角点解”优于其领域内的“内点解”。

盟构建出的应用子空间,技术保障了这个联盟同步的运行。所谓智能的合约,是在于联盟在技术上达成(或保障)的共识。技术屏蔽了单边行为,但也增加了群体的共同负担。所有的变化都要保留到联盟的共识中。所以,高度的秩序和高度的责任必然要有高度的价值才具备社会经济发展的现实意义,这是市场的成本和效益关联所决定的。

而位置 8 似乎是丛林法则生存的环境,早在网络空间构建的初期(1996 年),有人就期望网络是独立社会的自由空间,技术保障了电信通信的广域联通,人类可尽兴享受自由的信息交流和信息行为。因此,约翰·佩里·巴洛(John Perry Barlow)最不希望将社会现存的法则、规范、道德引进网络空间,幻想着这个由技术构建的虚拟空间是一个完全独立的自由空间。在这个空间中,自由替代了秩序、价值和责任。

但人是具有智慧的个体,我们现存的社会就是自由与智慧结合的产物。从自然秩序到社会秩序,发展演进的过程是漫长的,当人们熟悉了这种发展的模式,复制的过程就不需要这么漫长。今天,网络空间与社会现实的融合已远远超出约翰·佩里·巴洛的认识,从自由到有序既是人类社会发展的过程,也是网络空间发展的过程,只不过所需要的时间进化完全不同。1996—2020 年,只不过经过了 24 年,网络的进化似乎已超越了社会现实的物理空间。今天,很难想象离开网络,社会如何发展。未来的网络空间必然是更加的规范有序,这是发展趋势所决定的。

但我们也容易看到,从高度有组织到无政府状态之间,还有 6 组位置。这是以秩序、价值和责任这三个维度界围的概念空间的角点解。从经济社会的预期目标出发,网络空间系统行为的最优决策就落在这些角点解上。这就可以理解为什么游戏市场、直播空间和社交网络等领域,会存在许多与公序良俗相悖的情景。

从构建网络空间新秩序的视角,在高度有序的角点解中有 4 组位置解。区块链是一种情况,还存在其他 3 组解。从建设网络强国的目标出发,位置 3 是值得我们关注的,在网络空间中,在什么情况下会出现这种高度有序和高度责任但价值不高的情况。

显然,价值是社会经济发展的重心,价值的高低如用经济社会的指标测度就必然与利益、效益挂钩。我们所要求的网络空间治理不仅仅是针对经济效益而言,从社会治理的视角,还包括了更广泛的社会非经济价值。而从我们的概念空间分析,高度有序、高度责任的系统行为在局部领域内的经济价值有可能逆向变动,这是从新兴古典经济学分析的一般原理得出的结果。将这一结果与社会发展现实比照,社会公共服务具有这一特点。例如,公共图书馆、公共交通系统等社会公共服务,在微观或局部,其经济效益可能不高。通常我们用公益性和商业性来区分这类决策的机制。将这一现象映射到网络空间,相应也存在有网络空间中的公共服务。但我们已习惯认为在社会现实中有大量的公共服务,而网络空间中几乎都是商业服务。从社会发展的趋势分析,我们要改变这些观念,即网络空间中也需要有社会性公共服务。如果有这些网络空间中的社会公共服务,上海地铁就没有必要去告诫乘客注意自己的信息安全,而是在公共服务中保障网民的信息安全,就犹如在地铁中上海地铁公司要保障乘客的基本安全一样。

事实可能更加复杂,例如谷歌和百度所提供的检索服务其属性很难严格鉴别。如果是商业服务,它们基本不对用户收费。如果是公益服务,这些公司很难监管内容。从这些公司的经济收益分析,可以认为,其商业模式与传统模式有显著区别。但其行为既不是商业服务,也不是公共服务,是网络空间新诞生的社会服务,这种服务明显缺乏传统的商业约束,例如,搜索排名引发的社会问题等。显然这是网络自由发展所衍生出的新问题。当企业降低或遗漏对社会责任的兼顾,那么,随之而来的就是社会问题(如魏则西事件[①])。这是新服务带来的新问题,其对应的概念对象内嵌在位置

---

① 资料来源:http://www.chinanews.com/sh/2020/01-21/9065835.shtml。

3—6 的内部。需要社会有新的规则加以约束。

从实际出发,如果我们要构建网络空间新秩序,用优质的服务弥补社会公共服务在网络空间中的缺位是最有效的手段(即是新秩序构建的必要条件)。上文我们已强调了服务的重要性。从问题导向分析,用提升责任来加固网络空间秩序对那些低价值网络应用而言是不符合经济社会传统的发展模式的,但对信息社会而言,这是技术发展对社会提出的新要求。所以,我们要建设网络强国,不能仅仅以经济社会的发展为唯一标准,而必须要从网络空间发展的全域统筹出发,尤其是要利用第三类秩序来提升政府的公共服务能力,不能将电子政务(或电子政府)简单地理解为服务技术升级、简化群众办事手续,而是要从全局系统发展,打造满足信息社会发展的新一代公共服务,提升政府在网络空间服务中承担技术责任的能级,将行政能力转化为技术服务能力,为网络空间的新秩序奠定一个稳固的基础。网络技术的行政服务能力必将成为现代政府公共行政能力的一个重要标志。这是我们提升网络空间中的社会公共服务能力,构建网络空间新秩序,建设网络强国的一条最有效路径。

# 参考文献

［1］《1999 年中国统计年鉴》,中国统计出版社 1999 年版。

［2］《2016 年上海信息化年鉴》,上海人民出版社 2016 年版。

［3］[加]G.H.穆尔:《策梅罗的集合论公理化工作的起因》,《哲学逻辑杂志》1978 年第 3 期。

［4］[美]R.M.昂格尔:《现代社会中的法律》,吴玉章、周汉华译,译林出版社 2001 年版。

［5］艾仁贵:《以色列的网络安全问题及其治理》,《国际安全研究》2017 年第 2 期。

［6］宝铠:《网络谍战》,军事谊文出版社 2000 年版。

［7］蔡翠红:《美国国家信息安全战略的演变与评价》,《信息网络安全》2010 年第 1 期。

［8］陈家瑛:《巴西网络安全战略及其主要特点》,《军事文摘》2016 年第 21 期。

［9］陈明奇、姜禾等:《大数据时代的美国信息网络安全新战略分析》,《信息网络安全》2012 年第 8 期。

［10］[美]戴维·温伯格:《新数字秩序的革命》,张岩译,中信出版社 2008 年版。

［11］[美]丹尼尔·贝尔:《后工业社会的来临》,高铦译,商务印书馆 1984 年版。

［12］董献勇、王丽:《2013 年韩国网络和信息安全建设综述》,《中国信息

安全》2014 年第 3 期。

［13］杜厚文等:《对美国"新经济"的若干思考》,《宏观经济研究》2007 年第 7 期。

［14］［美］弗兰克·萨克雷:《世界大历史》,冯志军译,新世界出版社 2014 年版。

［15］［美］弗朗西斯·福山:《历史的终结及最后之人》,黄胜强、许铭原译,中国社会科学出版社 2003 年版。

［16］［美］弗朗西斯·福山:《政治秩序的起源——从前人类时代到法国大革命》,毛俊杰译,广西师范大学出版社 2012 年版。

［17］付玉辉:《1990—2050:中国信息强国之路的关键段落》,《中国传媒科技》2012 年第 12 期。

［18］［俄］格利瓦诺夫斯基、［俄］伊兹维科夫:《俄罗斯改革:经济地理缩影》,《俄罗斯经济杂志》1997 年第 11—12 期。

［19］郭楚、徐进:《打造共同安全的"命运共同体":分析方法与建设路径探索》,《国际安全研究》2016 年第 6 期。

［20］赫晓伟、陈侠、杨彦超:《俄罗斯互联网治理工作评析》,《当代世界》2014 年第 6 期。

［21］［英］霍布斯:《利维坦》,刘胜军、胡婷婷译,中国社会科学出版社 2007 年版。

［22］［美］杰夫·科伊尔:《战略实务——结构化的工具与技巧》,王春利、常东亮译,中国人民大学出版社 2005 年版。

［23］［美］劳伦斯·莱斯格:《代码》,李旭等译,中信出版社 2004 年版。

［24］李丹林、范丹丹:《英国网络安全立法及重要举措》,《中国信息安全》2014 年第 9 期。

［25］李婧、刘洪梅、刘阳子:《国外主要国家网络安全战略综述》,《中国信息安全》2012 年第 7 期。

［26］李岚清：《突围——国门初开的岁月》，中央文献出版社 2008 年版。

［27］李农：《数字孪生：工业智能发展新趋势》，《上海信息化》2020 年第 5 期。

［28］李农：《中国城市信息化发展与评估》，上海交通大学出版社 2009 年版。

［29］马化腾：《数字经济》，中信出版集团 2017 年版。

［30］毛雨：《北约网络安全战略及其启示》，《国际安全研究》2014 年第 4 期。

［31］［美］梅拉妮·米歇尔：《复杂》，唐璐译，湖南科学技术出版社 2011 年版。

［32］《美国网络安全战略与政策二十年》，左晓栋等译，中国工信出版集团、电子工业出版社 2017 年版。

［33］孟威：《大数据下的国家网络安全战略博弈》，《当代世界》2014 年第 8 期。

［34］［法］米歇尔·阿尔贝尔：《资本主义反对资本主义》，杨祖功、杨齐、海鹰译，社会科学文献出版社 1999 年版。

［35］宁波市经济和信息化委员会：《2018 年数字宁波建设白皮书》（内部出版物）。

［36］［法］让·雅克·卢梭：《论人类不平等的起源和基础》，黄小彦译，译林出版社 2013 年版。

［37］［美］塞缪尔·P.亨廷顿：《变化社会中的政治秩序》，王冠华等译，生活·读书·新知三联书店 1989 年版。

［38］上海社会科学院信息研究所：《信息安全辞典》，上海辞书出版社 2013 年版。

［39］沈逸：《美国国家网络安全战略》，时事出版社 2013 年版。

［40］宋凯、蒋旭栋：《浅析日本网络安全战略演变与机制》，《华东科技》

2017 年第 7 期。

［41］王金鑫:《论数字秩序》,《测绘通报》2002 年第 3 期。

［42］王娜、方滨兴等:《"5432":战略国家信息安全保障体系框架研究》,《通信学报》2004 年第 7 期。

［43］王鹏飞:《论俄罗斯信息安全战略的"综合型"》,《东北亚论坛》2006 年第 2 期。

［44］王鹏飞:《论日本信息安全战略的"保障型"》,《东北亚论坛》2007 年第 3 期。

［45］王其藩:《高级系统动力学》,清华大学出版社 1995 年版。

［46］王世伟等:《大数据与云环境下国家信息安全管理研究》,上海社会科学院出版社 2018 年版。

［47］王世伟:《国家网络安全治理的智慧韬略》,《社会科学报》2014 年 9 月 4 日。

［48］王小飞、张晓明:《英国政府及企业推进信息化建设的举措》,《全球科技经济瞭望》2001 年第 6 期。

［49］王滢波:《全球网络信息安全产业发展与中国路径选择》,《中国网络空间安全发展报告(2015)》,社会科学文献出版社 2015 年版。

［50］网信军民融合编辑部:《落实习近平网络主权原则,建设中华公网共图强》,《网信军民融合》2018 年第 5 期。

［51］［英］维克多·迈尔·舍恩伯格:《大数据时代——生活、工作与思维的大变革》,盛杨燕、周涛译,浙江人民出版社 2013 年版。

［52］修文群、赵宏建:《宽带城域网建设与管理》,科学出版社龙门书局 2001 年版。

［53］［英］亚当·斯密:《国富论》,唐日松等译,商务印书馆 2005 年版。

［54］宴维龙等译:《数字经济——美国商务部 2000 年电子商务报告》,中国人民大学出版社 2001 年版。

［55］［比］伊利亚·普里戈金：《确定性的终结——时间、混沌与新自然法则》，湛敏译，上海世纪出版集团 2009 年版。

［56］［日］伊藤阳一：《日本信息化概念与研究的历史》，李京文等：《信息化与经济发展》，社会科学文献出版社 1994 年版。

［57］［以］伊曼纽尔·阿德勒、［美］迈克尔·巴涅特：《安全共同体》，孙红译，世界知识出版社 2015 年版。

［58］《英国招募黑客建网络部队应对"网络战"》，《中国信息安全》2010 年第 5 期。

［59］［美］约翰·H.霍兰：《隐秩序——适应性造就复杂性》，周晓牧、韩晖译，上海科技教育出版社 2019 年版。

［60］张莉：《世界主要国家信息安全战略刍议》，《信息安全与技术》2013 年第 12 期。

［61］张文贵、彭博、潘卓：《美国〈国家网络安全综合计划（CNCI）〉综述》，《信息网络安全》2010 年第 9 期。

［62］中国科技促进发展中心编：《信息化——历史的使命》，电子工业出版社 1987 年版。

［63］中科院信息科技战略情报：《英国启动〈国家网络安全战略 2016—2021〉》，《中国教育网络》2016 年第 12 期。

［64］朱根：《日本服务经济学理论及方法的争论》，《国外社会科学前沿（2008 年）》第 12 辑，上海人民出版社 2009 年版。

［65］Alan Mathison Turing, "On computable numbers, with an application to the Entscheidungsproblem", *Proc. London Maths, Soc.*, ser. 1936, 2，42：230—265.

［66］Cabinet Office, *Cyber Security Strategy Of The United Kingdom：Safety，Security and Resilience in Cyber Space*, Stationery Office, 2009.6.

［67］ "Cyberspace Policy Review: Assuring a Trusted and Resilient Information and Communications Infrastructure".

［68］ D. Bruce Roeder, "CyberSecurity: It Isn't Just for Signal Officers Anymore", Military Review, *The Professional Journal of the U.S. Army*, May-June 2014.38—42.

［69］ *Digital Economy 2000*, http://esa.gov/sites/default/files/digital _ 0.pdf.

［70］ Eric Chabrow, *Cybersecurity's Bipartisan Spirit Challenged*, June 28, 2010. https://www.govinfosecurity.com/blogs/cybersecuritys-bipartisan-spirit-challenged-p-597.

［71］ "Exploring Data-Driven Innovation as a New Source of Growth: Mapping the Policy Issues Raised by 'Big Data'", OECD Digital Economy Papers, No. 222, http://dx.doi.org/10.1787/5k47zw3fcp43-en.

［72］ ITU, *Measuring the Information Society, 2007—2014*, http://www.itu.int/en/ITU-D/Statistics/Pages/publications/.

［73］ Kate Connolly, "Right to Erasure Protects People's Freedom to Forget the Past, Says Expert", *the Guardian*, 4.4. 2013。王滢波译,《国外社会科学文摘》,2013 年第 9 期。

［74］ Kevin L. Parker, "The Utility of Cyberpower", Military Review, *The Professional Journal of the U.S. Army*, May-June 2014.26—33.

［75］ M. F. Goodchild and G. J. Hunter, "A simple positional accuracy measure for linear features", *International Journal of Geographical Information Systems*, 1997 11(3):299—306.

［76］ P. F. Verhulst(1838), Notice sur la loi que la population suit dans son accroissement, Correspondance Mathématique et Physique Publiee par A. Quetelet, Brussels 10, 113—121.

［77］S. A. Kauffman，*The Origins of Order：Self Organization and Selection in Evolution.* Oxford University Press.

［78］United States Government Accountability Office（GAO），"National Cyber security Strategy：Key Improvements Are Needed to Strengthen the Nationps Posture"，http：//www. gao. gov/new. items/d09432t. pdf.

［79］USA，International Strategy for Cyberspace，May，2011. http：//www. whitehouse. gov/sites/default/files/rss_viewer/international_strategy_ for_cyberspace. pdf.

［80］Victor R. Fuchs，*The Service Economy*，*National Bureau of Economic Research*，New York，1968,中译本《服务经济学》,商务印书馆 1987 年版。

［81］WEF，*The Global Information Technology Report 2008—2014*,http：// www. weforum. org/reports.

［82］Yonesji Masuda，*The Information Society as Post-Industrial Society- World Future Society*，Washington，DC，1980，3.

**图书在版编目(CIP)数据**

数字秩序与网络强国 / 李农著 .— 上海 ：上海社
会科学院出版社，2021
ISBN 978 - 7 - 5520 - 3482 - 0

Ⅰ. ①数… Ⅱ. ①李… Ⅲ. ①互联网络—发展—研究
—中国 Ⅳ. ①TP393.4

中国版本图书馆 CIP 数据核字(2022)第 002088 号

**数字秩序与网络强国**

著　　者: 李　农
责任编辑: 熊　艳
封面设计: 周清华
出版发行: 上海社会科学院出版社
　　　　　上海顺昌路 622 号　邮编 200025
　　　　　电话总机 021 - 63315947　销售热线 021 - 53063735
　　　　　http：//www.sassp.cn　E-mail：sassp@ sassp.cn
照　　排: 南京理工出版信息技术有限公司
印　　刷: 上海信老印刷厂
开　　本: 710 毫米×1010 毫米　1/16
印　　张: 20
字　　数: 205 千
版　　次: 2021 年 11 月第 1 版　2021 年 11 月第 1 次印刷

ISBN 978 - 7 - 5520 - 3482 - 0/TP·005　　　　　定价:98.00 元